Susanna Mohr

Änderung des Gewitter- und Hagelpotentials im Klimawandel

Änderung des Gewitter- und Hagelpotentials im Klimawandel

Wissenschaftliche Berichte des Instituts für Meteorologie und
Klimaforschung des Karlsruher Instituts für Technologie
Band 58

Herausgeber: Prof. Dr. Ch. Kottmeier

Institut für Meteorologie und Klimaforschung
am Karlsruher Institut für Technologie
Kaiserstr. 12, 76128 Karlsruhe

Eine Übersicht über alle bisher in dieser Schriftenreihe erschienenen Bände
finden Sie am Ende des Buchs.

Änderung des Gewitter- und Hagelpotentials im Klimawandel

von
Susanna Mohr

Dissertation, Karlsruher Institut für Technologie
Fakultät für Physik
Tag der mündlichen Prüfung: 18.01.2013
Referenten: Prof. Dr. Christoph Kottmeier, PD Dr. Michael Kunz

Impressum

Karlsruher Institut für Technologie (KIT)
KIT Scientific Publishing
Straße am Forum 2
D-76131 Karlsruhe
www.ksp.kit.edu

KIT – Universität des Landes Baden-Württemberg und nationales
Forschungszentrum in der Helmholtz-Gemeinschaft

KIT Scientific Publishing 2013
Print on Demand

ISSN 0179-5619
ISBN 978-3-86644-994-7

Änderung des Gewitter- und Hagelpotentials im Klimawandel

Zur Erlangung des akademischen Grades eines
DOKTORS DER NATURWISSENSCHAFTEN
von der Fakultät für Physik
des Karlsruher Instituts für Technologie (KIT)

genehmigte

DISSERTATION

von

Dipl.-Met. Susanna Mohr
aus Kulmbach, Bayern

Tag der mündlichen Prüfung: 18. Januar 2013
Referent: Prof. Dr. Christoph Kottmeier
Korreferent: PD Dr. Michael Kunz

„Das Wetter ist unabhängig am Werk...
immer auf der Suche nach neuen Mustern,
mit denen es ausprobiert,
ob sie sich auf die Menschen auswirken.“

Mark Twain, 1835 – 1910
amerikanischer Schriftsteller

Kurzfassung

In der vorliegenden Dissertation wird untersucht, inwieweit sich die Häufigkeit und Intensität von Hagelereignissen in den vergangenen Jahren verändert hat und abgeschätzt, mit welchen Änderungen – bedingt durch den anthropogenen Klimawandel – in der Zukunft zu rechnen ist. Hagelereignisse sind aufgrund ihrer sehr geringen räumlichen Ausdehnung von nur wenigen Kilometern und einem Mangel an geeigneten Messsystemen nicht über einen langen Zeitraum verlässlich erfasst, um daraus Aussagen über Trends ableiten zu können. Daher werden in dieser Arbeit verschiedene Proxydaten (indirekte Klimadaten) aus Radiosondenmessungen und regionalen Klimamodellen statistisch analysiert, um mit deren Hilfe auf die Wahrscheinlichkeit und Intensität von Gewitter- oder Hagelstürmen zu schließen. Im Gegensatz zu direkten Beobachtungsdaten sind Proxydaten wie beispielsweise Konvektionsparameter über einen längeren Zeitraum verfügbar und somit für Trendanalysen geeignet. Ein Vergleich mit Hagelschäden aus Versicherungsdaten ergibt zunächst, welche Konvektionsparameter am besten das Potential der Atmosphäre für die Gewitter- und Hagelentstehung beschreiben. Statistische Analysen der langjährigen Zeitreihen dieser hagelrelevanten Konvektionsparameter zeigen, dass das Konvektionspotential in den vergangenen 20 – 30 Jahren sowohl über Deutschland als auch über Teilen Mitteleuropas in den meisten Regionen statistisch signifikant zugenommen hat.

Anschließend werden die Methoden auf regionale Klimasimulationen übertragen. Diese sind zwar nicht in der Lage, einzelne Hagelereignisse zu simulieren, können aber, wie in der Arbeit gezeigt, das konvektive Potential in der Atmosphäre hinreichend genau wiedergeben. Ein Ensemble aus sieben Simulationen zeigt im Mittel keine Änderungen der meisten Konvektionsparameter in der Zukunft (2021 – 2050) gegenüber der Vergangenheit (1971 – 2000). Um weitere für die Entstehung von Hagelereignisse bedeutsame Faktoren zu berücksichtigen, wird mit Hilfe eines multivariaten Analyseverfahrens ein logistisches Hagelmodell entwickelt, wodurch sich eine verbesserte Diagnostik von Hagelereignissen ergibt. Dieses mathematische Modell beruht auf einer Kombination ausgewählter meteorologischer Parameter (Konvektionsparameter, Feuchtegehalt, etc.) und synoptischer Wetterlagen. Angewendet auf das Ensemble der regionalen Klimamodelle zeigt das logistische Hagelmodell, dass das Potential für Hagelereignisse zukünftig leicht zunehmen dürfte.

Inhaltsverzeichnis

1. Einleitung und Zielsetzung

Das Intergovernmental Panel on Climate Change (IPCC) zeigt in seinem vierten Sachstandsbericht (AR4, IPCC, 2007), dass in den letzten 100 Jahren (1906–2005) die globale mittlere Temperatur um $0{,}74 \pm 0{,}18$ K angestiegen ist, wobei insbesondere in der zweiten Hälfte des 20. Jahrhunderts die Änderungen am größten sind. Der AR4 geht davon aus, dass ein großer Teil der Erwärmung seit Mitte des 20. Jahrhunderts *sehr wahrscheinlich* auf die beobachtete Zunahme der anthropogenen Treibhausgase zurückzuführen ist. Um die Temperaturentwicklung bis zum Ende des 21. Jahrhunderts abzuschätzen, werden die möglichen Änderungen der Treibhausgasemissionen für diesen Zeitraum in Szenarien zusammengefasst. Auf der Grundlage dieser Szenarien werden mit verschiedenen globalen Klimamodellen Projektionen des Klimas berechnet, die unter verschiedenen Emissionsszenarien eine Bandbreite der Temperaturzunahme von $1{,}1$ bis $6{,}4$ K ergeben. In Europa geht man davon aus, dass die Erwärmung sogar noch stärker sein könnte gegenüber dem globalen Mittel (Christensen et al., 2007).

Im IPCC Sonderbericht „Management des Risikos von Extremereignissen und Katastrophen zur Förderung der Anpassung an den Klimawandel" (SREX) wird die Frage nach dem Einfluss des Klimawandels auf Wetterextreme und Naturkatastrophen behandelt (IPCC, 2012). Ebenso werden die Auswirkungen des Klimawandels auf die Gesellschaft und Wirtschaft sowie Möglichkeiten der Anpassung und des Katastrophenmanagements untersucht. In dem Bericht wird deutlich, dass der Einfluss des Klimawandels auf schwere konvektive Ereignisse, die mit Hagelschlag oder Tornado verbunden sind, noch nicht hinreichend verstanden ist, um verlässliche Aussagen über deren vergangene und zukünftige Entwicklung zu treffen.

Hagel ist eine Form von Niederschlag, der aus körnigen Eisbrocken in verschiedenen Formen und Größen besteht. Hagelkörner bilden sich ausschließlich in Gewitterwolken und entstehen somit vorwiegend während warmer Jahreszeiten. In Deutschland sind Hagelstürme neben Winterstürmen die schadenrelevantesten Wetterereignisse. Sie stellen daher ein erhebliches Gefahrenpotential für die Landwirtschaft, für Gebäude und Fahrzeuge, aber auch für einzelne Personen dar. Das schwerste Hagelunwetter in den vergangenen Jahrzehnten in Deutschland ereignete sich am 12. Juli 1984, als ein schweres Gewittersystem von der Schweiz kommend über Bayern und insbesondere München zog und Schäden in Höhe von rund 1,5 Mrd. € (auf 2012 bezogen) verursachte. Als weiteres Beispiel sei das lokal–skalige Hagelgewitter vom 28. Juni 2006 genannt, dass im Kreis um Villingen–Schwenningen an fast 71% aller versicherten Gebäude Schäden in Höhe von rund 250 Mio. € verursachte.

In welcher Form nun der Klimawandel Auswirkungen auf die Entwicklung von Gewitter- und Hagelereignissen hat, ist noch nicht hinreichend bekannt und untersucht. So kann die globale Erwärmung auf unterschiedliche Weise die Häufigkeit und Intensität hochreichender Konvektion verändern:

- Eine zunehmende Erdoberflächentemperatur bewirkt höhere Wasserdampfkonzentrationen in der Atmosphäre, wenn die Verdunstung durch die Erwärmung ebenfalls zunimmt. Dies führt wiederum zu einer Zunahme der konvektiven verfügbaren Energie und somit zu einem höheren Potential für mehr und / oder intensivere konvektive Ereignisse (z.B. Held und Soden, 2006).

- Eine wärmere untere Troposphäre bewirkt ebenfalls ein Anheben der Nullgradhöhe (Schmelzhöhe). Einerseits werden dadurch die mikrophysikalischen Prozesse, die das Hagelwachstum steuern, beeinflusst, auf der anderen Seite setzen Schmelz- und Sublimationsprozesse bei den zu Boden fallenden Hagelkörnern früher ein, sodass dies die Hagelkorngröße und -intensität am Boden reduzieren könnte (z.B. Xie et al., 2008, 2010).

- Die zu erwartende stärkere Erwärmung an den Polen gegenüber dem Äquator verringert den meridionalen Temperaturgradienten, was insbesondere in den mittleren Breiten zu einer Abnahme der vertikalen Windscherung führen könnte. Die Windscherung ist vor allem bei organisierten Gewittersystemen, die mit großen Hagelkörnern verbunden sein können, eine notwendige Voraussetzung (z.B. Trapp et al., 2007).

- In Einzelfällen untersucht und im Rahmen des Klimawandels noch völlig unklar ist, welchen Einfluss veränderte Aerosolkonzentrationen in der Atmosphäre auf die mikrophysikalische Entstehung von Hagel haben können (z.B. Noppel et al., 2010).

Statistische Analysen von Hagelereignissen werden dadurch erschwert, dass Hagel in der Regel eine sehr geringe lokale Ausdehnung hat. Beispielsweise zeigt eine Studie aus den USA, dass etwa 80% der untersuchten schadenverursachenden Hagelzüge eine räumliche Ausdehnung von weniger als $40\,km^2$ besitzen (Changnon, 1970). Daneben treten allerdings auch Hagelzugbahnen auf, die aufgrund großräumiger synoptischer Bedingungen durchaus mehrere hundert Kilometer lang sein und damit ein großflächiges Schadenausmaß zeigen können. Jedoch sind solche Zugbahnen sehr selten. Als Beispiel sei der Hagelzug vom 26. Mai 2009 genannt (Kunz et al., 2011). Hier hatte sich über dem Genfer See (Schweiz) ein ausgedehntes konvektives System gebildet, das über Süddeutschland bis nach Tschechien gezogen ist. Auf einer Länge von etwa $600\,km$ führte dieser Hagelsturm zu schweren Schäden an Gebäuden und vor allem in der Landwirtschaft in Höhe von mehreren hundert Millionen €.

Eine weitere Schwierigkeit bei der Analyse der Intensität und Auftretenswahrscheinlichkeit von Hagelstürmen ist, dass die derzeitigen operationellen meteorologischen Beobachtungssysteme nicht in der Lage sind, diese Ereignisse eindeutig, ausreichend flächendeckend und / oder über einen langen Zeitraum zu detektieren. Am besten geeignet für die Erfassung und Analyse von Gewitterstürmen sind Radardaten, die allerdings noch nicht über einen langen Zeitraum von mehreren Jahrzehnten vorliegen. Daten auf Grundlage von Augenzeugenberichten, wie sie beispielsweise in der „European Severe Weather Database" (ESWD, Dotzek et al., 2009) der „European Severe Storms Laboratory" (ESSL) archiviert werden, sind für Trendanalysen ungeeignet, da in den letzten Jahren das öffentliche Interesse an schweren konvektiven Ereignissen und damit auch die Anzahl der beobachteten Ereignisse stark zugenommen hat. Hagelschadendaten von Versicherungen liegen oft flächendeckend und über einen längeren Zeitraum vor, sind aber stark von der Verletzbarkeit der versicherten Objekte (Vulnerabilität) und der jeweiligen Regulierungspraxis der Schäden abhängig. Basierend auf landwirtschaftlichen Schadendaten (1920 – 1999) fand Schiesser (2003) beispielsweise für die Schweiz eine Zunahme der Anzahl der Hagelereignisse zwischen 1980 und 1994. Für den Südwesten Deutschlands wurde ebenfalls eine signifikante Zunahme der Hagelschadentage anhand von Gebäudeversicherungsdaten für die letzten zwei Jahrzehnte festgestellt (Kunz et al., 2009). Dementsprechend stellt sich die Frage, ob diese Zunahme der Hagelschadentage durch eine Veränderung der Exposition und der Vulnerabilität der Gebäude verursacht ist, oder ob dieser Trend auch auf eine Veränderung der atmosphärischen Gegebenheiten etwa durch den Klimawandel zurückgeführt werden kann.

Auf der anderen Seite liefern regionale Klimamodelle zwar Informationen über einen langen Zeitraum, sind aber nicht in der Lage, Hagel zu simulieren. Inzwischen gibt es immerhin einige Wolkenmodelle mit mikrophysikalischen Schemata für die Entstehung von Graupel und Hagel (z.B. Seifert und Beheng, 2006). Beispielsweise konnten Noppel et al. (2010) damit erfolgreich einen schweren Hagelsturm in Baden–Württemberg simulieren. Allerdings werden solche Wolkenmodelle derzeit aufgrund der damit verbundenen aufwendigen Rechenleistungen und der Unsicherheiten bei der Wahl der Eigenschaften einzelner mikrophysikalischer Parameter (beispielsweise des Aerosolspektrums) noch nicht operationell in der Wettervorhersage oder der Klimamodellierung eingesetzt. Für die statistische Analyse von Hagelereignissen aus Klimasimulationen muss daher zunächst ein Zusammenhang zwischen atmosphärischen Bedingungen und Hagelereignissen mit Hilfe anderer meteorologischer Parameter als Proxies (indirekte Klimadaten) hergestellt werden.

Die vorliegende Arbeit wurde im Rahmen des **Projekts Haris–CC** (Hail Risk and Climate Change) verfasst, das vom Center for Disaster Management and Risk Reduction Technology[1] (CEDIM) und der Stiftung Umwelt und Schadenvorsorge[2] der SV SparkassenVersicherung gefördert wurde. Ziel des Projekts ist es, neue Erkenntnisse über die vergangene und zukünftige Gefährdung durch schwere Gewitter- und Hagelstürme abzuleiten. Solche Informationen können als Grundlage für geeignete Präventionsmaßnahmen und versicherungsrelevante Fragestellungen Anwendung finden. Dazu werden zunächst hagelrelevante Konvektionsparameter bestimmt, die das Potential der Atmosphäre für die Gewitter- und Hagelentstehung wiedergeben. Da diese Parameter anhand Beobachtungsdaten über einen langen Zeitraum ($\geq$ 30 Jahre) vorliegen, kann die Entwicklung des vergangenen Gewitterpotentials statistisch näher analysiert werden. Dabei ist es wichtig homogene Datensätze zur Verfügung zu haben, da zeitliche (und räumliche) Inhomogenitäten zu nicht meteorologisch verursachenden Effekten bei der Trendanalyse der Zeitreihen führen können. Anschließend werden die gewonnenen Ergebnisse und Methoden auf Simulationsergebnisse verschiedener regionaler Klimamodelle übertragen, um Änderungen des Konvektionspotentials sowohl in der Vergangenheit als auch in der Zukunft zu analysieren. Dabei wird auch der Frage nachgegangen, inwieweit Modelle mit einer räumlichen Auflösung von rund 10 km in der Lage sind, lokal–skalige konvektive Ereignisse anhand von Proxydaten wiederzugeben.

---

[1]   Interdisziplinäre Forschungseinrichtung des Karlsruher Instituts für Technologie (KIT) und des Helmholtz–Zentrums Potsdam Deutsches Geoforschungszentrum (GFZ) im Bereich des Katastrophenmanagements: http://www.cedim.de

[2]   http://www.stiftung-schadenvorsorge.de

Verschiedene Arbeiten haben allerdings gezeigt, dass die Bestimmung von Hagelereignissen nur durch Stabilitätsparametern beschränkt ist (Manzato, 2003; Siedlecki, 2009). In der vorliegenden Arbeit wird der Ansatz deswegen erweitert, indem mit einem multivariaten Ansatz die Diagnostik von Hagelereignissen erhöht wird. Mittels logistischer Regression wird ein auf mehreren Variablen (Proxies) basierendes logistisches Hagelmodell entwickelt, das die Wahrscheinlichkeit für das Auftreten von Hagel wiedergibt. Dazu wird eine Vielzahl meteorologischer Parameter (z.B. Konvektionsenergie, Feuchtegehalt, Großwetterlagen, u.a.) berücksichtigt.

Anschließend werden die Ergebnisse auf ein Ensemble verschiedener regionaler Klimasimulationen übertragen. Durch Vergleich zwischen Vergangenheit und Zukunft können die Änderungen des Hagelpotentials in der Zukunft abgeschätzt werden. Dabei wird auch der Frage nachgegangen, welchen Einfluss verschiedene globale Antriebsdaten, Emissionsszenarien oder regionale Klimamodelle auf die Ergebnisse haben, um daraus Angaben über die Belastbarkeit (Wahrscheinlichkeit) der Ergebnisse abzuleiten.

Damit ergeben sich für die Arbeit folgende Fragestellungen:

1. Welche meteorologischen Parameter, insbesondere Konvektionsparameter, geben Hagelereignisse statistisch am besten wieder?

2. Wie hat sich das Gewitter- und Hagelpotential in der Vergangenheit nach Beobachtungen und Reanalysedaten verändert?

3. Sind regionale Klimamodelle in der Lage, die konvektiven Bedingungen bei Gewitter- und Hagelereignissen wiederzugeben?

4. Durch welche bestmögliche Kombination von meteorologischen Parametern kann die Diagnostik von Hagelereignissen mit Hilfe eines mathematischen Modells erhöht werden?

5. Wie wird sich das Gewitter- und Hagelpotential in der Zukunft ändern?

6. Welche Unsicherheiten sind in einem Ensemble verschiedener Klimasimulationen zu erwarten?

In der vorliegenden Arbeit wird zunächst am Anfang von Kapitel 2 ein allgemeiner Überblick über die Entwicklung und die typischen Eigenschaften konvektiver Gewitter- und Hagelereignisse gegeben. Im Anschluss werden wesentliche meteorologische Parameter der vorliegenden Arbeit definiert sowie die verwendeten statistischen Verfahren erklärt. In Kapitel 3 werden die verfügbaren meteorologischen Datensätze (Messungen und regionale Klimasimulationen) beschrieben. Anschließend wird der Zusammenhang zwischen atmosphärischen Parametern, insbesondere Konvektionsparametern, und Hagelschadenereignissen untersucht (Kap. 4). In Kapitel 5 folgt eine Diskussion über die Änderungen atmosphärischer Stabilitätsparameter sowohl an Beobachtungsdaten als auch an Reanalysedaten in der Vergangenheit (letzten 30 – 60 Jahren). Anschließend werden die Änderungen der Stabilitätsparameter für den Zeitraum 2021 – 2050 untersucht (Kap. 6). Kapitel 7 widmet sich der Entwicklung und Anwendung eines logistischen Hagelmodells und den daraus resultierenden Ergebnissen. Abschließend werden in Kapitel 8 die Ereignisse zusammengefasst.

2. Theoretischer Hintergrund und physikalische Konzepte

In dem fortlaufenden Kapitel werden einige theoretische Grundlagen und physikalische Konzepte erörtert, die für das Verständnis dieser Arbeit hilfreich sind. Im ersten Teil wird insbesondere auf thermodynamische Aspekte in der Atmosphäre und konvektive Wettersysteme eingegangen. Der zweite Teil erörtert die statistischen Methoden, die für die Untersuchungen im Rahmen dieser Arbeit eingesetzt wurden.

2.1. Meteorologische Grundlagen

Ein wesentlicher Bestandteil der Atmosphäre ist Wasser, das als einziger Stoff in allen drei Aggregatzuständen vorkommt: fest in Form von Eis und Schnee, flüssig als Wolken oder Regen und gasförmig als Wasserdampf. In Abhängigkeit von der Temperatur und weiteren klimatischen Bedingungen variiert der Wasseranteil in der Troposphäre zwischen 0,0% und 4%. Durch Verdunstungs- und Kondensationsprozesse ist darüber hinaus der Wasserkreislauf eng mit der Energetik der Atmosphäre verbunden. So wird der Luft durch Verdunstung Energie entzogen, die an anderer Stelle durch Kondensation wieder freigesetzt werden kann.

2.1.1. Thermodynamische Grundlagen

Mit der Annahme, dass Luftteilchen beziehungsweise ein Luftpaket (Index P; siehe unten) nur aus trockener Luft bestehen, lässt sich der 1. Hauptsatz der Thermodynamik für intensive Zustandsgrößen bei adiabatischen Prozessen[1] folgendermaßen formulieren:

$$\delta q = du - \delta a = dh - \alpha\, dp = 0 \qquad , \qquad [2.1]$$

wobei δq die spezifische Wärmezufuhr, u die spezifische innere Energie, δa die spezifische Arbeitsleistung beziehungsweise α das spezifische Volumen und h die spezifische

---

[1] System tauscht keine Wärme mit der Umgebung aus ($\delta q = 0$).

Entalphie des Luftpakets sind. Mit Hilfe der Zustandsgleichung für das Gasgemisch trockene Luft

$$p = R_L \rho_L T \qquad , \qquad\qquad [2.2]$$

wobei p der Druck, $R_L = 287{,}05\,\mathrm{J\,kg^{-1}\,K^{-1}}$ die Gaskonstante für trockene Luft, ρ_L die Dichte für trockene Luft und T die Temperatur ist, und der Vernachlässigung von Wasserdampf (Dichte $\rho_P = \rho_L$) ergibt sich für trockenadiabatische Prozesse das Poissonsche Gesetz:

$$c_p\, dT = R_L T\, d\ln p \qquad , \qquad\qquad [2.3]$$

und durch Integration

$$T_2 = T_1 \left(\frac{p_2}{p_1} \right)^{\frac{R_L}{c_p}} \qquad , \qquad\qquad [2.4]$$

wobei $c_p = 1004{,}5\,\mathrm{J\,kg^{-1}\,K^{-1}}$ die spezifische Wärmekapazität bei konstantem Druck für trockene Luft ist. Definiert man $p_2 = p_0 = 1000\,\mathrm{hPa}$, ergibt sich daraus die **potentielle Temperatur**:

$$T_2 \equiv \theta = T \left(\frac{p_0}{p} \right)^{\frac{R_L}{c_p}} \qquad . \qquad\qquad [2.5]$$

Sie ist ein Maß für die innere Energie des Luftpakets und bleibt bei adiabatischen Vertikalbewegungen konstant, solange keine Phasenübergänge stattfinden. Anders ausgedrückt ist die potentielle Temperatur die Temperatur, die ein Luftteilchen annimmt, wenn es trockenadiabatisch auf 1000 hPa gebracht wird.

Wird in Gleichung (2.2) Wasserdampf (Dichte ρ_D) berücksichtigt, ergibt sich für die Dichte des Pakets $\rho_P = \rho_L + \rho_D$. Somit folgt für Gleichung (2.5) für feuchte, aber ungesättigte Luft (Manzato und Morgan, 2003):

$$\theta_D = T \left(\frac{p_0}{p} \right)^{\frac{R_L + R_D r_0}{c_{pL} + c_{pD} r_0}} \qquad , \qquad\qquad [2.6]$$

wobei c_{pL} und c_{pD} die Wärmekapazitäten für trockene und feuchte Luft bei konstantem Druck, r_0 das konstante Mischungsverhältnis und R_D die Gaskonstante für Wasserdampf sind. Da aber die Gaskonstante für feuchte Luft aufwendiger zu berechnen ist, wird in der Gasgleichung meist anstelle von T die virtuelle Temperatur[2] $T_V = T(1 + 0{,}608\,r)$

---

[2]   Fiktives Temperaturmaß: Die virtuelle Temperatur ist diejenige höhere Temperatur, die trockene Luft annehmen müsste, um bei gleichem Druck dieselbe geringere Dichte wie feuchte Luft zu haben.

verwendet, die es ermöglicht, auch bei feuchter Luft weiterhin mit der Gaskonstante für trockene Luft zu rechnen. Damit gilt auch

$$\theta_V = T_V \left(\frac{p_0}{p}\right)^{\frac{R_L}{c_p}} \quad . \tag{2.7}$$

Finden im Luftpaket diabatische Wärmeübergänge statt, bestimmt man analog zu Gleichung (2.5) die **pseudopotentielle Temperatur** θ_e. Sie definiert die Temperatur, die ein Luftpaket annimmt, wenn es pseudoadiabatisch aufsteigt, bis der gesamte Wasserdampf auskondensiert ist, und danach trockenadiabatisch auf 1000 hPa gebracht wird. Bolton (1980) leitete eine semi–empirische Gleichung für θ_e für einen pseudoadiabatischen Prozess unter Annahme von Sättigung mit Hilfe des Wasserdampfpartialdrucks e und der Temperatur T_{LCL} im Hebungskondensationsniveau (siehe nächster Abschnitt) ab:

$$\theta_e(p,T,r) \cong T \left(\frac{p_0}{p}\right)^{0,2854(1-0,28\cdot r)} \exp\left(r(1+0,81\cdot r)(\frac{3,376}{T_{LCL}} - 0,00254)\right) \quad , \tag{2.8}$$

$$\text{wobei} \quad T_{LCL} \cong \frac{2840}{3,5\ln(T) - \ln(e) - 4,805} + 55 \quad [K] \quad . \tag{2.9}$$

T wird hier in K, p in hPa und r in g/kg eingesetzt. Der Exponentialterm spiegelt hier die latente Energie aufgrund von Phasenübergängen wider. Bei geringer Feuchte (z.B. in der höheren Atmosphäre) geht der Term gegen Eins und θ_e nähert sich θ an. Je höher θ_e ist, umso mehr Energie steht dem Luftpaket zur Verfügung.

Ein weiterer Parameter, der die Feuchtebedingungen in der Atmosphäre beschreibt, ist das niederschlagsfähige Wasser (engl. precipitable water content). Wird nur der Gesamtwasserdampfgehalt einer Luftsäule für eine Einheitsgrundfläche betrachtet, der sich auskondensiert an der Erdoberfläche ergeben würde (Salby, 1996), gilt:

$$\text{TQV} = -\frac{1}{g} \int_{p_1}^{p_2} r(p)dp \quad . \tag{2.10}$$

Typischerweise werden als Integrationsgrenzen der Druck an der Erdoberfläche $p_1 = p_B$ und eine Druckfläche am Oberrand der Troposphäre angegeben. Verschiedene Studien (Greene und Clark, 1972; Billet et al., 1997; Piani et al., 2005; Cao, 2008) haben bereits gezeigt, dass TQV einen engen Zusammenhang zu Hagelereignissen aufweisen kann.

Klassische Theorie eines gehobenen Luftpakets

Die Theorie eines gehobenen Luftpakets (engl. Lifted Parcel Theory) beschreibt das theoretische Konzept der Vertikalbewegung und der damit verbundenen Zustandsänderungen eines Luftpakets in der Atmosphäre (z.B. Holton, 2004), die in der Realität jedoch viel komplexer sind. Um diese komplexeren Ansätze besser verstehen zu können, sind jedoch konzeptionelle einfache Modelle hilfreich. Die „Lifted Parcel" Theorie findet beispielsweise bei der Berechnung hochreichender Feuchtkonvektion Anwendung, da damit latente oder potentielle Instabilitäten in der Atmosphäre bestimmt werden können (vgl. hierzu Kap. 2.1.3). Bereits Bjerknes (1938) untersucht das Verhalten einer aufsteigenden konvektiven Wolke unter der pseudoadiabatischen Annahme. Dabei gelten folgende Annahmen: Das Luftpaket ...

- tauscht mit der Umgebung keine Materie bzw. Wärme aus (Adiabasie, $\delta q = 0$),

- hat immer den gleichen Druck wie seine Umgebung (Index U) in derselben Höhe (quasistatische Bedingung, $p_P = p_U$),

- steigt zuerst komplett trockenadiabatisch auf, bis sein Zustand gesättigt ist. Danach wird es feucht- bzw. pseudoadiabatisch gehoben,

- verliert beim Aufstieg sein gesamtes kondensiertes Wasser, sodass Gefrierprozesse nicht stattfinden.

In der Realität sind diese Annahmen allerdings nur in erster Näherung gültig. Beispielsweise erfolgt der Aufstieg eines Luftpakets nie ohne Wechselwirkung mit der Umgebung. Genauso können kleine dynamische Effekte das Druckfeld in dem fiktiven Volumen ändern. Allerdings zeigten Heymsfield et al. (1978) bei einer Messkampagne in Colorado (USA) mit Hilfe von Flugzeugmessungen, dass der Aufstieg im zentralen Bereich einer Cumulusnimbuswolke in der Regel sättigungsadiabatisch verläuft. Dies gilt sowohl für die Temperaturänderungen als auch für den Wasserdampfgehalt.

Während seinem Aufstieg durch die Troposphäre durchläuft ein Luftpaket folgende Prozesse:

1. Anfangs wird der Zustand eines Luftpakets durch die Zustandsvariablen Temperatur T_B und Druck p_B sowie durch die Feuchte (hier ausgedrückt durch den Taupunkt $T_{d,B}$) am Boden definiert.

2. Das Paket wird zunächst trockenadiabatisch bis zu einer bestimmten Höhe gehoben, ab der Sättigung eintritt. Mögliche Ursachen für die Hebung können sowohl dynamischer (Fronten, Orografie) als auch thermischer Natur (Erwärmung

bodennaher Luft) sein. Die Sättigungsniveaus werden im ersten Fall als Hebungskondensationsniveau (engl. lifting condensation level, LCL), im zweiten Fall als Kumuluskondensationsniveau (engl. cumulus condensation level, CCL) bezeichnet. Während des Aufstiegs wird die potentielle Temperatur θ_B (Gl. 2.5) und das Mischungsverhältnis r_B beibehalten.

3. Nachdem Sättigung eingetreten ist, steigt das Luftpaket weiterhin pseudoadiabatisch auf. Das Mischungsverhältnis r_{sat} ist nun eine Funktion von T und p und durch die veränderten Werte des Luftpakets (p, T) lässt sich die pseudopotentielle Temperatur θ_e (Gl. 2.8) bestimmen. Durch die Phasenübergänge wird Kondensationswärme freigesetzt und die Abkühlung mit zunehmender Höhe ist im Vergleich zum rein trockenadiabatischen Prozess geringer. Somit entsteht der Unterschied zwischen feucht- und trockenadiabatischen Temperaturgradienten lediglich durch das Freiwerden latenter Energie bei der Kondensation.

4. In der Höhe, in der bei weiterer erzwungener Hebung das aufsteigende Luftpaket erstmals wärmer bzw. leichter ($\rho_P > \rho_U$) als die Umgebungsluft ist, liegt das Niveau der freien Konvektion (engl. level of free convection, LFC). Ab dem LFC steigt das Luftpaket aufgrund des positiven Auftriebs (Gl. 2.15) weiter auf.

5. Das Luftpaket steigt solange auf, bis es durch eine höhere Umgebungstemperatur daran gehindert wird. Der Bereich, bei dem die Temperatur des Luftpakets gleich der der Umgebung ist, wird als Gleichgewichtsniveau (engl. equilibrium level, EL) oder Wolkenobergrenze bezeichnet. Bei hochreichender Konvektion ist dies oft das Tropopausenniveau. Aufgrund des vertikalen Auftriebs und der Trägheit des Luftpakets kann es bei sehr starker Konvektion zu einem Überschießen der Gewitterwolke in die Tropopause hinein kommen (engl. overshooting top).

Abschließend stellt sich die Frage, wie die Anfangsbedingungen eines Luftpakets am Boden genau definiert werden. In verschiedenen Arbeiten haben sich im Laufe der Jahre drei verschiedene Methoden herauskristallisiert:

1. Als Startwerte für das aufsteigende Luftpaket werden die Werte von Temperatur T, Taupunkt T_d und Druck p in 2 m–Höhe über der Oberfläche verwendet (z.B. Kunz, 2007). Im Folgenden wird dies mit der Indexbezeichnung $B = Boden$ gekennzeichnet.

2. Die Startwerte werden durch eine dichtegewichtete Mittelung über die ersten Werte des Vertikalprofils über Grund bestimmt. Gebräuchlich sind hierfür eine Mischungsschicht von 100 hPa (Indexbezeichnung 100), 50 hPa oder 500 m (z.B. Brooks et al., 2003).

3. Die Anfangsbedingungen werden so gewählt, dass das Luftpaket durch seinen Aufstieg die höchste Instabilität aufweist (engl. most unstable parcel, MUP). Dies geschieht, indem die größtmögliche pseudopotentielle Temperatur θ_e in den untersten Schichten der Atmosphäre bestimmt wird. Manzato und Morgan (2003) nehmen hierfür beispielsweise die untersten 250 hPa über der Erdoberfläche.

Insbesondere bei der Bestimmung der Konvektionsparameter und -indizes spielt die Wahl des Startniveaus beispielsweise hinsichtlich ihres Wertebereichs eine entscheidende Rolle (siehe Kap. 2.1.3).

Auftrieb

Das archimedische Prinzip besagt, dass jeder Körper mit der Dichte ρ_P, der sich in einem Fluid der Dichte ρ_U befindet, eine Auftriebskraft erfährt, die der Gewichtskraft der verdrängten Flüssigkeit entspricht. Herleiten lässt sich diese Aussage über die reibungsfreie vertikale Bewegungsgleichung ohne Corioliskraft:

$$a_v = \frac{dw}{dt} = -g - \frac{1}{\rho}\frac{\partial p}{\partial z} \quad , \qquad [2.11]$$

wobei a_v und w die Vertikalbeschleunigung und die Vertikalgeschwindigkeit des Luftpakets und g die Beschleunigung aufgrund der Schwerkraft sind. Anschließend werden der Druck und die Dichte in einen hydrostatischen Grundzustand und in Störungen hinsichtlich dieses Grundzustands zerlegt (z.B. Doswell und Markowski, 2004):

$$p = \bar{p} + p' \quad , \qquad \rho = \bar{\rho} + \rho' \quad , \qquad [2.12]$$

wobei $\bar{p}$ ($\bar{\rho}$) der Druck (die Dichte) des Grundzustands und p' (ρ') die Druckstörung (Dichtestörung) sind. Eingesetzt und mit Hilfe der hydrostatischen Approximation $\frac{\partial \bar{p}}{\partial z} = -\bar{\rho}g$ umgeformt ergibt sich

$$\frac{dw}{dt} = \underbrace{-\frac{1}{\rho}\frac{\partial p'}{\partial z}}_{\text{vertikaler Gradient der Druckstörung}} \underbrace{-\frac{\rho'}{\rho}g}_{\text{Auftrieb}} \quad . \tag{2.13}$$

Kessler (1985) bezeichnet den letzten Term als thermischen Auftrieb B (engl. buoyancy). Im Allgemeinen ist es ausreichend, ρ durch $\overline{\rho}$ zu ersetzen, wodurch unter Berücksichtigung des feuchten Anteils in einem Luftpaket durch T_V folgt:

$$B = \frac{\rho'}{\overline{\rho}}g \approx \left(\frac{T_V'}{\overline{T_V}} - \frac{p'}{\overline{p}}\right)g \quad . \tag{2.14}$$

Emanuel (1994) zeigte, dass für Geschwindigkeiten, die kleiner als die Schallgeschwindigkeit sind, die Druckstörungen gegenüber den Temperaturstörungen vernachlässigbar sind (d.h. $\rho'/\overline{\rho} \approx -T'/\overline{T}$). Mit der Gasgleichung ergibt sich

$$B \approx g\frac{T_V'}{\overline{T_V}} = g\frac{T_{V_P} - T_{V_U}}{T_{V_U}} \quad . \tag{2.15}$$

Ist das Luftpaket wärmer als seine Umgebung, erfährt das Paket eine Beschleunigung nach oben. Doswell und Markowski (2004) zeigten, dass es insbesondere in Superzellen in Einzelfällen durchaus wichtig sein kann, bei der Berechnung des Auftriebs in Modellsimulationen den Beitrag durch die vertikalen Druckstörungen zu berücksichtigen.

Der Effekt durch die Reibung der Hydrometeore in Form von Niederschlag kann in Gleichung (2.15) ebenfalls mit berücksichtigt werden (Markowski und Richardson, 2010):

$$B \approx \left(\frac{T_V'}{\overline{T_V}} - \frac{p'}{\overline{p}} - r_h\right)g \quad , \tag{2.16}$$

wobei r_h das Mischungsverhältnis von Hydrometeoren (typische Werte in einem starken Aufwind liegen bei $8-18\,\text{g}\,\text{kg}^{-1}$) und somit $g \cdot r_h$ die Abwärtsbeschleunigung aufgrund des Widerstands der Hydrometeore sind. Beispielsweise wird ein positiver Auftrieb, verursacht durch $3\,\text{K}$ Temperaturabweichung, durch $r_h = 10\,\text{g}\,\text{kg}^{-1}$ ausgeglichen. Reibung durch Hydrometeore kann im Mittel bis zu 20% zum negativen Auftrieb beitragen, die restlichen 80% werden vorwiegend durch latente Wärmeübergange (Verdunstung, Schmelzen, Sublimation) verursacht (Houze, 1993).

Arten der Instabilität

Das einfachste Maß für die thermische Stabilität einer Schichtung ist die vertikale Temperaturänderung beziehungsweise der vertikale Temperaturgradient ($\gamma = -\partial T/\partial z$). Wird nun, wie in der „Lifted Parcel" Theorie beschrieben, ein vom Boden aufsteigendes Luftpaket betrachtet, wird sich dieses gemäß dem 1. Hauptsatz der Thermodynamik (Gl. 2.1) durch die am Volumen verrichtete Arbeit δa bei Hebung abkühlen. Steigt es trockenadiabatisch auf, gilt für den trockenadiabatischen Temperaturgradienten

$$-\Gamma_d = \frac{\partial T}{\partial z} = -\frac{g}{c_p} \sim -0{,}0098\,\mathrm{K\,m^{-1}} \qquad . \qquad [2.17]$$

Im Fall von Sättigung ist der pseudoadiabatische Temperaturgradient (AMS, 2000)

$$\Gamma_s = g\,\frac{1 + \frac{L_d r_d}{R_L T}}{c_p L + \frac{L_d^2 r_d \varepsilon}{R_L T}} \qquad , \qquad [2.18]$$

wobei r_d das Wasserdampfmischungsverhältnis, L_d die Verdampfungswärme und ε das Verhältnis der Gaskonstanten von trockener und feuchter Luft sind. Generell ist aufgrund der freiwerdenden latenten Energie $\Gamma_s > \Gamma_d$. Die Werte für Γ_s liegen zwischen etwa 0,004 und 0,0098 K m^{-1}.

Bedingte Instabilität

Nach Haurwitz (1941) sind nach der Auslenkung eines Luftpakets aus seinem Ruhezustand folgende Fälle möglich:

1. $\gamma > \Gamma_d$

   Die Umgebungstemperatur nimmt mit der Höhe stärker ab als die des aufsteigenden Luftpakets. Folglich ist das Paket wärmer als seine Umgebung und kann durch Auftrieb weiterhin ungehindert aufsteigen. Es liegt **absolute Instabilität** vor.

2. $\gamma < \Gamma_s$

   Das Luftpaket ist nach einem Aufstieg kälter als seine Umgebung und tendiert dazu, in seine Ausgangslage zurückzukehren. Dieser Fall wird **absolute Stabilität** genannt.

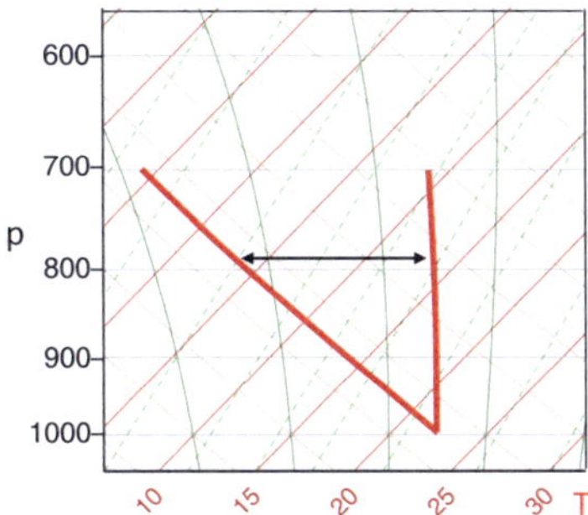

Abb. 2.1.: Schematische Darstellung einer bedingten Instabilität in einem Skew$T$log$P$–Diagramm; der Temperaturgradient der Umgebung liegt zwischen Γ_d und Γ_s (Kunz, 2012).

3. $\gamma = \Gamma_d$ oder $\gamma = \Gamma_s$

   Der Temperaturgradient des Luftpakets ist gleich dem seiner Umgebung. Ausgelenkt verbleibt es daher in der aktuellen Höhen. Die Schichtung ist **neutral**.

4. $\Gamma_d > \gamma > \Gamma_s$

   Wenn der Temperaturgradient des Luftpakets zwischen dem trocken- und pseudoadiabatischen Gradienten liegt, spricht man von einer **bedingt labilen oder stabilen Schichtung**. Abhängig davon, ob das Paket gesättigt (ungesättigt) ist, liegt ein stabiler (labiler) Fall vor (nach Rossby, 1932, siehe Abb. 2.1).

Latente Instabilität

Ist ein Luftpaket zu trocken, kann es trotz einer bedingt labilen Schichtung vorkommen, dass nach erzwungener Hebung kein freier Auftrieb vorliegt, da das Paket immer kälter als seine Umgebung bleibt und somit in seine Ausgangslage zurückkehrt (siehe Abb. 2.2 links, z.B. Hebung ab 900 hPa). Dringt dagegen ein Luftpaket mit hoher Feuchtigkeit aus unteren Höhen durch Hebungsprozesse in diesen Bereich ein und erreicht in der trockenen Schicht das LFC (siehe Abb. 2.2 links, Hebung ab 1000 hPa), wird die Temperatur des Luftpakets größer als die der Umgebung und es ergibt sich ein positiver thermischer Auftrieb (vgl. Gl. 2.15). Man bezeichnet diesen Vorgang als latente Instabilität (Normand, 1938).

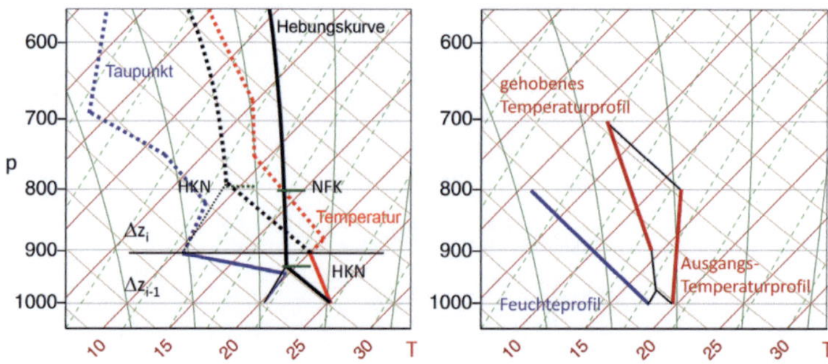

Abb. 2.2.: Schematische Darstellung einer latenten (links) und potentiellen Instabilität (rechts; Kunz, 2012).

Potentielle Instabilität

Eine potentielle Instabilität existiert dann, wenn die pseudopotentielle Temperatur θ_e (Gl. 2.8) oder die potentielle Feuchttemperatur θ_w (engl. wet bulb temperature)[3] mit der Höhe abnimmt (Rossby, 1932). Normalerweise liegt dann eine feuchtwarme unter einer trockenkalten Luftschicht. Wird die gesamte Luftsäule gehoben (z.B. bei einem Frontdurchgang), setzt in der unteren feuchtwarmen Schicht schneller Kondensation ein als in der oberen, in der sich die Luft weiterhin trockenadiabatisch abkühlt. Dadurch entsteht mit zunehmender Höhe ein immer größerer Temperaturgradient, da die obere Schicht schneller abkühlt als die untere und somit das Potential der Labilisierung gefördert wird (siehe Abb. 2.2 rechts). Schultz et al. (2000) zeigten, dass der Hebungsprozess der Schichten typischerweise nicht mit der Entwicklung isolierter hochreichender Konvektion verbunden ist, sondern erst die Bildung von stabilen stratiformen Wolken ermöglicht, aus denen sich hochreichende Konvektion entwickeln kann. Des Weiteren argumentierten die Autoren, dass eine potentielle Instabilität bei Gewitterereignissen selten beobachtet wird. Eine Ausnahme hierfür ist das Münchner Hagelunwetter vom 12. Juni 1984, das bisher das teuerste Hagelunwetter in Deutschland war. Heimann und Kurz (1985) zeigten, dass an diesem Tag nördlich der Alpen potentielle Instabilität vorherrschte, nachdem eine verhältnismäßig kalte aber sehr feuchte Luft aus dem Mittelmeerraum unter warme, trockene Luftmassen gelangte.

---

[3] θ_w ist diejenige Temperatur, die erreicht wird, wenn ein Luftpaket pseudoadiabatisch vom LCL zur 1000 hPa–Höhe abgesenkt wird.

Vergleicht man die verschiedenen Kriterien der Instabilität miteinander, stellt sich die Frage, welche davon am besten für die Analyse konvektiver Situationen geeignet ist. Grundsätzlich tritt bei freier Konvektion immer thermischer Auftrieb auf. Dieser Vorgang wird allerdings nur durch die latente Instabilität physikalisch beschrieben. Im Gegensatz dazu bewirkt eine bedingte oder potentielle Instabilität nicht notwendigerweise das freie Aufsteigen eines Luftpakets nach vertikaler Auslenkung. Nach Groenemeijer (2009) ist eine latente Instabilität die wichtigste Voraussetzung für die Entstehung von hochreichender Konvektion. Ist eine solche Schichtung vorhanden, treten auch die beiden anderen Arten der Instabilitäten auf. Im Kontrast dazu muss bei Vorhandensein der beiden letzteren nicht unbedingt latente Instabilität vorherrschen.

2.1.2. Konvektive Wettersysteme

Gewitterstürme sind konvektive Wettersysteme, die sich bei hochreichender Feuchtkonvektion (engl. deep moist convection) bilden und immer mit Blitz und Donner, teilweise mit starkem Niederschlag, Graupel oder Hagel sowie lokalen Fallwinden oder Tornados verbunden sind (AMS, 2000). Ihre räumliche Ausdehnung kann nur wenige Kilometer (Mesoskala γ) bis mehr als 100 km (Mesoskala α) betragen (nach Orlanski, 1975). Man schätzt, dass weltweit täglich etwa 40 000 – 50 000 Gewitterereignisse auftreten (NOAA, 2010b). In Deutschland sind Gewitter vorwiegend im Sommer von etwa April bis September zu beobachten. Sie sind hier neben Winterstürmen die bedeutendsten und schadenrelevantesten Naturgefahren.

Charakteristik und Entstehung von Gewitterstürmen

Für die Entstehung hochreichender Feuchtkonvektion sind die drei wichtigsten Voraussetzungen (1) ein hoher Feuchtegehalt in der unteren Troposphäre, (2) thermische Instabilität der Atmosphäre und (3) ein Auslösemechanismus (Doswell, 1987). Ein hoher Feuchteanteil ermöglicht bei Kondensation das Freisetzen von latenter Wärme, die anschließend in kinetische Energie der Vertikalbewegung umgewandelt wird. Eine instabil geschichtete Atmosphäre führt oberhalb des Kondensationsniveaus zu einem anhaltenden Aufstieg des Luftpakets (vgl. Gl. 2.15). Als Auslösemechanismus sind verschiedene Ursachen möglich (Kurz, 1990):

– thermischer Aufrieb gemäß Gleichung (2.15) durch Erwärmung der bodennahen Schichten oder Kaltluftadvektion in der Höhe (freie Konvektion);

- bodennahe Strömungskonvergenz (z.B. Kottmeier et al., 2008; Kalthoff et al., 2009), die gemäß der integrierten Kontinuitätsgleichung bei Inkompressibilität direkt mit Hebung verbunden ist:

$$w = - \int_0^{z_1} \left(\frac{\partial u}{\partial x} + \frac{\partial v}{\partial x} \right) dz \qquad [2.19]$$

  wobei u und v die horizontalen Windgeschwindigkeitskomponenten in x- und y–Richtung sind (z.B. durch Umströmungseffekte oder Schwerewellenbildung an Gebirgen, durch Sekundärzirkulationen wie Hangwinde oder im Bereich eines Tiefs);

- großräumige Hebung durch die horizontale Divergent vorderseitig eines Höhentrogs, durch Schichtdickenadvektion oder durch mit der Höhe zunehmender positiver Vorticityadvektion (siehe Gl. 2.23);

- Querzirkulation an einer Front.

Aber auch die vertikale Änderung des Horizontalwinds (**Windscherung**) ist für die Entwicklung der Gewittersysteme unter anderem durch dynamische Druckstörungen von großer Bedeutung (Marwitz, 1972b,a; Weisman und Klemp, 1982, 1984; Rotunno et al., 1988; Groenemeijer, 2009). Die Windscherung ist maßgeblich für die Lebensdauer verantwortlich und beeinflusst die Struktur des konvektiven Systems. Insbesondere bei Superzellen und Gewitterlinien spielt sie eine wichtige Rolle (siehe unten). Im Fall von isolierten Zellen kann die Scherung die vertikale Entwicklung allerdings auch unterdrücken. In den Arbeiten von Khain et al. (2005) und Lee et al. (2008b) führt eine Zunahme der Windscherung zu einem zunehmenden Auswaschen und einer Verdunstung der Hydrometeore, was wiederum bei einem hohen Aerosolgehalt mit kleineren Wolkentröpfchen und erhöhter Evaporation zu einer Abnahme des Niederschlags führt (Fan et al., 2009). Gleichzeitig unterstützt die zunehmende Windscherung durch das Abkühlen eine Intensivierung des Fallwinds und fördert die Entwicklung weiterer Wolken (siehe unten). Rasmussen und Blanchard (1998) beobachteten, dass der Grenzbereich zur Unterscheidung zwischen Superzellen mit und ohne Tornados hinsichtlich der Windscherung sehr klein ist ($\sim 18\,\mathrm{m\,s}^{-1}$)[4]. Eine Studie von Craven (2000) über Tornadoereignisse zwischen 1950 und 1998 zeigt, dass von allen untersuchten Ereignissen etwa 97% mit einer Windscherung $> 20\,\mathrm{m\,s}^{-1}$ einhergegangen sind.

---

[4] Windscherung zwischen der Grenzschicht und der Schicht in 6 km Höhe.

Konvektive Systeme können auf unterschiedliche Weise organisiert sein. Sie treten sowohl als einzelne, isolierte konvektive Gebilde auf, können sich aber auch zu großen komplexen Strukturen oder Linien zusammenschließen. Man unterscheidet folgende Gewitterarten, die auch in Tabelle 2.1 zusammengefasst sind (siehe auch Markowski und Richardson, 2010; Kunz, 2012):

Einzelzelle

Eine Einzelzelle ist eine einzelne, lokal isolierte, vertikal hochreichende Konvektionszelle, die nur einen Aufwindbereich hat. Der Lebenszyklus einer Einzelzelle (Byers und Braham, 1949) beginnt mit einer Blase feucht–warmer Luft, die sich nach Erreichen des Kondensationsniveaus zu einer Cumuluswolke entwickelt (**Cumulusstadium**, siehe Abb. 2.3). Aufgrund der vorherrschenden lokal–skaligen Vertikalbewegung (engl. updraft), die gemäß der Gleichung für den Auftrieb (Gl. 2.15) mit der Höhe an Intensität gewinnt, wird aus der Umgebung Luft und damit weitere Feuchtigkeit in die Wolke hineingezogen, sodass sie sich zu einem Cumulonimbus (Cb) entwickeln kann. Im anschließenden **Reifestadium** beginnt die Niederschlagsbildung durch Diffusion von Wasserdampf an Eispartikeln oder Bereifen von Eisteilchen durch Einsammeln von unterkühlten Wolkentröpfchen (siehe unten). Sind die Teilchen letztendlich groß genug (ab Durchmesser $\sim 1\,\mathrm{mm}$), fallen sie im zentralen Aufwindbereich Richtung Boden. Gleichzeitig bildet sich am Oberrand der Troposphäre ein symmetrischer Amboss aus. Die fallenden Niederschlagsteilchen wirken aufgrund des Luftwiderstands (Gl. 2.16) dem Auftrieb entgegen und verursachen mit der einsetzenden Evaporation und Abkühlung einen räumlich begrenzten starken Abwind (downdraft), der nach dem Erreichen der Oberfläche eine Böenfront initiiert. Dominiert der Abwind die gesamte Zelle, ist

Tab. 2.1.: Überblick über die verschiedenen Organisationsformen von hochreichenden konvektiven Systemen (Kunz, 2012).

Einteilung	Lebensdauer	horizontale Skala	Gefahrenpotential
Einzelzelle	30 min.	1–10 km	gering
Multizelle	mehrere h	bis 50 km	hoch
Superzelle	mehrere h	bis 50 km	sehr hoch
Gewitterlinie	$\sim 24\,\mathrm{h}$	$> 100\,\mathrm{km}$	hoch
MCS	$\sim 24\,\mathrm{h}$	$\sim 300\,\mathrm{km}$	mittel–hoch

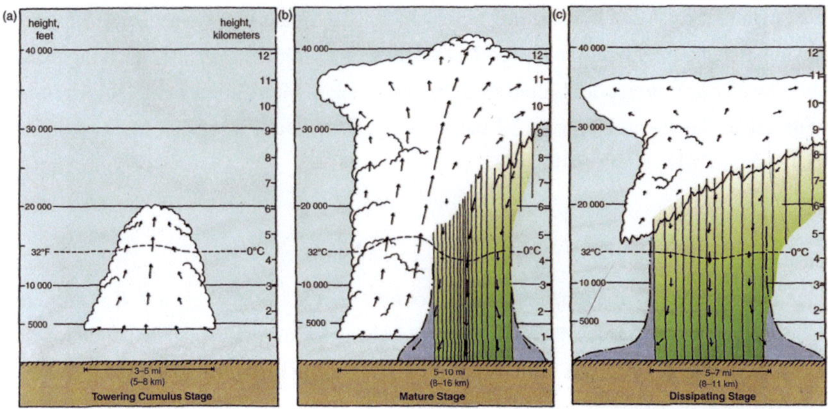

Abb. 2.3.: Die drei Stadien einer Einzelzelle mit (a) Cumulusstadium, (b) Reifestadium und (c) Dissipationsstadium (Markowski und Richardson, 2010, nach Byers und Braham,1949, und Doswell,1985).

das **Dissipationsstadium** erreicht. Der Aufwind ist dabei vom Zufluss feucht–warmer Umgebungsluft abgeschnitten, sodass die Wolke sich aufzulösen beginnt.

Somit ist der Lebenszyklus einer Einzelzelle relativ kurz. Die charakteristische Lebensdauer τ kann über die Zeit, die ein Luftpaket für den Aufstieg von der Erdoberfläche bis zum Wolkenoberrand benötigt (H: Skalierungshöhe der Gewitterzelle), über die mittlere vertikale Geschwindigkeit w_0 und über die mittlere Endfallgeschwindigkeit des Niederschlags v_t abgeschätzt werden (Markowski und Richardson, 2010):

$$\tau \approx \frac{H}{w_0} + \frac{H}{v_t} \qquad . \qquad [2.20]$$

Im Mittel ergibt sich mit $H \simeq 10\,\mathrm{km}$, $w_0 \simeq 5-10\,\mathrm{m\,s}^{-1}$ und $v_t \simeq 5-10\,\mathrm{m\,s}^{-1}$ eine Lebenszeit von 30 bis 60 Minuten. Meistens wird die Entwicklung von Einzelzellen durch die solare Einstrahlung und damit durch den Tagesgang der Grenzschichtentwicklung bestimmt. Somit ist die Häufigkeit von Einzelzellen nach dem Tagesmaximum der Temperatur in Bodennähe am höchsten.

Multizelle

Eine Multizelle setzt sich aus mehreren, dynamisch miteinander verbundenen, einzelnen Gewitterzellen in unterschiedlichen Entwicklungsstadien zusammen (siehe Abb. 2.4).

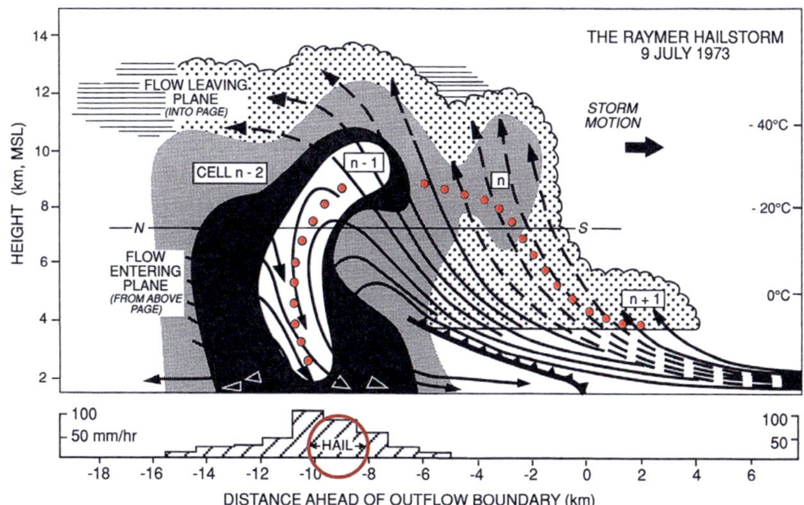

Abb. 2.4.: Schematische Darstellung der Entwicklungsstadien (n + 1, n, n − 1) einer Multizelle und deren Hagelbildung nach Browning (1977). Rot: mögliche Hageltrajektorie durch die verschiedenen Zellen.

Dabei kommt es stromab des Scherungsvektors aufgrund der Hebung der Warmluft im Bereich der Böenfront zur Zellneubildung (n und n + 1). Rückseitig des Komplexes beginnt die Zelle, die sich im Reifestadium (n − 1) befindet und einen Abwind verursacht, zu zerfallen, da sie von dem Nachschub feucht–warmer Luft abgeschnitten ist (n − 2). Bedeutend für diese Entwicklung ist das Vorhandensein einer vertikalen Windscherung (Marwitz, 1972b), die den Niederschlags- und Aufwindbereich voneinander trennt. In ihren Studien modellierten Lin et al. (1998) und Lin und Joyce (2001) die verschiedenen Entwicklungsstadien und die Zellfortpflanzung einer zweidimensionalen Multizelle mit Hilfe eines numerischen Wolkenmodells. Dabei zeigte sich, dass die horizontale Advektion für die Zellneubildung und Schwerewellen für die Zellvermehrung innerhalb des Systems verantwortlich sind.

Am Boden wird durch die Interaktion der Böenfront mit dem horizontalen Vorticityfeld die Hebung der Luftmassen ermöglicht (Markowski und Richardson, 2010). Der durch Verdunstung, Schmelzen und Sublimation von Niederschlagsteilchen sowie durch deren Reibung verursachte kalte Abwind (engl. cold pool) führt bodennah zu einer ausgeprägten Böenfront. Durch Reibung am Boden wird dabei in der Kaltluft horizontale

Vorticity erzeugt. In Richtung des Scherungsvektors $\mathbf{S} = \frac{\partial \mathbf{v}}{\partial z}$ ist die Vorticity der Böenfront entgegengesetzt zu der der Umgebung. Dort, wo die Kaltluft auf die Warmluft trifft, ist die Hebung maximal, sodass die Warmluft das LFC erreichen und sich neue Zellen bilden können.

Die Bewegungsrichtung einer Multizelle erfolgt in der Regel nicht mit dem mittleren Horizontalwind, sondern setzt sich aus der Summe des Vektors des Horizontalwinds und des Vektors der Zellneubildung, der die bevorzugte Richtung und Geschwindigkeit der Multizelle kennzeichnet, zusammen. Je schneller sich neue Zellen entwickeln, umso stärker kann die resultierende Zugrichtung des Multizellenkomplexes vom mittleren horizontalen Wind abweichen (bis zu 30°).

Obwohl die Lebensdauer einer einzelnen Zelle innerhalb des Systems der von Einzelzellen entspricht, kann sich der gesamte Komplex über mehrere Stunden am Leben erhalten und zeigt somit ein höheres Schadenpotential als Einzelzellen (starke Böen, Hagel bis etwa 5 cm).

Superzelle

Browning und Ludlam (1962) verwendeten als Erste den Namen Superzelle, um die besondere quasi–stationäre Struktur eines Hagelsturms in England während seiner intensiven Phase zu beschreiben. Bei Superzellen (z.B. Marwitz, 1972a; Browning und Foote, 1976) handelt es sich eigentlich um Einzelzellen, die jedoch eine andere organisierte Struktur aufweisen und im Allgemeinen bedeutend langlebiger sind (1 – 8 h). Ein wesentliches Merkmal von Superzellen ist die Rotation der gesamten Zelle, die zu einem Druckminimum im Zentrum führt (Mesozyklonen). Superzellen besitzen außerdem nur einen einzelnen Aufwindbereich, der aber durch zwei Abwindbereiche flankiert ist (Lemon und Doswell III, 1979). Diese räumliche Trennung von Auf- und Abwinden aufgrund der starken vertikalen Windscherung bewirkt eine ständige Zufuhr feucht–warmer Luft in den Aufwindbereich, die das System mit ausreichender (latenter) Energie versorgt. Superzellen sind die gefährlichsten Arten von Gewitterzellen, da sie oft von Extremniederschlägen, großem Hagel und schweren Starkwinden begleitet werden. In etwa 20% aller mit Radar beobachteten Fälle kam es in den USA auch zur Tornadobildung (Burgess, 1997).

Nach Johns und Doswell III (1992) wird die Entstehung von Superzellen durch ausgedehnte Feuchtefelder in der unteren und mittleren Atmosphäre begünstigt. Neben einer bedingten oder latenten Labilität ist das Zusammenspiel mit dem Grenzschichtstrahlstrom (engl. low level jet) in der unteren Atmosphäre (bis 700 hPa) von Bedeutung, da dieser feucht–warme Luft in den Aufwindbereich der Superzelle bringt. Üblicherweise wird durch die Lage im divergenten Bereich vorderseitig eines Höhentrogs großräumige Hebung induziert. Im Idealfall liegt eine abgehobene Inversion vor, die eine sehr späte Entwicklung zum Zeitpunkt des maximalen Energiegehalts der Atmosphäre begünstigt.

Ebenfalls bedeutend ist eine starke vertikale Windscherung im Einströmbereich des Komplexes. Sie begünstigt die Entstehung von relativer Vorticity ζ und somit die Rotationsbewegung einer Superzelle. Man betrachtet hierzu die Vorticitygleichung im z–System im Fall von Barotropie (d.h. ohne Solenoidterm, Holton, 2004):

$$\frac{\partial \zeta}{\partial t} = -\mathbf{v} \cdot \nabla \zeta - \zeta \cdot (\nabla_H \cdot \mathbf{v}_H) - \mathbf{k} \cdot \left(\nabla w \times \frac{\partial \mathbf{v}}{\partial z} \right) \quad . \tag{2.21}$$

Die Terme auf der rechten Seite beschreiben die zeitliche Änderung der Vorticity (a) aufgrund von Advektion relativer Vorticity, (b) aufgrund der Veränderung einer horizontal orientierten Querschnittsfläche (Divergenz- oder Stretchingterm) und (c) aufgrund der Umverteilung von horizontaler in vertikale Scherungsvorticity (Dreh- oder Tilitingterm). Im Folgenden wird angenommen, dass eine reine Westwindströmung vorherrschend ist ($v = 0$). Für eine erste Analyse wird Gleichung (2.21) linearisiert, das heißt, die einzelnen Komponenten des Windvektors bilden sich aus der Summe des horizontalen homogenen Grundzustands und dessen Abweichung: z.B. $u = \bar{u} + u'$. Dabei wird angenommen, dass $\bar{w}$ und $\bar{\zeta}$ Null sind. Werden die Produkte der Störungen vernachlässigt, ergibt sich daraus eine linearisierte Vorticitygleichung, in der der Stretchingterm nicht mehr vorkommt:

$$\frac{\partial \zeta'}{\partial t} = -\bar{u}\frac{\partial \zeta'}{\partial x} + \frac{\partial \bar{u}}{\partial z}\frac{\partial w'}{\partial y} \quad . \tag{2.22}$$

Da der reine Westwind mit der Höhe zunimmt, ist die Vorticitytendenz, hervorgerufen durch die Drehung, südlich des Aufwindbereichs zyklonal und nördlich antizyklonal (vgl. Abb. 2.5a). Existieren in dem Aufwindbereich nun genügend Niederschlagsteilchen, bewirken diese durch ihr Absinken ein Teilen des Aufwinds in zwei Teile mit positiver und negativer Vorticity (engl. right / left movers; Klemp, 1987). Dabei erfolgt aber keine Zunahme der Vorticity im Aufwindbereich.

Wird die Drehung des horizontalen Windschervektors mit der Höhe in die Betrachtung einbezogen (Abb. 2.5b), bewirkt ein sich mit der Höhe antizyklonal drehender Wind eine stärkere Entwicklung des Systems mit positiver Vorticity (Klemp, 1987). Das System

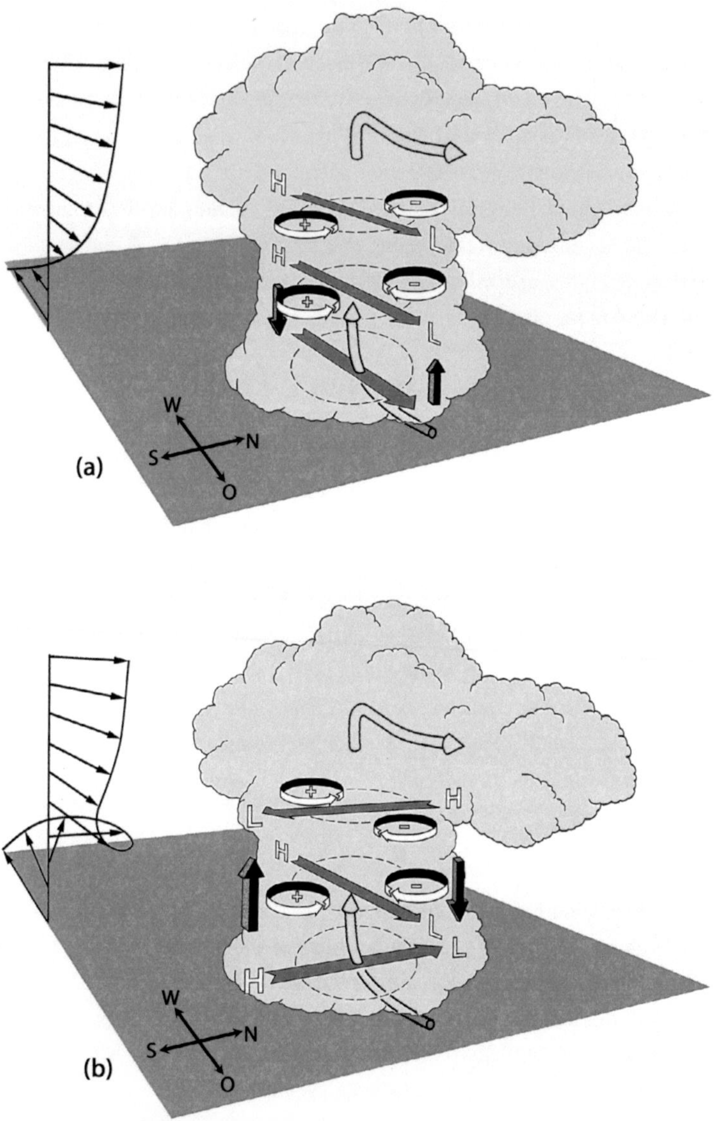

Abb. 2.5.: Schematische Skizze zur Druckstörung und vertikalen Vorticity in einer Superzelle für (a) eine reine Geschwindigkeitsscherung und (b) ein mit der Höhe sich antizyklonal drehender Wind. Die Druckgradienten von hohem (H) zu niedrigem (L) Druck parallel zum Windscherungsvektor sind durch hohe zyklonale (+) und antizyklonale (-) Vorticity gekennzeichnet (graue Pfeile). Ebenfalls eingezeichnet sind die zusätzlich resultierenden vertikalen Druckgradienten (schwarze Pfeile; nach Klemp, 1987).

mit negativer Vorticity wird dagegen in seiner Entwicklung unterdrückt. Ursache hierfür ist, dass sich aufgrund der Scherströmung ein horizontaler Druckgradient entwickelt, der in der mittleren Schicht der Wolke sein Maximum erreicht. Auf der Südseite der Superzelle begünstigt die dynamisch induzierte Druckstörung einen anhaltenden Aufwind, während im nördlichen Bereich die Konvektion unterdrückt wird (Rotunno und Klemp, 1985). Die rechte Zelle verstärkt sich, während die linke Zelle abstirbt. Dreht sich der Wind dagegen mit der Höhe gegen den Uhrzeigersinn, begünstigt dies die Entwicklung von links–drehenden Systemen. Diese Theorie wurde sowohl durch Beobachtungen (z.B. Bluestein und Sohl, 1979; Houze et al., 1993; Dotzek et al., 2001) als auch durch numerische Simulationen (z.B. Wilhelmson und Klemp, 1978; Klemp und Wilhelmson, 1978; Markowski und Dotzek, 2011) bestätigt. Da in den USA (bzw. in den mittleren Breiten) häufig die synoptischen Bedingungen für eine Rechtsdrehung des Winds herrschen, treten zyklonal rotierende Superzellen häufiger auf. Nichtsdestotrotz sind auch antizyklonal rotierende Systeme zu beobachten, jedoch nur in rund 10% aller Fälle (Bunkers, 2002). Außerdem sind diese deutlich seltener mit Tornadoereignissen verbunden (Davies-Jones, 1986).

Mesoskalige konvektive Systeme

Das „Glossary of Meteorology" (AMS, 2000) definiert ein mesoskaliges konvektives System (engl. mesoscale convective system, MCS) als ein großes zusammenhängendes stratiformes Niederschlagsgebiet, das mit Gewitterereignissen verbunden ist und mindestens eine horizontale Ausdehnung von 100 km in eine Richtung aufweist. Diese Definition beinhaltet auch Gewitterlinien (siehe nächster Abschnitt). Ab dieser Längenskala spielt die Coriolisbeschleunigung bereits eine signifikante Rolle, sodass sich in dem sich entwickelnden System eine mesoskalige Zirkulation bildet (Houze, 2004). Auch wenn Prozesse wie Schmelzen und Einstrahlung bedeutend sind, wird die Nettowärme der MCS primär durch Kondensation und Evaporation im Zusammenhang mit der Vertikalbewegung begünstigt (Houze, 1989).

Einerseits kann sich aus bereits vorhandenen Gewittersystemen in Form von Einzel-, Multi- und selten auch aus Superzellen (v.a. in den USA) ein MCS bilden, das sowohl linienartige oder kreisförmige, aber auch andere Strukturen entwickeln kann (Typ I). Als Typ II werden MCS bezeichnet, deren Ursprung eine Konvektionsauslösung durch starke großräumige Hebung (z.B. entlang einer Front) ist (Markowski und Richardson, 2010). Somit werden MCS immer durch synoptisch bedingte Hebungsvorgänge ausgelöst oder gesteuert. Insbesondere bilden sie sich häufig vorderseitig eines Höhentrogs im Bereich des Warmsektors des damit verbundenen Bodentiefs. Nach der Omegagleichung gilt für die generalisierte Vertikalgeschwindigkeit ω im p–System (Kurz, 1990)

$$(\sigma \nabla^2 + f_0^2 \frac{\partial^2}{\partial p^2})\omega = -f_0 \frac{\partial}{\partial p}[-\mathbf{v}_g \cdot \nabla_p(\zeta_g + f)] - \frac{R}{p}\nabla^2[-\mathbf{v}_g \cdot \nabla_p T] - \frac{R}{c_p p}\nabla^2 H, \quad [2.23]$$

wobei σ ein Stabilitätsparameter, f_0 der (konstante) Coriolisparameter, $\mathbf{v}_g$ der geostrophische Wind, ζ_g die relative Vorticity des geostrophischen Winds und H die diabatischen Wärmeübergänge sind. Durch positive Vorticityadvektion (PVA), die mit der Höhe zunimmt, maximale Warmluftadvektion (WLA) und durch maximale diabatische Wärmeübergänge aufgrund von Kondensation kommt es zu großräumiger Hebung $(-\omega)$.

Da MCS mit den in Gleichung (2.23) beschriebenen synoptisch–skaligen Prozessen verbunden sind, ist ihre Lebensdauer in der Regel relativ hoch (siehe Tabelle 2.1). Die Entwicklung eines MCS verläuft dabei ähnlich wie die einzelnen Stadien einer Einzelzelle, wobei die konvektive Aktivität des Systems mit der Zeit abnimmt, während sich das stratiforme Niederschlagsgebiet immer weiter vergrößert. Anfänglich besteht das System aus einer Gruppe isolierter Zellen, die anschließend verschmelzen, um wiederum den Lebenszyklus einer Einzelzelle zu durchlaufen. Die Ausbreitung des MCS wird dagegen durch Wellen oder wellenartige Störungen beeinflusst (Houze, 2004). Prinzipiell treten MCS vermehrt in der Nacht auf, da die Entwicklung aus den einzelnen isolierten konvektiven Zellen – die üblicherweise spätnachmittags entstehen – Zeit braucht. Ein starker nächtlicher Grenzschichtstrahlstrom unterstützt zudem das Wachstum des konvektiven Systems (Stensrud, 1996).

Horizontal besonders ausgedehnte Systeme, die in der Höhe mit $-32°C$ einen Wolkenschirm von mindestens $100\,000\,\text{km}^2$ und in der Höhe mit $-52°C$ eine Fläche von $>50\,000\,\text{km}^2$ aufweisen, werden nach Maddox (1980) als mesoskalige konvektive Komplexe (MCC) bezeichnet. Des Weiteren müssen sie in dieser Form mindestens 6 h lang existieren und die Exzentrizität des Ambosses muss mindestens 0,7 während der maximalen Ausdehnung aufweisen.

Gewitterlinie

Gewitterlinien (engl. squall lines) gehören zur Gruppe der MCS. Sie bestehen aus einer linienförmige Anordnung konvektiver Zellen und können mehrere 100 km lang sein. Ihre Breite ist dagegen in der Regel sehr schmal, teilweise weniger als 10 km (Bluestein et al., 1987). Das konvektive Zentrum mit der stärksten Radarreflektivität ist auf den vordersten Bereich des Systems begrenzt, während rückseitig eine ausgedehnte Region mit stratiformen Niederschlag existiert, die hauptsächlich durch die synoptischen Gegebenheiten bestimmt wird (Houze et al., 1989). Die Verlagerung von Gewitterlinien wird häufig durch die Windscherung in den unteren Niveaus beeinflusst, da an der Flanke der unteren Scherung des Ausflussbereichs (engl. outflow) die Wahrscheinlichkeit für die Zellneubildung am größten ist. Auch durchgeführte numerische Simulationen zeigen, dass die vertikale Windscherung bedeutend für den Regenerationsprozess der Gewitterlinie ist (Rotunno et al., 1988; Weisman et al., 1988; Weisman und Rotunno, 2004). Aufgrund der vorderseitigen Zellneubildung bewegt sich die Linie schneller als der mittlere Wind. Dadurch entsteht eine Strömung relativ zur Bewegung von der Vorderseite zur Rückseite des Systems. Rückseitig fließt dagegen oft kalte und trockene Luft in die heranreifende Gewitterlinie ein (engl. rear–inflow jet; z.B. Smull und Houze, 1987; Weisman, 1992).

Meistens bilden sich Gewitterlinien im Bereich eines Bodentiefs, das mit einer divergenten Höhenströmung verbunden ist, die als Auslösemechanismus für die Konvektion dient. Insbesondere treten Gewitterlinien häufig in Verbindung mit einer Kaltfront oder Höhenfront auf. Abhängig von der Intensität der Windscherung und der Instabilität kann der Komplex mehrere Stunden bis zu einem Tag bestehen. Üblicherweise sind Gewitterlinien mit starken Niederschlägen, Hagel, starken Downbursts und sehr selten auch mit Tornados verbunden.

Entstehung und Charakteristik von Hagel

Hagelkörner sind feste Niederschlagsteilchen aus Eispartikeln, die ausschließlich in Gewittersystemen entstehen. Nach der World Meteorological Organization (WMO, 1975) werden Eispartikel ab einer Größe von 5 mm als Hagel definiert; kleinere Körner werden im Allgemeinen als Graupel bezeichnet. Das Aussehen von Hagelkörnern ist sehr variabel und unterscheidet sich sowohl in der Struktur, Größe und Form. Das bisher größte dokumentierte Hagelkorn wurde am 23. Juli 2010 in Vivian, South Dakouta (USA), entdeckt und war das Resultat einer Superzelle mit geschätzten Vertikalgeschwindigkeiten von über $50\,\mathrm{m\,s^{-1}}$. Es hatte einen Durchmesser von 20 cm, einen Umfang von 47,3 cm und wog 0,88 kg (NOAA, 2010a).

Die Dichte von Hagel ρ_{hail} ist davon abhängig, wie lange die Hydrometeore in einer für das Hagelwachstum günstigen Umgebung, die vor allem durch die Temperatur und den Flüssigwassergehalt bestimmt ist, verweilen (Browning et al., 1963; Castellano et al., 2002). Knight und Knight (2003) geben für eine Hagelkorngröße ab 2 cm eine Dichte von 0,9 g cm^{-3} an. Dies deckt sich mit Ergebnissen verschiedener Feldstudien (0,810 – 0,915 g cm^{-3}: Vittori und di Caporiacco, 1959; Macklin et al., 1960; Prodi, 1970). Die Dichte von reinem Eis ist im Vergleich dazu nur geringfügig höher (0,917 g cm^{-3}). Für Graupel und kleinere Hagelkörner finden sich in der Literatur unterschiedliche Informationen. Hier variieren die Angaben zwischen 0,20 und 0,89 g cm^{-3} (z.B. Braham, 1963; Browning et al., 1963; Heymsfield, 1978; Knight und Heymsfield, 1983; List, 1985).

Über das Gleichgewicht aus Gravitations- und Reibungskraft während des freien Falls eines Körpers kann auf die Fallgeschwindigkeit v_{hail} der Hagelkörner geschlossen werden, wobei der Strömungswiderstand der Luft F_L von der Dichte ρ_L und von der Form des Körpers abhängig ist:

$$F_L = \frac{1}{2} \rho_L(h) C_D A v_{hail}^2(t) \quad . \tag{2.24}$$

C_D und A sind der Widerstandsbeiwert und die Fläche des Querschnitts eines Hagelkorns. Über das Kräftegleichgewicht $F_g = m \cdot g = F_L$ ergibt sich

$$v_{hail} = \left(\frac{2mg}{C_D \rho_L A} \right)^{0,5} \quad . \tag{2.25}$$

Unter der Annahme, dass ein Hagelkorn in etwa kugelförmig ist, folgt (Wisner et al., 1972; Matson und Huggins, 1980)

$$v_{hail} = \left(\frac{4 g \rho_{hail} D}{3 C_D \rho_L} \right)^{0,5} \quad . \tag{2.26}$$

Mit zunehmender Dichte und zunehmendem Hagelkorndurchmesser D steigt v_{hail} an, während ein zunehmender Widerstandsbeiwert und eine zunehmende Luftdichte eine Abnahme der Geschwindigkeit bewirken. C_D variiert durch die unterschiedlichen Formen, die Oberflächenrauigkeit und das „Taumeln" der Hagelkörner während des Falls (Castellano und Nasello, 1997; Knight und Knight, 2001). Messungen (z.B. List, 1959; Matson und Huggins, 1980) und numerische Modelle (z.B. Macklin und Ludlam, 1961) zeigen eine hohe Bandbreite des Widerstandsbeiwert von 0,45 bis 4. Üblicherweise wird für $C_D = 0,55$ angenommen (siehe Knight und Knight, 2001). In Abbildung 2.6 ist v_{hail} für verschiedene C_D–Werte (0,4; 0,55; 0,8) mit $\rho_{hail} = 0,9$ g cm^{-3} und einer Luftdich-

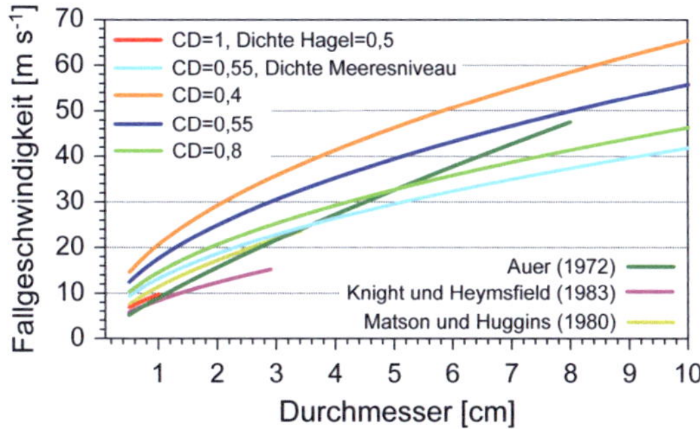

Abb. 2.6.: Endfallgeschwindigkeit von Hagel anhand von empirischen Gleichungen und eines theoretischen Ansatzes (Gl. 2.26) bei verschiedenen Bedingungen (nach Knight und Knight, 2001). Weitere Erklärungen im Text.

te in $500\,\text{hPa}$ bei $-20°C$ ($\rho_L = 0{,}688\,\text{kg m}^{-3}$) als Funktion des Hagelkorndurchmessers dargestellt. Die blaue Kurve beschreibt v_{hail} bei einer Luftdichte ρ_L, die auf das Meeresniveau bezogen ist. Die rote Kurve ist für kleinere Hagelkörner zwischen $0{,}5-1\,\text{cm}$ repräsentativ ($C_D = 1$; $\rho_{hail} = 0{,}4\,\text{g cm}^{-3}$).

Aufgrund der Problematik bei der exakten Bestimmung von C_D wurde in zahlreichen Studien der Zusammenhang zwischen v_{hail} und D empirisch untersucht (z.B. Lozowski und Beattie, 1979; Böhm, 1989). Beispielsweise berechneten Auer (1972) die Fallgeschwindigkeit über $v_{hail} = 9 \cdot D^{0{,}8}$, Matson und Huggins (1980) über $v_{hail} = 11{,}45 \cdot D^{0{,}59}$ und Knight und Heymsfield (1983) über $v_{hail} = 8{,}445 \cdot D^{0{,}553}$ (D in cm; siehe Abb. 2.6). Somit ergibt sich im Mittel bei einem Korndurchmesser von $D = 1\,\text{cm}$ eine Fallgeschwindigkeit von $10-20\,\text{m s}^{-1}$, während bei $D = 5\,\text{cm}$ Geschwindigkeiten von $29-46\,\text{m s}^{-1}$ erreicht werden. Letzteres ist durchaus im Aufwindbereich von schweren konvektiven Ereignissen zu erwarten (Weisman und Klemp, 1982). Williams et al. (1999) schließen aus der Höhe der Overshooting Tops zweier Superzellen in den USA sogar auf vertikale Geschwindigkeiten von $60-100\,\text{m s}^{-1}$. Somit wird deutlich, welche enorme kinetische Energie mit Hagelschlag verbunden sein kann.

Bei der Entstehung von Hagel spielen sowohl mikrophysikalische Vorgänge in den Wolken unterhalb von $0°C$ (Pruppacher und Klett, 1997) als auch Prozesse und Vorgänge im mesoskaligen Bereich (Entstehung von Gewittersystemen, Einfluss hagelrelevanter Großwetterlagen) eine wichtige Rolle:

Wolkenmikrophysikalische Vorgänge beim Hagelwachstum

In einer Gewitterwolke sind alle drei Aggregatzustände von Wasser zur selben Zeit präsent. Dadurch sind die mikrophysikalischen Prozesse sehr komplex, da die unterschiedlichen Wolken- und Niederschlagsteilchen verschieden miteinander interagieren können (Pruppacher und Klett, 1997). Die Basis der Hagelentstehung ist die Entstehung von Eiskristallen und unterkühlten Wassertröpfchen aus der Dampfphase heraus (**Nukleation**). Dies kann über zwei unterschiedliche Prozesse ablaufen: (a) homogene Nukleation, wobei aus der Dampfphase heraus Hydrometeore gebildet werden, und (b) heterogene Nukleation, bei der Deposition und / oder Kondensation von Wasserdampf an festen oder löslichen Teilchen (als Keime oder Aerosole bezeichnet) stattfindet.

Bei der **homogenen Eisnukleation** bildet sich ein Eiskristall aus unterkühlten Wassertröpfchen erst bei Temperaturen zwischen -35 und $-40°C$. Aufgrund thermischer Bewegungen der Moleküle kommt es in dem übersättigten Dampf oder in den unterkühlten Teilchen zu Fluktuationen, die zu mikroskopischen Variationen von Druck, Temperatur und Dichte führen. Durch diese Fluktuationen bilden die Moleküle in unterschiedlicher Anzahl ein Cluster (Verbund von Molekülen), das aber nach kurzer Zeit wieder zerfallen kann. Erreicht das Cluster durch Zufall eine kritische Größe, die von der Masse, der Temperatur und der Übersättigung abhängt, kann es durch Anlagerung zusätzlicher Moleküle weiter wachsen (Pruppacher und Klett, 1997). Die gebildeten Teilchen sind mit Radien von etwa 10 nm jedoch relativ klein (Feichter, 2003). Wegen den notwendigen niedrigen Temperaturen hat die homogene Nukleation von Eiskristallen in der unteren und mittleren Troposphäre Atmosphäre allerdings nur eine untergeordnete Bedeutung.

Bei der **heterogenen Flüssigwassernukleation** bilden sich Wassertröpfchen durch Kondensation von Wasserdampf an Kondensationskeimen (engl. cloud condensation nuclei, CCN; siehe Abb. 2.7). Hier unterstützt ein Aerosol durch den bereits vorhandenen Radius die Anlagerung (Krümmungseffekt) beziehungsweise ermöglicht ein wasserlösliches Aerosol die Lösung (Lösungseffekt). Die meisten Aerosolpartikel können als CCN dienen. Nach Dusek et al. (2006) liegt der kritische Bereich zur Aktivierung der Nukleation zwischen 40 bis 120 nm. Wird eine Wolke in einer Umgebung mit einer hohen CCN–Konzentration gebildet, besteht diese aus mehreren und kleineren Wolkentröpfchen gegenüber Wolken, die in einem Bereich mit geringer CCN–Konzentration entstehen. Üblicherweise sind die Konzentrationen von CCN über Land höher als über dem Meer (Twomey und Wojciechowski, 1969).

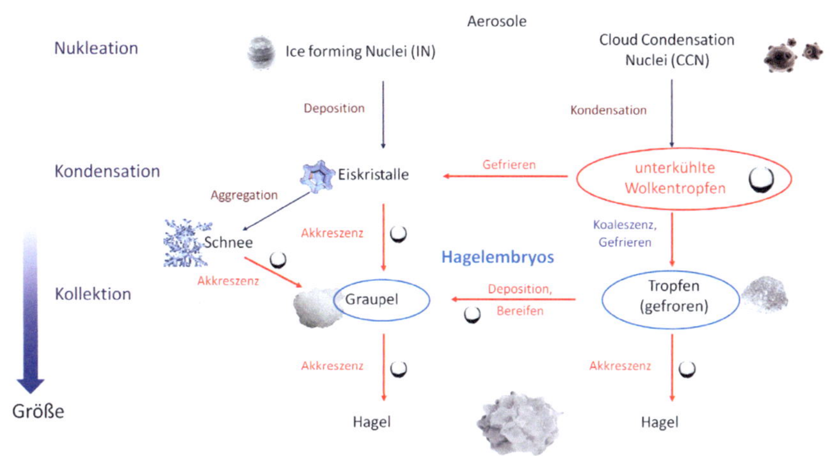

Abb. 2.7.: Vereinfachtes Schema des Hagelwachstums in kalten konvektiven Wolken ($< 0^{\circ}$C) mit Nukleation oben, Kondensation in der Mitte und Kollektion unten (Kunz, 2012, in Anlehnung an Knight und Knight, 2001).

Eiskristalle werden bei der **heterogenen Eisnukleation** dagegen über spezielle Eiskeime (engl. ice forming nuclei, IN) durch Deposition oder durch Gefrieren von Wolkentropfen, die ein unlösliches Aerosolpartikel enthalten, gebildet (Abb. 2.7). Effiziente IN sind vor allem Aerosole, die nicht wasserlöslich sind, ähnliche Eigenschaften der chemischen Bindung (Gitterstruktur) wie Eis aufweisen und mindestens einen Durchmesser von 0,1 μm haben. Zur Eisnukleation eignen sich beispielsweise trockene und mit Lösungen beschichtete Mineralstaub- und Rußpartikel (z.B. Möhler et al., 2006; DeMott et al., 1999). Durch die speziellen Bedingungen sind letztendlich nur wenige Aerosole als IN geeignet (eines unter $10^6 - 10^7$ Aerosolen). Dementsprechend ist der Anteil an unterkühlten Tröpfchen in einer hochreichenden Gewitterwolke höher als der von Eiskristallen. Eisbildung durch feste Oberflächen kann bereits oberhalb von -36°C ausgelöst werden. Wie weit der Gefrierpunkt heraufgesetzt wird, hängt sehr stark von den mikrophysikalischen Eigenschaften der Aerosole ab (Hoose und Möhler, 2012). Typische Werte liegen nach Pruppacher und Klett (1997) zwischen -10 und -20°C. Bei Tonpartikeln liegt der Schwellenwert bei nur -9°C (Mason und Andrews, 1960). Das anorganische Silberjodid setzt den Gefrierpunkt sogar auf etwa -8 bis -4°C herauf (Vonnegut, 1947). Durch Bakterien (Pollen) kann die Eisbildung bereits ab -2°C (-14°C) stattfinden (Yankofsky et al., 1981; Diehl et al., 2001). Bei Staubpartikel ($10^{-4} - 10^{-2}$) liegt die Temperatur dagegen zwischen -15 and $-28°C$ (Niemand et al., 2012).

Aus Eiskristallen (bzw. Schnee) und unterkühlten Wassertröpfchen können sich anschließend sogenannte **Hagelembryos** (Graupel oder gefrorene Tropfen) bilden. Da Kondensation bei unterkühlten Wassertröpfchen nur bis etwa $50\,\mu$m stattfindet (Knight und Knight, 2001), wachsen diese nun durch Kollisionen mit anderen Wassertröpfchen beim Fallen (Koagulation) und Koaleszenz (Zusammenfließen von Wassertröpfchen) mit anderen Tröpfchen an. Graupel entsteht dabei durch Deposition von Wasserdampf an gefrorenen Tropfen oder durch Akkreszenz von unterkühlten Tröpfchen an Eiskristallen oder Schnee (Bildung durch Aggregation). Die Akkreszenz hat dabei den relevantesten Anteil bei der Entstehung der Hagelembryos (Pruppacher und Klett, 1997). Der gesamte Prozess wird Bereifung genannt. Der Grad der Bereifung ist dabei vom Flüssigwasserhalt in der Atmosphäre und von der Temperatur abhängig (Houze, 1993).

Anschließend bildet sich Hagel im Wesentlichen durch Akkreszenz unterkühlter Tröpfchen an Graupel aber auch an großen gefrorenen Tropfen. Aus welchen Hagelembryos Hagelkörner überwiegend entstehen, ist möglicherweise von der Region abhängig (Pruppacher und Klett, 1997). Angaben, welcher Embryo überwiegt, sind in der Literatur sehr unterschiedlich. Beispielsweise beobachteten List (1958a,b) und Knight und Knight (1976), dass etwa 80% der Hagelkörner in der Schweiz und in Colorado (USA) aus Graupel bestanden. Macklin et al. (1960) stellte dagegen fest, dass in England Hagelwachstum primär auf großen gefrorenen Tropfen basiert. Knight (1981) untersuchte eine große Anzahl an Hagelembryos aus verschiedenen Regionen. Dabei stellt die Autorin fest, dass wärmere Wolken mehr Hagel mit gefrorenen Tropfen als Hagelembryos produzieren, beispielsweise in Südafrika (Low Country) zu ($62 - 83\%$).

Die Wachstumsrate für Hagel wird durch die Spezifikationen der Fallgeschwindigkeit in Gleichung (2.26) und durch den effektiven Flüssigwassergehalt LWC_{eff} ausgedrückt (Knight und Knight, 2001):

$$\frac{dD}{dt} = \frac{v_{hail} \cdot LWC_{eff} \cdot \rho_w}{2\,\rho_{hail}} \quad . \tag{2.27}$$

LWC_{eff} ist dabei die am schwersten zu bestimmende Variable, da sie zwischen 0 bis $5\,\mathrm{g\,m}^{-3}$ variieren kann. Je größer die Hagelkörner werden, umso größer wird auch die Wachstumsrate.

Abhängig von der Oberflächentemperatur T_{hail} des Hagelkorns ergeben sich zwei unterschiedliche Wachstumsregime (Ludlam, 1958). Diese können sich während des

Wachstums mehrfach abwechseln und somit einen schalenförmigen Aufbau eines Hagelkorns verursachen. T_{hail} ist dabei abhängig von der Umgebungstemperatur und der Wachstumsrate (Lesins und List, 1986). Beim **nassen Wachstum** befinden sich die Hagelkörner in einer relativ warmen Umgebung $> -25°C$ mit einem hohen Feuchtigkeitsanteil. Bei der Akkreszenz der unterkühlten Tröpfchen wird latente Energie freigesetzt, wodurch die Oberflächentemperatur auf $0°C$ ansteigen kann. Damit kann das flüssige Wasser in die Hohlräume des Hagelkorns eindringen, wodurch eine klare, durchsichtige Schicht entsteht ($\rho \sim 0{,}8 - 0{,}9\,\mathrm{g\,cm^{-3}}$). Bei dem **trockenen Wachstum** befindet sich das Hagelkorn dagegen in kälteren Gebieten und / oder in einer Region mit einem geringeren Flüssigkeitswasseranteil, sodass beim Anfrieren nicht genügend Schmelzwärme freigesetzt wird und kleine Luftbläschen eingeschlossen werden. Die Schicht ist milchig und fast undurchsichtig ($\rho < 0{,}7\,\mathrm{g\,cm^{-3}}$). Der Übergangsbereich zwischen trockenem und feuchtem Wachstum wird als Schumann–Ludlam Limit bezeichnet (Schumann, 1938; Ludlam, 1958).

Knight und Knight (2001) stellten zusammenfassend fest, dass das Hagelwachstum sehr kompliziert und bisher noch nicht vollständig verstanden ist. Beispielsweise stellt die taumelnde Bewegung beim Fall der Hagelkörner und ihr Effekt auf den Widerstandsbeiwert die Wissenschaft noch heute vor Herausforderungen. Des Weiteren ist noch unklar, welchen Einfluss eine Veränderung der CCN–Konzentration in der Wolke auf das Hagelwachstum (und auf die Dynamik des Sturmsystems) ausübt (Noppel et al., 2010). Ebenfalls ist die Nukleationseffizienz einzelner Aerosole wie Mineralstaub, Ruß oder Bioaerosole auch heute noch nicht vollständig verstanden. Letzteres wird beispielsweise in Versuchen in der Aerosol- und Wolkenkammer AIDA[5] am Institut für Meteorologie und Klimaforschung (IMK–AAF[6]) am KIT genauer untersucht.

Makrophysikalisches Hagelwachstum

Optimale Bedingungen für das Wachstum eines Hagelkorns herrschen gemäß Gleichung (2.27), wenn es sich in einem Sturmsystem mit einer langen Lebensdauer, hohen vertikalen Windgeschwindigkeiten und einem hohen Flüssigwassergehalt befindet. Am effektivsten bereifen Hagelembryos am Rand des Aufwinds per Akkreszenz zu Hagelkörnern heran, da hier viele unterkühlte Tröpfchen herantransportiert werden. Je länger sich ein Hagelkorn dort befindet, umso größer kann es werden.

---

[5]   Aerosol Interactions and Dynamics in the Atmosphere
[6]   Institutsbereich für Atmosphärische Aerosolforschung

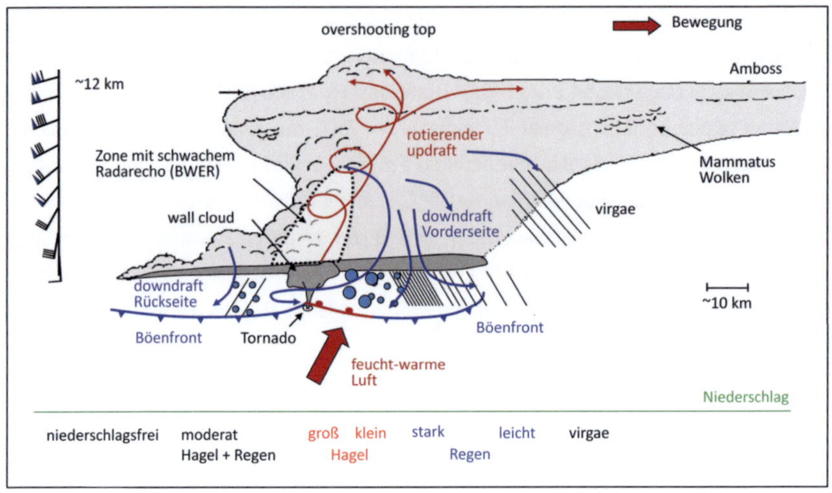

Abb. 2.8.: Schematischer Querschnitt durch eine Superzelle (Kunz, 2012, modifiziert nach Bluestein und Parks, 1983) .

Da bei Einzelzellen die Lebensdauer relativ kurz ist, sind diese nicht in der Lage, große Hagelkörner zu produzieren. Außerdem ist es durchaus möglich, dass insbesondere kleinere Hagelkörner auf dem Weg zur Erdoberfläche wieder schmelzen und sich auflösen können.

Ähnlich zu Einzelzellen ist die Entstehung von Hagel in Multizellen. Hier wird ein Hagelkorn nach der Modellvorstellung durch die einzelnen Zellen, die jeweils die verschiedenen Stadien einer Einzelzelle durchlaufen, hindurch gereicht. Vorderseitig des Systems findet in der neu gebildeten Zelle Nukleation und Kondensation statt (Abb. 2.4, n + 1). Durch den Aufwind werden die Hydrometeore in kältere Regionen transportiert, sodass sich daraus Hagelembryos bilden können. Durch einen hohen Anteil an Flüssigwasser in den beiden Zelle n und n − 1 können diese durch Akkreszenz und Bereifung zu ausgeprägten Hagelkörnern heranwachsen. Abschließend fallen diese aufgrund ihres Gewichts rückseitig des Aufwindbereichs in Zelle n − 1 zu Boden.

Das typische Wachstum von Hagel in einer Superzelle zeigt dagegen ein etwas anderes Verhalten. Nach der Modellvorstellung von Browning und Foote (1976) ist die bedeutende Phase der Entstehung von großem Hagel der Eintritt des Hagelembryos in den Randbereich eines starken Aufwinds. Rückseitig und oberhalb des Aufwinds befindet sich eine Vielzahl an Hagelembryos. Im mittleren Aufwind liegt dagegen eine hohe Konzentration an unterkühlten Wolkentröpfchen vor. Dort werden die Embryos durch die starke Luftströmung um den rotierenden Aufwind spiralförmig (meist zyklonal) nach oben transportiert. Dabei kann sich durch die Anlagerung einer großen Anzahl unterkühlter Wolkentröpfchen das Hagelembryo schnell zu einem großen Hagelkorn entwickeln und vorderseitig des Aufwindbereichs zum Boden fallen (vgl. Abb. 2.8). Allerdings können Hagelembryos auch direkt in den Aufwindbereich geraten, wo sie relativ schnell an den Oberrand des Aufwinds transportiert werden, sodass durch die kurze Verweildauer ihr Durchmesser relativ klein bleibt.

Zusammenfassend kann man sagen, dass Hagel nicht immer kontinuierlich aus einer Wolke fällt, sondern hohe räumliche (und zeitliche) Variabilitäten aufweist. Dementsprechend verursacht eine einzelne (mehrere) Hagelzelle(n) in einem Sturmsystem einen Hagelstrich mit mehreren Hagelzügen am Boden. Anhand einer zweijährigen Messreihe mit 24 Hagelereignissen beobachtete Changnon (1970) in den USA, dass die minimale Differenz zwischen den einzelnen Hagelgebieten durchschnittlich bei 24 km (maximal bei 38 km) liegt.

2.1.3. Konvektionsparameter und -indizes (Stabilitätsmaße)

Im vorherigen Kapitel wurden zwei wesentliche Faktoren für die Entstehung von konvektiven Ereignissen eingeführt: die Stabilität in der Atmosphäre und der Feuchtegehalt in der unteren Troposphäre. Beide Faktoren können durch sogenannte Konvektionsparameter und -indizes (zukünftig als KPs bezeichnet) beschrieben werden, die als Indikatoren zur Gewitterentstehung dienen. In zahlreichen Studien zeigt sich sowohl in den USA, Kanada und Südamerika (Schulz, 1989; Rasmussen und Blanchard, 1998; Doswell und Schultz, 2006; Cao, 2008; Sánchez et al., 2008) als auch in Europa (Huntrieser et al., 1997; Sánchez et al., 1998b, 2009; Haklander und van Delden, 2003; Manzato, 2003, 2005; Groenemeijer und van Delden, 2007; Kunz, 2007; López et al., 2007) ein statistischer Zusammenhang einzelner KPs zu konvektiven Ereignissen und Phänomenen wie Gewitter, Hagel und Tornado. Die Parameter werden daher unter anderem auch in der Kurzfristwettervorhersage als Prädiktoren verwendet. Berechnet werden KPs hauptsächlich aus Temperatur- und Feuchtewerten in verschiedenen Schichten der Troposphäre. Bei einigen KPs werden darüber hinaus dynamische Effekte in Form von vertikaler Scherung horizontaler Windgeschwindigkeiten in verschiedenen Niveaus berücksichtigt. Die KPs lassen sich sowohl aus Radiosondendaten (Beobachtungen) als auch aus dreidimensionalen Modelldaten bestimmen.

Obwohl KPs aus Radiosondenstationen nur Punktmessungen sind, zeigen einige Studien (Darkow, 1969; Brooks et al., 1994; Rasmussen und Blanchard, 1998; Craven und Brooks, 2004; Groenemeijer und van Delden, 2007), dass sie für ein größeres Gebiet um die Messungen repräsentativ sind. Wichtig dabei ist, dass das zeitliche und räumliche Abstandskriterium zwischen einem Aufstieg und einem in der Nähe befindlichen meteorologischen Ereignis (engl. proximity sounding) richtig gewählt wird. Einerseits sollte der maximale Abstand nicht zu klein sein, sodass die Umgebungsbedingungen des Ereignisses zwar recht gut getroffen werden, dadurch aber zu wenige Ereignisse berücksichtigt werden. Andererseits sollte der Abstand auch nicht zu groß sein, da dann zwar die Stichprobe größer wird, aber der Zusammenhang zwischen den Ereignissen und den Umgebungsbedingungen an der Messung nicht immer gewährleistet ist. Erste Definitionen für die USA finden sich bei Darkow (1969). Der Autor legte den repräsentativen Abstand zwischen Radiosonde und einem Tornadoereignis auf rund 80 km fest. Als zeitlicher Abstand wurden lediglich 45 Minuten vor und eine Stunde nach dem Aufstieg berücksichtigt. Rasmussen und Blanchard (1998) verwendeten dagegen nur Daten von Stationen, die in einem Radius von 400 km um die Tornadoereignisse lagen. Außerdem verwendeten sie nur Daten von Messstationen, die innerhalb eines 150° Sektors stromab des Ereignisses und in Richtung des mittleren Grenzschichtwinds lagen. Abschließend suchten sie nach der Station mit den größten Werten für die Instabilität. Craven und Brooks (2004) wiederum definierten einen Erfassungsradius von 185 km mit einer 6h–Periode zentriert um den jeweiligen Aufstieg. Bei Haklander und van Delden (2003) und bei Groenemeijer und van Delden (2007) wurde für Europa ein Erfassungsradius von 100 km als angemessenes Gleichgewicht zwischen einer sinnvollen Anzahl an Ereignissen und ihrer Repräsentativität festgelegt.

In der Studie von Khodayar et al. (2010) wird deutlich, dass die aus Radiosondendaten berechneten KPs keine ausreichende Auflösung besitzen, um Konvektion zeitlich genau zu detektieren. Da in der vorliegenden Arbeit allerdings nur relevant ist, ob es an einem Tag zu einem Ereignis (hier Hagel) gekommen ist oder nicht, und da ausgeprägte Gewittersysteme in Mitteleuropa vorwiegend in den Nachmittag- bis Abendstunden auftreten (Tous und Romero, 2006; López et al., 2007; Kunz und Puskeiler, 2010), liegt der Fokus bei den berechneten Stabilitätsparametern sowohl bei Beobachtungen als auch bei regionalen Klimasimulationen auf den 12 UTC–Daten.

Inzwischen werden eine große Anzahl an KPs weltweit verwendet. In Tabelle 2.2 sind alle in dieser Arbeit verwendeten Parameter zusammengefasst, die entweder auf einer bedingten, latenten oder / und potentiellen Stabilität beruhen. Eine detaillierte Beschreibung der Parameter findet sich im Anhang A oder beispielsweise auch bei Haklander und van Delden (2003).

In der vorliegenden Arbeit spielen vor allem der Lifted Index (LI) und die konvektive verfügbare potentielle Energie (engl. convective availible potential energy, CAPE) eine wesentliche Rolle. Daher wird hier auf beide näher eingegangen:

Lifted Index (LI)

Der Lifted Index (LI) ist die Temperaturdifferenz in 500 hPa zwischen der Umgebungstemperatur und der Temperatur eines Luftpakets, welches ab einem bestimmten Niveau gehoben wird (Galway, 1956). In der vorliegenden Arbeit werden zwei verschiedene Versionen des LI verwendet. Zum einen wird ein Luftpaket mit den bodennahen Werten (T_B, $T_{d,B}$ in 2 m) gehoben,

$$LI_B = T_{500} - T'_{B \rightarrow 500} \qquad [\text{K}] \quad , \qquad [2.28]$$

zum anderen wird für die Startwerte T, T_d und p ein dichtegewichtetes Schichtmittel Λ (hier vom Boden p_0 bis $p_0{+}100$ hPa):

$$\Lambda = \frac{\int_{p_0}^{p_0+100\,hPa} \Lambda \rho \, dz}{\int_{p_0}^{p_0+100\,hPa} \rho \, dz} \qquad [2.29]$$

bestimmt:

$$LI_{100} = T_{500} - T'_{i \rightarrow 500} \qquad [\text{K}] \quad . \qquad [2.30]$$

Anders als bei den meisten KPs nimmt nach dem LI_B und LI_{100} die Labilität zu, wenn die Werte kleiner werden.

Konvektive verfügbare potentielle Energie (CAPE)

Wenn ein Luftpaket nach Erreichen des LFC einen positiven Auftrieb B (siehe Gl. 2.15) erfährt, hat dieses eine CAPE > 0 (Moncrieff und Miller, 1976). Je größer die Werte der CAPE sind, umso größer ist das Potential für eine starke konvektive Entwicklung beziehungsweise umso größer kann beispielsweise die maximale Aufwindgeschwindig-

Tab. 2.2.: Zusammenfassung der in dieser Arbeit berücksichtigten Konvektionsparameter und -indizes: T und T_d sind hier die Temperatur und der Taupunkt [°C], θ_e und θ_w sind die pseudopotentielle und die potentielle Feuchttemperatur [K], Z ist die geopotentielle Höhe [gpm] und R_L die individuelle Gaskonstante von trockener Luft [J (kg K)$^{-1}$]. Die tiefgestellten Indizes beschreiben den Wert in dem jeweiligen Druckniveau, wobei B für den bodennahen Wert steht; ein Pfeil im Index kennzeichnet, von welchem Startniveau aus (x) ein Luftpaket bis zu einem anderen Niveau (y) gehoben wird (z.B. $T_{x \to y}$).

KP	Gleichung	Referenz/Kommentar
A: Indizes der bedingten Instabilität		
Vertical Totals	$\mathrm{VT} = T_{850} - T_{500}$	Miller (1972)
B: Indizes der latenten Instabilität		
Surface Lifted Index	$\mathrm{LI}_B = T_{500} - T'_{0 \to 500}$	Galway (1956); Startwerte für die Hebungskurve sind die bodennahen Werte in 2 m.
Lifted Index	$\mathrm{LI}_{100} = T_{500} - T'_{i \to 500}$	i: Startwerte für die Hebungskurve werden über die untersten 100 hPa gemittelt.
Deep Convective Index	$\mathrm{DCI}_B = (T + T_d)_{850} - \mathrm{LI}_B$ $\mathrm{DCI}_{100} = (T + T_d)_{850} - \mathrm{LI}_{100}$	Barlow (1993)
Showalter Index	$\mathrm{SHOW} = T_{500} - T'_{850 \to 500}$	Showalter (1953)
Convective available potential energy	$\mathrm{CAPE}_B = R_d \int_{LFC}^{EL} (T'_v - T_v)\, d\ln p$	Moncrieff und Miller (1976); T'_v ist die virtuelle Temperatur des Luftpakets (Doswell und Rasmussen, 1994), das vom Boden über das LCL bis zum EL gehoben wird. T_v ist die virtuelle Temperatur der Umgebung.
	$\mathrm{CAPE}_{10} = R_d \int_{LFC}^{EL} (T'^*_v - T_v)\, d\ln p$	Startwerte für die Hebungskurve werden über die untersten 10 hPa gemittelt.
	$\mathrm{CAPE}_{100} = R_d \int_{LFC}^{EL} (T'^*_v - T_v)\, d\ln p$	Startwerte für die Hebungskurve werden über die untersten 100 hPa gemittelt.

	$\text{CAPE}_{CCL} = R_d \int_{CCL}^{EL} (T_v' - T_v)\,d\ln p$	wie oben, aber das Luftpaket wird nach dem Erreichen des CCL pseudoadiabatisch gehoben.
	$\text{CAPE}_{MUP} =$ $= R_d \int_{i;LFC}^{EL} (T_v'^* - T_v)\,d\ln p$	definiert für ein Luftpaket mit T, T_d und p in einem Niveau, wo θ_e die höchsten Werte in den untersten 250 hPa erreicht.
Convective Inhibition	$\text{CIN}_{100} = R_d \int_{B}^{LFC} (T_v' - T_v)\,d\ln p$	Colby (1984); Startwerte für die Hebungskurve werden über die untersten 100 hPa gemittelt.

C: Indizes der potentiellen Instabilität

KO Index	$KO = 0{,}5(\theta_{e500} + \theta_{e700}) - 0.5(\theta_{e850} + \theta_{e1000})$	Andersson et al. (1989); da der lokale Druck oft niedriger als 1000 hPa ist, wird anstelle das 950 hPa–Niveau verwendet.
Delta-θ_e	$\Delta\theta_e = \theta_{eS} - \theta_{e300}$	Atkins und Wakimoto (1991)
Potential Instability Index	$PII = (\theta_{e925} - \theta_{e500}) / (Z_{500} - Z_{925})$	van Delden (2001)

D: Kombination aus verschiedenen Instabilitäten

Total Totals	$TT = (T + T_d)_{850} - 2T_{500}$	Miller (1972)
K–Index	$K = (T_{850} - T_{500}) + T_{d,850} - (T - T_d)_{700}$	George (1960)
modified K–Index	$K_{mod} = (T^* - T_{500}) + T_d^* - (T - T_d)_{700}$	Charba (1977); T^* und T_d^* werden durch eine Mittelung zwischen den bodennahen und den Werten im 850 hPa–Niveau berechnet.

E: Indizes mit kinematischen Eigenschaften

Severe Weather Parameter	$SWP = \text{CAPE} \cdot \text{WSh}_{0-6}$	Craven et al. (2002); WSh_{0-6} ist die Vektordifferenz zwischen dem 10 m–Wind und dem Wind in 6 km.

SWISS Index	SWISS12 = $LI_B - 0{,}3WSh_{0-3}$ $+0{,}3(T - T_d)_{650}$	Huntrieser et al. (1997); WSh_{0-3} ist die Windscherung innerhalb der untersten 3 km; der Index wurde speziell für den 12 UTC–Aufstieg in der Schweiz konzipiert.
Severe Weather Threat Index	SWEAT = $12T_{d,850} + 20(TT - 49) + 2f_{850} + f_{500} + 125[\sin(d_{500} - d_{850})] + 0{,}2$	Miller (1972); f und d sind die Windgeschwindigkeit [kn] und -richtung [$0-360°$] in den jeweiligen Niveaus; für die ersten beiden Terme gilt > 0; der letzte Term wird Null gesetzt, wenn eine der folgenden Bedingungen nicht erfüllt ist: $130° \leq d_{850} \leq 250°$, $210° \leq d_{500} \leq 310°$, $d_{500} > d_{850}$, und beide f_{850} und $f_{500} \geq 15$ kn.

keit in einer Gewitterzelle werden. Mit dem Erreichen des EL wird der Auftrieb negativ und das Luftpaket kann nicht weiter aufsteigen. Die CAPE ist definiert als ein integrales Maß des thermischen Auftriebs B_T zwischen dem LFC und dem EL (siehe Abb. 2.9):

$$CAPE_i = \int_{LFC}^{EL} B_T dz = R_L \int_{LFC}^{EL} (T_v' - T_v)dlnp \qquad [\mathrm{J\,kg^{-1}}] \quad . \qquad [2.31]$$

Doswell und Rasmussen (1994) verdeutlichten in ihrer Arbeit, dass die Berücksichtigung der Dichte von feuchter Luft ρ_D bei der Berechnung der CAPE wichtig ist und es physikalisch notwendig ist, die virtuelle Temperatur der Umgebung T_v und die des Luftpakets T_v' zu berücksichtigen. Da $T_V > T$ ist, sind die Werte der CAPE bei Berücksichtigung von feuchter Luft immer größer als ohne.

Der Index i in Gleichung (2.31) spiegelt hier die unterschiedlichen Startniveaus eines Luftpakets wider. Im Folgenden werden als Startniveaus bei der virtuellen Hebung des Luftpakets sowohl die bodennahen ($CAPE_B$) als auch die über 10 hPa / 100 hPa gemittelten Werte von Temperatur und Feuchte verwendet ($CAPE_{10}$, $CAPE_{100}$). In der Literatur finden sich für die Wahl der Höhe der Mischungsschicht unterschiedliche Wer-

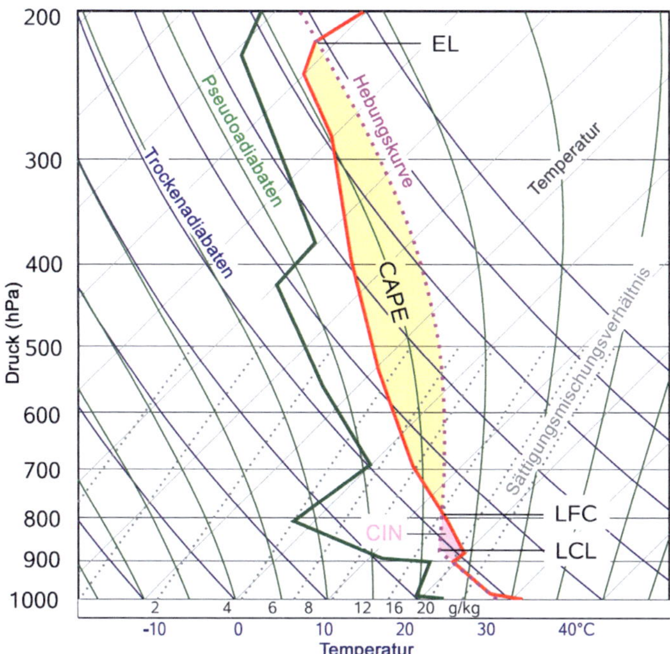

Abb. 2.9.: Skew$T$log$P$–Diagramm mit Vertikalprofilen von Temperatur (rot) und Taupunkt (grün). Die Konvektionshemmung (CIN) ist dabei ein Maß für die Schichtungsstabilität in der Atmosphäre (siehe Anhang A).

te. So berechnet die Universität von Wyoming[7], die online Radiosondendiagramme und Daten der meisten Radiosonden weltweit für die letzten Jahrzehnte zur Verfügung stellt, standardmäßig die CAPE, indem T und r über die untersten 500 m gemittelt werden. Im Modell COSMO (vgl. Kap.3.2) des Deutschen Wetterdienstes (DWD) dagegen werden die Startwerte zur Berechnung der CAPE über die ersten 50 hPa gemittelt.

Neben der atmosphärischen Stabilität spielen auch dynamische Eigenschaften in der Atmosphäre eine wichtige Rolle. Wie in Kapitel 2.1.2 beschrieben, hat die vertikale Windscherung WSh einen wichtigen Einfluss auf die Entwicklung und Lebensdauer der verschiedenen Gewittersysteme.

---

[7]   http://weather.uwyo.edu/upperair/sounding.html

Severe Weather Parameter (SWP)

Da die vertikale Windscherung den theoretischen Konzepten zufolge ein wesentlicher Faktor für die Art und Stärke der konvektiven Systeme ist, hat sich in den letzten Jahren insbesondere in den USA (mittlerer Westen) die Methode etabliert, die CAPE in Verbindung mit der Scherung zu betrachten (Craven et al., 2002; Brooks et al., 2003; Craven und Brooks, 2004; Brooks et al., 2007). Aber auch Studien in Europa bestätigen diese Ergebnisse (Groenemeijer und van Delden, 2007; Romero et al., 2007; Manzato, 2008; Sander, 2011). Craven et al. (2002) definierten den Severe Weather Parameter (SWP), der sich aus der CAPE und der vertikalen Windscherung zwischen dem Boden (10 m) und 6 km über Grund (WSh_{0-6}) zusammensetzt:

$$SWP = CAPE \cdot WSh_{0-6} \qquad [m^3 \, s^{-3}] \quad . \qquad [2.32]$$

Analog zu CAPE und LI wird im Folgenden auch SWP_B und SWP_{100} verwendet.

2.1.4. Objektive Wetterlagenklassifikation (oWLK)

Einzelne Studien zeigen, dass Gewitter und Hagelereignisse bei bestimmten Wetterlagen bevorzugt auftreten (Aran et al., 2010; García-Ortega et al., 2011; Kapsch et al., 2012). In der vorliegenden Arbeit wird auf die objektive Wetterlagenklassifikation (oWLK) des DWD zurückgegriffen, die eine automatisierte Methode zur Klassifizierung von Wetterlagen auf der Datengrundlage von Gitterpunktswerten eines numerischen Wettermodells ist (Dittmann, 1995; Bissolli und Dittmann, 2001). Mit Hilfe seines operationellen Globalmodells berechnet der DWD seit 1979 täglich um 12 UTC für ein Gebiet in Mitteleuropa (Mittelpunkt liegt über Deutschland) eine der 40 möglichen Wetterlagen. Diese werden durch folgende Kriterien bestimmt, die auch für die Frage der Konvektionsentwicklung bedeutend sind:

- großräumige Anströmrichtung als Indikator für die thermische Stabilität,
- (Anti-)Zyklonalität in der unteren und mittleren Troposphäre als Indikator für großräumige Hebung,
- Feuchtegehalt der Atmosphäre als Indikator für die verfügbare latente Energie.

Diese Eigenschaften werden für jeden Gitterpunkt des betrachteten Gebiets im Globalmodell untersucht, wobei die Werte der verwendeten Gitterpunkte unterschiedlich gewichtet werden. Gitterpunkte im Zentrum des Untersuchungsgebiets haben eine dreifache Gewichtung (Abb. 2.10). Der in allen Richtungen anschließende Streifen erfährt

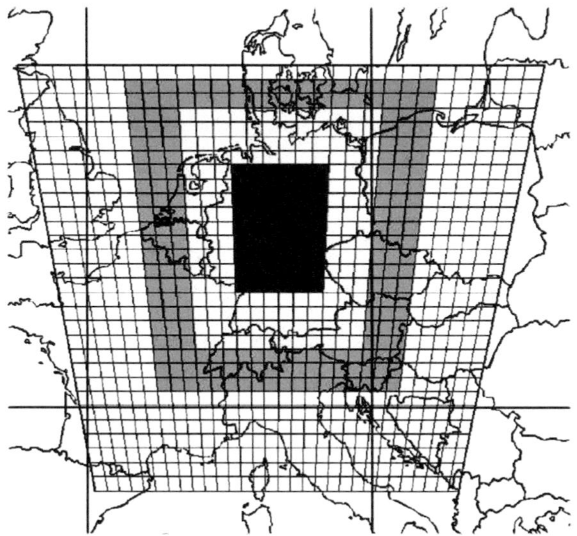

Abb. 2.10.: Untersuchungsgebiet für die objektive Wetterlagenklassifikation vom DWD inklusive der drei unterschiedlich gewichteten Regionen.

eine zweifache Wichtung, während der wiederum angrenzende Streifen, der Deutschland direkt umschließt, keine Gewichtung erhält. Die übrigen Gitterpunkte bleiben bei der Bestimmung der Wetterlagenklasse unberücksichtigt.

Die daraus resultierenden Wetterlagen werden durch folgende fünfstellige Buchstabenkennung abgekürzt (siehe Liste der Wetterlagen in Tabelle B.1 im Anhang):

$$AAC_{950}C_{500}F \quad . \tag{2.33}$$

AA steht für die Anströmrichtung (NO=Nordost, SO=Südost, SW=Südwest, NW= Nordwest, XX=keine vorherrschende Richtung) und wird über die u- und v- Komponenten des Winds im 700 hPa–Niveau bestimmt. C_{950} und C_{500} repräsentieren die Zyklonalität in 950 und 500 hPa. Diese ist proportional zur geopotentiellen Vorticity ζ_g im p–System ($C = \zeta_g \cdot f$):

$$\zeta_g \;=\; \frac{1}{f}\,\nabla^2\Phi = \frac{1}{f}\left(\frac{\partial^2\Phi}{\partial x^2}+\frac{\partial^2\Phi}{\partial y^2}\right) \tag{2.34}$$

wobei Φ das Geopotential ist. Positive Werte stehen für zyklonal (Z), negative Werte für antizyklonal (A). F gibt den Feuchtegehalt in der Atmosphäre an. Hierzu wird das tägliche niederschlagsfähige Wasser (TQV; siehe Gl. 2.10) über das Integral des Mischungsverhältnisses zwischen 950 hPa (p_1) und 300 hPa (p_2) berechnet. Anschließend wird der tägliche Wert mit einem etwa 18–jährigen Mittelwert (Juli 1979 bis Dezember 1996) verglichen. Ist der Wert größer als das langjährige Mittel, ist die Atmosphäre feuchter (F), wenn nicht, ist sie trockener (T). Eine detaillierte Beschreibung der oWLK findet sich bei Dittmann (1995).

Die Arbeit von Kapsch et al. (2012, im Folgenden als K12 bezeichnet) zeigt, dass diese Methode auf regionale Klimasimulationen übertragen werden kann, da diese in der Lage sind, Wetterlagen hinreichend abzubilden. Durch einen Vergleich mit Hagelschadentagen in Baden–Württemberg identifizierten K12 vier hagelrelevante (SWZZF, SWZAF, SWAAF und XXZAF) und vier nicht–hagelrelevante Wetterlagen (NWAAF, NWAAT, NWAZT, XXAAT). Diese Ergebnisse stimmen recht gut mit denen von Bissolli et al. (2007) überein, die in Deutschland einen Zusammenhang von dreien dieser Wetterlagen mit Tornadoereignissen ermitteln.

In der vorliegenden Arbeit werden die Wetterlagen, die bereits von Kapsch (2011) berechnet wurden, verwendet. Deren Berechnung weist einige Unterschiede zu der Methode des DWD auf. Beispielsweise wurde die bodennahe Zyklonalität in 1000 hPa anstatt auf dem 950 hPa–Niveau bestimmt. Des Weiteren wurden als Integralgrenzen für die Berechnung von TQV die Druckflächen 1000 und 500 hPa gewählt. Insbesondere unterscheidet sich die Berechnung der Anströmrichtung, da in der damaligen Originalsoftware des DWD ein Fehler vorlag (Details siehe Kapsch, 2011).

2.2. Statistische Analyseverfahren

Die Statistik ist eine mathematische Methode, um Daten zu sammeln, zu analysieren, zu interpretieren oder zu präsentieren. Ergebnisse statistischer Auswertungen werden oft ebenfalls als Statistik bezeichnet. Im Folgenden werden einige in der Arbeit verwendeten statistischen Methoden genauer erörtert.

2.2.1. Kategorische Verifikation

Eine objektive Methode, um die Güte verschiedener diskreter Prädiktoren in der Wettervorhersage zu testen, stellt die kategorische Verifikation dar, die bereits mehrfach im

Bereich der Gewitter- und Hageldiagnostik angewendet wurde (Andersson et al., 1989; Huntrieser et al., 1997; Haklander und van Delden, 2003; Manzato, 2003; Kunz, 2007; López et al., 2007; Kaltenböck et al., 2009). Anhand einer Kontingenztabelle werden eine Vielzahl an unterschiedlichen Genauigkeitsmaßen (engl. accuracy measures) und Qualitätsmaßen (engl. skill scores) berechnet, um die Qualität der einzelnen Prädiktoren quantitativ zu bestimmen (Wilks, 1995).

Kontingenztabelle und Genauigkeitsmaße

Mit Hilfe einer Kontingenztabelle werden die Abhängigkeitsbeziehungen zwischen zwei oder mehreren kategorialen Variablen analysiert und die relativen beziehungsweise absoluten Häufigkeiten der kombinierten Variablen sowie, in den Randspalten, die Häufigkeiten der Ausprägungen der einzelnen Variablen dargestellt. Die einfachste Form ist die 2×2–Tabelle, bei der zwei Variablen miteinander gekreuzt werden, wobei jede Variable nur zwei verschiedene Werte besitzt. Die einzelnen Elemente der Kontingenztabelle (a bis d) werden je nach Fragestellung über verschiedene Termine, Ereignisse oder Gitterpunkte aufsummiert:

		Ereignis JA	Ereignis NEIN	
Prognose	JA	a korrekte Prognose	b Fehlalarm	a+b
Prognose	NEIN	c Überraschungsereignis	d kein Ereignis	c+d
		a+c	b+d	a+b+c+d=n

Während die Definition bei einem Ereignis (z.B. Gewitter oder Hagel) einfach ist (JA / NEIN), muss für den diagnostischen Parameter erst ein Schwellenwert definiert werden, der festlegt, ob ein Ereignis eintritt oder nicht. Ziel ist es, möglichst viele Ereignisse richtig zu bestimmen, sodass die korrekten Prognosen a und d groß werden, während sowohl die Fehlalarme b und die überraschend eintretenden Ereignisse c klein sind. Zur Lösung dieses Problems wurden verschiedene Genauigkeitsmaße abgeleitet:

Trefferquote (Hit Rate, HR)

Der einfachste Fall einer Bestimmung der Güte eines binären Ereignisses ist die Trefferquote:

$$HR = \frac{a+d}{n} \quad .$$
[2.35]

HR beschreibt das Verhältnis einer korrekten Prognose $a+d$ zur Gesamtzahl der Beobachtungen n. Allerdings ist sie bei einer sehr kleinen Auftretenswahrscheinlichkeit stark von d abhängig.

Entdeckungswahrscheinlichkeit (Probabality of Dection, POD)

Die Entdeckungswahrscheinlichkeit misst den Erfolg einer richtigen Diagnostik, wenn das Ereignis tatsächlich stattgefunden hat:

$$POD = \frac{a}{a+c} \quad .$$
[2.36]

Sie reicht von 0 bis 1, wobei letzteres eine perfekte Prognose widerspiegelt. Allerdings sind keine Informationen über falsche Prognosen enthalten, sodass dies zu einer Fehlinterpretation führt, wenn c größer als die Anzahl der korrekten Prognosen a ist.

Fehlalarmrate (False Alarm Rate, FAR)

Die Fehlalarmrate ist der Quotient aus Fehlalarmen zu der Gesamtzahl der positiven Prognosen:

$$FAR = \frac{b}{a+b} \quad .$$
[2.37]

Wie bei der POD reicht die Spanne von 0 bis 1. Hier steht 0 für eine perfekte Prognose.

Kritischer Erfolgsindex (Critical Success Index, CSI)

In den kritischen Erfolgsindex fließen sowohl die Anzahl der Fehlalarme b als auch die Überraschungsereignisse c mit ein, wobei die richtig diagnostizierten Nicht–Ereignisse d unberücksichtigt bleiben (Schaefer, 1990):

$$\begin{aligned}
CSI &= [(POD)^{-1} + (1-FAR)^{-1} - 1]^{-1} \\
CSI &= \frac{a}{a+b+c} \quad .
\end{aligned}$$
[2.38]

der Index erreicht Werte von 0 bis 1, wobei 1 eine perfekte Prognose bedeutet.

Qualitätsmaße (Skill Scores)

Sogenannte Skill Scores werden oft zur Überprüfung der Wettervorhersage angewendet. Sie beschreiben nicht nur den Anteil von aufgetretenen Ereignissen, sondern setzen die Prognosen ins Verhältnis zu Referenzprognosen, die auf Zufall, Persistenz oder klimatologischen Erwartungen aufbauen. Im Allgemeinen wird jeder Skill Score mit Hilfe eines Genauigkeitsmaßes A über folgende Gleichung definiert:

$$\text{Skill Score} = \frac{A_f - A_r}{A_p - A_r} \quad . \tag{2.39}$$

A_f, A_r und A_p geben die Genauigkeit einer Prognose, an der man interessiert ist, die Genauigkeit einer Referenzprognose und die Genauigkeit einer perfekten Prognose an (Murphy und Daan, 1985). Die zwei am häufigsten verwendeten Verfahren sind der Heidke Skill Score und die True Skill Statistik (auch Hanssen und Kuipers Score).

Heidke Skill Score (HSS)

Der Heidke Skill Score (HSS) basiert auf der Trefferrate HR (Gl. 2.35), die man durch Zufallstreffer erhält (Heidke, 1926). Da eine Zufallstreffer eine statistische Unabhängigkeit zwischen Prognose und Ereignis einschließt, ist die Wahrscheinlichkeit einer korrekten Prognose durch Zufall (Wilks, 1995) definiert durch

$$\begin{aligned} p(\text{Prognose}_{JA} \cap \text{Ereignis}_{JA}) &= p(\text{Prognose}_{JA}) \cdot p(\text{Ereignis}_{JA}) \\ &= [(a+b)/n][(a+c)/n] \\ &= (a+b)(a+c)/n^2 \end{aligned} \tag{2.40}$$

und die Wahrscheinlich für korrekte Nicht–Prognosen durch Zufall analog durch

$$p(\text{Prognose}_{NEIN} \cap \text{Ereignis}_{NEIN}) = (b+d)(c+d)/n^2 \quad . \tag{2.41}$$

Eingesetzt in Gleichung (2.39) folgt daraus

$$HSS = \frac{(a+d)/n - [(a+b)(a+c) + (b+d)(c+d)]/n^2}{1 - [(a+b)(a+c) + (b+d)(c+d)]/n^2} \tag{2.42}$$

beziehungsweise

$$HSS = \frac{a+d-R}{n-R} \tag{2.43}$$

mit

$$R = \frac{(a+b)\cdot(a+c)+(c+d)\cdot(b+d)}{n} \quad . \qquad [2.44]$$

Werte nahe 1 bedeuten eine perfekte Prognose, während negative Werte eine schlechtere Prognose als die Referenzprognose beinhalten. Ist das Ergebnis 0, so ist die Prognose genauso gut wie die Zufallsprognose.

True Skill Statistik (TSS)

Die True Skill Statistik (TSS) beruht ebenfalls auf der Trefferquote (Hanssen und Kuipers, 1965). Allerdings ist die Wahrscheinlichkeit einer korrekten Nicht–Prognose im Nenner frei von systematischen Abweichungen, sodass $p(Prognose_{JA}) = p(Ereignis_{JA})$ und $p(Prognose_{NEIN}) = p(Ereignis_{NEIN})$ ist (Wilks, 1995). Daraus ergibt sich die Definition

$$\begin{aligned} TSS &= \frac{(a+d)/n - [(a+b)(a+c)+(b+d)(c+d)]/n^2}{1-[(a+c)^2+(b+d)^2]/n^2} \\ &= \frac{a\cdot d - b\cdot c}{(a+c)\cdot(b+d)} \quad . \end{aligned} \qquad [2.45]$$

Doswell et al. (1990) zeigten, dass der TSS zu sehr von der POD abhängt, um die Genauigkeit bei der Diagnostik von seltenen Ereignissen wie beispielsweise Tornados oder Hagel zu erfassen. Der HSS ist dagegen dem TSS in dieser Situation überlegen, indem mehr Wert auf die FAR gelegt wird. Auch in der vorliegenden Arbeit wird das Hauptaugenmerk auf den HSS gelegt.

2.2.2. Trendanalyse von meteorologischen Zeitreihen

Eine Zeitreihe ist eine diskrete Reihe aus Messungen oder Modelldaten einer – hier meteorologischen – numerischen Variable X, die idealerweise die gleichen Abstände zwischen benachbarten Werten aufweist. Trends beschreiben die langfristige Entwicklung der Zeitreihe (Zunahme / Abnahme). Am gebräuchlichsten ist der lineare Trend (Polynom ersten Grades)

$$Y = \kappa + \lambda \cdot X \quad , \qquad [2.46]$$

der in der Arbeit vorwiegend verwendet wird und grafisch durch eine Regressionsgerade dargestellt wird. Der Parameter κ steht für den Achsenabschnitt und λ für die Steigung der Geraden. Beide werden durch Minimierung der Residuen (Methode der kleinsten

Quadrate) bestimmt. Nicht–lineare Trends können mit der Angabe eines Polynoms höheren Grades beschrieben werden.

Um in Kapitel 5 den Trend des Gewitterpotentials zu bestimmen, wird das 90% (10%) Perzentil der sommerhalbjährlichen Verteilung einzelner KPs betrachtet. Um die Unsicherheit aufgrund von nur wenigen Daten an den Enden der Verteilung zu reduzieren, wird eine statistische Verteilungsfunktion[8] an die jährlichen Datensätze der Konvektionsparameter (183 Werte) angepasst. Für CAPE, LI, SHOW, KO und SWP zeigen sich die besten Ergebnisse bei Verwendung der Gamma–Verteilung, deren Wahrscheinlichkeitsdichtefunktion definiert ist als

$$y = f(x|a,b) = \frac{1}{b^k \Gamma(k)} x^{k-1} e^{\frac{-x}{b}} \qquad \text{für x} \geq 0, \qquad [2.47]$$

wobei x die Zufallsvariable, $\Gamma(k)$ die Gammafunktion und k und b der Form- und der Skalierungsparameter sind (Wilks, 1995).

Die Verteilungen der anderen KPs werden statistisch über die Weibull–Verteilung mit der Dichtefunktion

$$y = f(x|a,b) = \frac{k}{b} \left(\frac{x}{b}\right)^{k-1} e^{-\left(\frac{x}{b}\right)^k} \qquad \text{für x} \geq 0 \qquad [2.48]$$

beschrieben.

Signifikanztest: Mann–Kendall Test

Ein statistischer Test, auch Signifikanztest genannt, dient zum Überprüfen einer statistischen Hypothese auf einem vorgegebenen Signifikanzniveau. Dabei wird untersucht, ob eine vermutete Wahrscheinlichkeit als richtig angenommen werden kann oder ob sie verworfen werden muss, da sie rein durch den Zufall bestimmt wird. In der fortlaufenden Arbeit ist von Interesse, ob eine Zeitreihe, die durch teils starke jährliche Schwankungen geprägt ist, einen Trend aufweist, oder ob sich dieser nur zufällig ergibt, wodurch keine wirkliche Aussage getroffen werden kann.

Ein übliches Verfahren für die Überprüfung ist der Rang–basierte nicht–parametrische Mann–Kendall (MK) Test (Mann, 1945; Kendall und Gibbons, 1955). Der Vorteil des Tests ist, dass keine Voraussetzungen für eine Verteilung (z.B. Normalverteilung) nötig sind. Wichtig ist nur, dass der Stichprobenumfang größer gleich 10 sein muss. Der

---

[8] Dieses Verfahren wird nur bei den Radiosondendaten angewendet, da der Rechenaufwand für die Modellläufe zu groß ist.

MK Test stellt die Annahme auf, dass die Nullhypothese H_0 folgendermaßen formuliert wird: Alle Zufallsgrößen X sind unabhängig und gleich verteilt (iid) und somit existiert kein Trend. Die Alternativhypothese H_1 dagegen lautet: Es liegt ein monotoner Trend vor. Ziel ist es nun, die Hypothese H_0 mit einer vorgegebenen Irrtumswahrscheinlichkeit[9] α (hier 5%) zu widerlegen, was gleichbedeutend mit einem signifikanten Trend ist. Definiert wird die MK Statistik S als:

$$S = \sum_{i=1}^{n-1} \sum_{j=i+1}^{n} sgn(X_j - X_i) \qquad [2.49]$$

mit

$$sgn(X_j - X_i) = \begin{cases} 1 & , \quad X_j - X_i > 0 \\ 0 & , \quad X_j - X_i = 0 \\ -1 & , \quad X_j - X_i < 0 \end{cases} .$$

In einer geordneten Zeitreihe der Länge n wird jeder Wert mit einem späteren Wert verglichen, wobei als Startwert $S = 0$ (d.h. kein Trend) gesetzt wird. Ist nun ein späterer Wert höher (niedriger) als der Wert zu einem früheren Zeitpunkt, erhöht (erniedrigt) sich S um 1. Pendelt der Wert um 0, ist davon auszugehen, dass kein Trend vorliegt. Wird ein kritischer Wert, der abhängig von der Irrtumswahrscheinlichkeit und der Stichprobengröße ist, überschritten, spricht man von einem positiven oder negativen Trend. Mann (1945) und Kendall und Gibbons (1955) schrieben, dass S in etwa normalverteilt und symmetrisch ist, wodurch der Mittelwert $E(S) = 0$ ist, während für die Varianz

$$V(S) = \frac{1}{18} \left[n(n-1)(2n+5) - \sum_{m=1}^{g} t_p(t_p - 1)(2t_p + 5) \right] \qquad [2.50]$$

gilt. Dabei ist t_p die Summe, wie oft in der Stichprobe gleiche Werte auftauchen, während g die Anzahl dieser Gruppen mit identischen Werten wiedergibt. In Kapitel 5 wird allerdings der zweite Term vernachlässigt, da aufgrund mangelnder Gruppen der Term sehr klein wird. Die standardisierte Teststatistik Z wird nun berechnet nach:

---

[9] Die Irrtumswahrscheinlichkeit (auch Signifikanzniveau) ist bei einem Test die Wahrscheinlichkeit für den Fehler 1. Art, der eine Nullhypothese H_0 fälschlicherweise ablehnen würde. Je schwerwiegender die Konsequenzen des Fehlers 1. Art wären, umso kleiner sollte α gesetzt werden. Allerdings erhöht dies die Wahrscheinlichkeit des Fehlers 2. Art (Alternativhypothese H_1 wird widerlegt, obwohl sie richtig ist). Weil die Stichprobe kleiner als die Grundgesamtheit ist, bleibt immer ein Unsicherheitsfaktor und α kann nicht gleich Null sein. Dementsprechend ergibt sich die Frage, wie hoch die Wahrscheinlichkeit für einen Fehler maximal sein darf, um ein Ergebnis als statistisch signifikant zu bezeichnen. Typische Irrtumswahrscheinlichkeiten sind 0,1%, 1%, 5% oder 10%.

$$Z = \begin{cases} \dfrac{S-1}{\sqrt{V(S)}} & , \quad S > 0 \\[2mm] 0 & , \quad S = 0 \\[2mm] \dfrac{S+1}{\sqrt{V(S)}} & , \quad S < 0 \end{cases} .$$

Mit Hilfe der Dichtefunktion der standardisierten Normalverteilung mit Mittelwert $E = 0$ und Standardabweichung $Std = 1$ kann die Wahrscheinlichkeit P der MK Statistik S

$$P = \frac{1}{\sqrt{2\pi}} \int_{-\infty}^{z} e^{-t^2/2} dt \qquad\qquad [2.51]$$

geschätzt werden. Für eine unabhängige Stichprobe bedeuten Werte um 0,5 keinen Trend, während hingegen $P \to 1\ (\to 0)$ einen positiven (negativen) Trend ergibt.

Pre–whitening

Eine Zeitreihe, in der eine Autokorrelation vorliegt, kann das Ergebnis des MK Tests beeinflussen, wie beispielsweise von Storch und Narvarra (1995) demonstrierten. Wie oben beschrieben, untersucht der Test die Nullhypothese (kein Trend) gegen die Aussage, dass ein Trend vorliegt. Dabei können zwei Arten von Fehler auftreten (Bayazit und Onoz, 2007):

(a) Typ 1: Die Nullhypothese wird unkorrekterweise zurückgewiesen, obwohl eigentlich kein Trend vorliegt. Die Wahrscheinlichkeit ist dabei gleich dem zugeordneten Signifikanzniveau.

(b) Typ 2: Die Nullhypothese wird akzeptiert, obwohl ein Trend vorliegt. Die Besonderheit des Tests ist gerade, dass die Wahrscheinlichkeit dafür sehr gering ist.

Das Problem ist nun, dass eine autokorrelierte Zeitreihe, d.h. eine Zeitreihe, in der sich die Werte gegenseitig beeinflussen, die Varianz der MK Statistik S (Gl. 2.50) ansteigen lässt (Yue et al., 2002). Dadurch nimmt die Wahrscheinlichkeit zu, dass die Nullhypothese zurückgewiesen wird. Dies bedeutet für den Fehler vom Typ 1, dass es zu einer Überschätzung von signifikanten Trends kommt. Für den Fehler vom Typ 2 ist dies irrelevant, da bereits ein Trend vorliegt.

Um ersterem entgegenzuwirken, schlugen von Storch und Narvarra (1995) die Methode des „Pre–Whitening" vor. Bei dieser Methode wird durch das Entfernen einer vorhandenen Autokorrelation aus der Datenreihe eine neue Zeitreihe generiert. Außerdem merken die Autoren an, dass dieses Verfahren nur für eine Autokorrelation erster Ordnung notwendig ist. Hamed und Ramachandra Rao (1998) wendeten dagegen einen Korrekturfaktor für die Abschätzung der Autokorrelation auf V(S) im MK Test an. Yue et al. (2002) erweiterten den Ansatz von von Storch und Narvarra (1995), indem sie auch negative Autokorrelationen berücksichtigen, bei der die Wahrscheinlichkeit steigt, dass ein Trend unterschätzt wird (Fehler 2. Art). Sie entwickelten die „Trendfreie Pre–Whitening Methode" (TFPW). Diese Methode findet vor allem in der Hydrologie (z.B. Déry und Wood, 2005; Petrow und Merz, 2009), aber auch in der Meteorologie Anwendung (z.B. Basistha et al., 2009; Mohsin und Gough, 2010; El Kenawy et al., 2011). Ziel der Methode ist es, den MK Test auf eine autokorrelationsfreie Zeitreihe anzuwenden. Wichtig ist dabei, dass vor der Autokorrelationskorrektur die Reihe „enttrendet" wird.

Für dieses Verfahren wird als erstes der Trend nach Sen (1968) bestimmt, da diese iterative Methode ein robusteres Verhalten gegenüber Ausreißern als die lineare Methode aufweist (Yue et al., 2002):

$$\lambda = \mathrm{median}\left(\frac{X_j - X_l}{j - l}\right) \qquad \forall \quad l < j \qquad . \tag{2.52}$$

X_l, X_j sind hier jeweils der l–te beziehungsweise j–te Wert der Zeitreihe. Somit wird die Steigung beziehungsweise der Trend λ über den Median aller einzelnen Steigungen eines möglichen Wertepaars berechnet. Als nächstes wird der Trend von der ursprünglichen Reihe X_t entfernt,

$$Y_t = X_t - \lambda \cdot t \qquad , \tag{2.53}$$

wobei t die Zeit ist. Danach wird die Autokorrelation α des 1. Grades der enttrendeten Zeitreihe Y_t berechnet. Liegt nun keine Autokorrelation vor, wird der MK Test direkt auf die ursprüngliche Zeitreihe X_t angewendet. Ist das Ergebnis allerdings positiv, wird α ebenfalls von der Zeitreihe abgezogen:

$$Y_t' = X_t - \alpha \cdot Y_{t-1} \qquad . \tag{2.54}$$

Y_t' repräsentiert eine Zeitreihe ohne Trend und Autokorrelation. Als letztes wird der Trend von Gleichung (2.52) wieder in die Zeitreihe integriert,

$$Y_t'' = Y_t' + \lambda \cdot t \qquad . \tag{2.55}$$

Nun kann mit Hilfe des MK Tests die Signifikanz der neuen Zeitreihe Y_t'' bestimmt werden.

In ihrer Veröffentlichung merkten Yue und Wang (2002a) an, dass das Verfahren allerdings für große Stichproben ($n \geq 70$) und große Trends ($\lambda \geq 0{,}005$) nicht notwendig ist. Bayazit und Onoz (2007) setzten sich ebenfalls intensiv mit der Frage auseinander, wann Pre–withening geeignet ist oder nicht. Sie fassten zusammen, dass neben dem Vorteil – die Wahrscheinlichkeit, einen Trend zu detektieren, nimmt ab, obwohl keiner da ist – durch die Methode auch die Wahrscheinlichkeit für den Fehler 2. Art steigt. Sie entschieden, dass das Verfahren nur dann verwendet werden soll, wenn die Stichprobe $n \leq 50$ beziehungsweise der Trend $\lambda \leq 0{,}01$ klein oder der Variationskoeffizient $C_v = Std(X_t)/E(X_t)$ zu groß sind ($\geq 0{,}1$).

2.2.3. Logistische Regression

Multivariate Analysemethoden beschäftigen sich mit der statistischen Analyse mehrdimensionaler Daten. Die Problemstellung bei der logistischen Regression ist, mit welcher Wahrscheinlichkeit bestimmte Ereignisse abhängig von verschiedenen Einflussgrößen eintreten (Hosmer und Lemeshow, 2000; Sachs und Hedderich, 2006; Backhaus et al., 2011). Ziel ist es, die Wahrscheinlichkeit p eines Ereignisses in Abhängigkeit verschiedener Faktoren x (unabhängiger Variablen) mit Hilfe eines Regressionsansatzes zu bestimmen. Es handelt sich um ein strukturprüfendes Verfahren, bei dem ein vermuteter Zusammenhang zwischen verschiedenen Variablen überprüft und dessen Größe geschätzt wird. Die logistische Regression wird auch als Logit–Modell bezeichnet.

Als abhängige Variable y wird in der Regel eine binäre Aussage (z.B. Hagel JA / NEIN) definiert. Bei der Betrachtung einer Wahrscheinlichkeit für das Eintreten des Ereignisses ergibt sich ein Wertebereich von $0 < p < 1$, innerhalb dessen die Variable kontinuierlich ist. Da bei einer Regression der Wertebereich von $[-\infty; +\infty]$ reicht, werden mit Hilfe einer „logistischen" Transformation die Funktionswerte auf den oben angegebenen Bereich begrenzt.

Ausgangspunkt ist nicht die Wahrscheinlichkeit, sondern das Wahrscheinlichkeitsverhältnis (Chancen, engl. odds):

$$odds = \frac{p}{1-p} = \frac{\text{Eintrittswahrscheinlichkeit}}{\text{Gegenwahrscheinlichkeit}} \quad . \qquad [2.56]$$

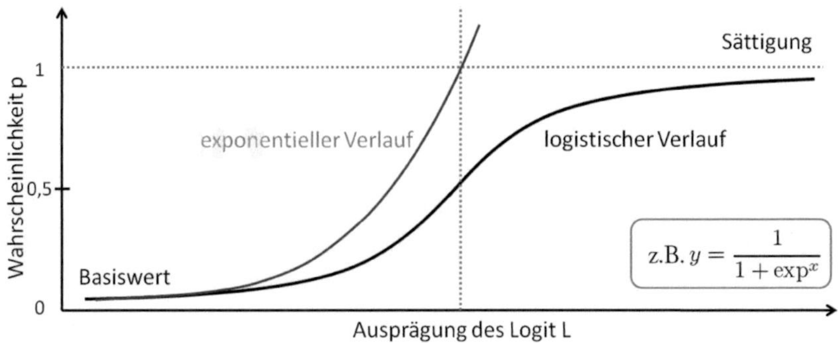

Abb. 2.11.: Eigenschaften einer logistischen Funktion (nach Backhaus et al., 2011).

Dies kann auch als Risiko R der Wahrscheinlichkeit p bezeichnet werden. Mit der „Logit"–Transformation[10] kommt man zur linearen Darstellung des Modells:

$$L = \log(odds(p)) = \log(R) = \log\left(\frac{p}{1-p}\right) = \beta_0 + \beta_1 x \,(+\varepsilon) \quad . \qquad [2.57]$$

Die Parameter β_0 und β_1 des Modellansatzes werden mittels Schätzmethoden, in der Regel mit der Maximum–Likelihood Methode, hergeleitet. Der Fehlerterm ε wird in der Praxis vernachlässigt. In Abbildung 2.11 wird durch die Eigenschaften der logistischen Funktion der bisherige Ansatz nochmal deutlich. Der Anstieg der untersuchten Variable erfolgt exponentiell bis zu einem Wendepunkt. Nach unten wird die Funktion, z.B. in der einfachsten Form $y = 1/(1 + e^x)$, durch einen Basiswert begrenzt. Nach der Hälfte der Zeit verlangsamt sich das Wachstum und nähert sich dem Maximalwert (Sättigung) an. Überträgt man dies auf die Schätzer in Gleichung (2.57), wird durch β_0 die Lage (Links-/Rechtsverschiebung) und durch β_1 der Verlauf der Funktion beeinflusst. Letzteres ergibt für kleine Werte ($\beta_1 < 1$) eine mit x nur sehr langsam ansteigende Wahrscheinlichkeit. Gilt $\beta_1 = 0$, dann hat die Variable x dagegen keinen Einfluss auf das Ereignis y. Mit

$$p(x) \;=\; \frac{e^{\beta_0+\beta_1 x}}{1+e^{\beta_0+\beta_1 x}} = \frac{1}{1+e^{-\beta_0-\beta_1 x}} \quad \text{bzw.} \qquad [2.58]$$

$$1-p(x) \;=\; \frac{e^{-\beta_0-\beta_1 x}}{1+e^{-\beta_0-\beta_1 x}} \qquad [2.59]$$

---

[10]   Logit L bedeutet Logarithmus des Wahrscheinlichkeitsverhältnisses.

kann die Wahrscheinlichkeitsverteilung P für die i–te Anzahl an Zufallsvariablen y wie folgt umgeformt werden:

$$
\begin{aligned}
P(y_i; \beta_0, \beta_1) &= [p(x_i)]^{y_i} [1 - p(x_i)]^{1-y_i} \\
&= \left[\frac{e^{\beta_0 + \beta_1 x_i}}{1 + e^{\beta_0 + \beta_1 x_1}} \right]^{y_i} \left[\frac{1}{1 + e^{\beta_0 + \beta_1 x_1}} \right]^{1-y_i} \\
&= \frac{(e^{\beta_0 + \beta_1 x})^{y_i}}{1 + e^{\beta_0 + \beta_1 x}} \quad .
\end{aligned}
\qquad [2.60]
$$

Ein Erfolg ist definiert durch $y_i = 1$, bei einem Misserfolg gilt $y_i = 0$.

Multiple logistische Regression

Das Logit–Modell kann auch angewendet werden, wenn mehrere Einflussgrößen $X' = (x_1, x_2, \dots, x_n)$ in dem Modell berücksichtigt werden sollen. Dann spricht man von der multiplen logistischen Regression (Hosmer und Lemeshow, 2000; Sachs und Hedderich, 2006). Analog zu oben wird die Logit–Transformation verwendet:

$$
g(x) = \beta_0 + \beta_1 x_1 + \beta_2 x_2 + \dots + \beta_n x_n
\qquad [2.61]
$$

$$
p(x) = \frac{e^{g(x)}}{1 + e^{g(x)}} \qquad \text{für} \quad 0 \le p(x) \le 1 \quad .
\qquad [2.62]
$$

Die Schätzung der β–Gewichte erfolgt ebenfalls bei dichotomen Ereignissen durch die Maximum–Likelihood Methode.

Maximum–Likelihood Methode

Bedingt durch die Eigenschaften der logistischen Regression muss zur Schätzung der freien Parameter β_i auf die Maximum–Likelihood Methode und nicht auf die Methode der kleinsten Quadrate zurückgegriffen werden. Bei diesem iterativen Verfahren werden die Koeffizienten so gewählt, dass die geschätzten Variablen den Daten am ähnlichsten sind beziehungsweise die Wahrscheinlichkeit maximiert wird (Sachs und Hedderich, 2006; Backhaus et al., 2011).

Die Likelihood–Funktion zu Gleichung (2.60) setzt sich für die logistische Regression aus dem Produkt der Likelihoods aller Fälle des Datensatzes N zusammen:

$$LF(\beta_n; X) = \prod_{i=1}^{N} P(y_i; \beta_n) = \prod_{i=1}^{N} [p(x_i)]^{y_i} [1 - p(x_i)]^{1-y_i} \quad . \qquad [2.63]$$

Um das Maximierungsproblem zu vereinfachen, wird mit Hilfe der Logit–Transformation die Log–Likehood LL bestimmt:

$$LL = \log(LF) = \sum_{i=1}^{N} \left[y_i \cdot \ln \left(\frac{1}{1 + e^{g(x)}} \right) \right] + \left[(1 - y_i) \cdot \ln \left(1 - \frac{1}{1 + e^{g(x)}} \right) \right] \quad . \qquad [2.64]$$

Abschließend werden die partiellen Ableitungen gebildet und entsprechend der Maxima gleich Null gesetzt – im Fall einer Einflussgröße gilt für β_0 und β_1

$$\frac{\partial \log(LF)}{\partial \beta_0} = \sum_{i=1}^{N} y_i - \sum_{i=1}^{N} \frac{e^{\beta_0 + \beta_1 x_i}}{1 + e^{\beta_0 + \beta_1 x_i}} \qquad [2.65]$$

$$\frac{\partial \log(LF)}{\partial \beta_1} = \sum_{i=1}^{N} y_i x_i - \sum_{i=1}^{N} \frac{x_i e^{\beta_0 + \beta_1 x_i}}{1 + e^{\beta_0 + \beta_1 x_i}} \quad . \qquad [2.66]$$

Das Ergebnis sind nichtlineare Gleichungen, die bei Vorgabe der Startwerte für β iterativ bestimmt werden. Die geschätzten Parameter werden nun auf Modellrechnungen angewendet, um damit eine Bestimmung des Ereignisses mit hypothetischen Werten durchzuführen.

Modellkontrolle

Zur Beurteilung der Modellgüte eines logistischen Regressionsansatzes sind verschiedene Methoden geläufig (vgl. Hosmer und Lemeshow, 2000; Backhaus et al., 2011). Dabei wird unterschieden, ob die Güte des Gesamtmodells oder die Güte der einzelnen unabhängigen Variablen beurteilt wird. Für ersteres haben sich zwei unterschiedliche Herangehensweisen etabliert:

– Signifikanzprüfung des Gesamtmodells mit dem Likelihood–Verhältnis–Test;

– verschiedene Maße zur Vergleichbarkeit der Erklärungskraft durch Pseudo–Bestimmtheitsmaße.

Likelihood–Verhältnis–Test (LVT)

Die Signifikanz der Güte eines logistischen Modells wird mit Hilfe der Devianz untersucht, die ein Maß für die Abweichung vom Idealwert ist und dem -2–fachen des logarithmierten Likelihoods ($-2\,LL$) entspricht. Zur Vereinfachung wird der natürliche Logarithmus (ln) angewendet. Die Devianz ist mit $N - J - 1$ Freiheitsgraden asymptotisch χ^2–verteilt, wobei N die Anzahl der Beobachtungen und J die Anzahl der Parameter darstellt. Mit Hilfe der Devianz wird nun die folgende Hypothese getestet:

H_0: Das Modell besitzt eine perfekte Anpassung.

H_1: Das Modell besitzt keine perfekte Anpassung.

Je kleiner die Devianz ist, desto besser ist die Modellanpassung. Bei einer perfekten Anpassung (Idealmodell) ergibt sich eine Likelihood von 1 und die Devianz ist 0. Nachteil dieses Güteverfahrens ist, dass die Verteilung der Beobachtungen aus den Gruppen nicht berücksichtigt wird.

Der Likelihood–Verhältnis–Test (auch Modell χ^2–Test genannt) dagegen vergleicht die Log–Likelihood des vollständigen Modells LL_V mit dem des Nullmodells LL_0. Letzteres geht davon aus, dass alle Größen keinen Einfluss haben und somit alle Regressionskoeffizienten Null sind ($\beta_1 = \beta_2 = \ldots = \beta_N = 0$) und nur der konstante Term β_0 betrachtet wird:

$$LVT = -2\frac{LL_0}{LL_V} = +2(LL_V - LL_0) \quad . \qquad [2.67]$$

Ist die Differenz signifikant verschieden von Null, so hat das Modell mit seinen unabhängigen Variablen eine signifikante Erklärungskraft (meist $\alpha = 0{,}05$). Da LVT ebenfalls mit J Freiheitsgraden asymptotisch χ^2–verteilt ist, kann mit Hilfe des Referenzwerts aus der χ^2–Tabelle auf die Signifikanz des Modells geschlossen werden.

Weitere Gütekriterien für das Gesamtmodell sind die bekannten Pseudo–Bestimmtheitsmaße R^2 von McFadden, Cox & Snell und Negelkerke (Backhaus et al., 2011). Die Bestimmtheitsmaße versuchen den Anteil der erklärten Variation des Modells zu quantifizieren, indem ebenfalls auf die Likelihood des Nullmodells LL_0 und des vollständigen Modells LL_V zurückgegriffen wird (vgl. hierzu Backhaus et al., 2011). Während der LVT die Signifikanz des Modells überprüft, benennen die Bestimmtheitsmaße einen Wert, um verschiedene Modelle untereinander zu vergleichen. McFaddens–R^2 (McF–R^2) beruht wie der LVT–Test auf dem Vergleich der LL–Werte:

$$\text{McF–R}^2 = 1 - \frac{LL_V}{LL_0} \quad . \qquad [2.68]$$

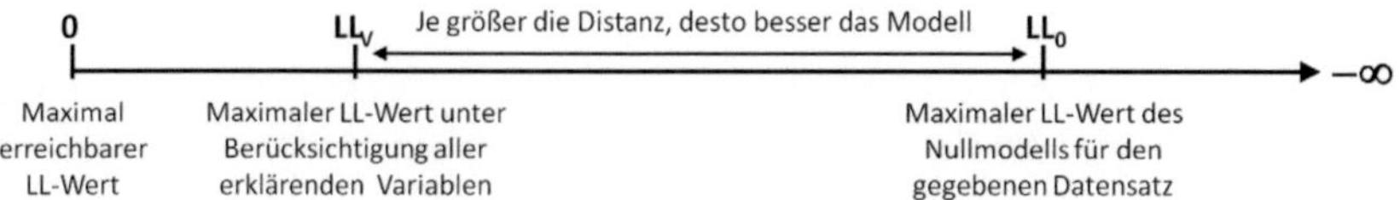

Abb. 2.12.: Zusammenhang zwischen den verschiedenen Log–Likelihood–Werten (nach Backhaus et al., 2011)

Ist der Unterschied zwischen den beiden Log–Likelihoods groß, ist der McF–R^2 nahe Eins (vgl. Abb. 2.12). In der Literatur wird bereits ab Werten von 0,2 (0,4) von einer akzeptablen (guten) Erklärungskraft gesprochen.

Veall und Zimmermann (1992) zeigten in einer Studie über verschiedene Pseudo–Bestimmtheitsmaße, dass die bisher erwähnten Bestimmtheitsmaße bei einer Vielzahl von Simulationen das stetige R^2 unterschätzen. Speziell beim McF–R^2 wächst die Unterschätzung mit der Anzahl der abhängigen Variablen. Dagegen beobachteten die Autoren, dass das Pseudo–Bestimmtheitsmaß nach McKelvey und Zaviona (MKZ–R^2; McKelvey und Zavoina, 1975) geeigneter ist, den wahren R^2 zu bestimmen. MKZ–R^2 ist strukturell den normalen Bestimmtheitsmaßen nachempfunden, nur basiert es auf den erklärten Variationen. Die Varianz der Regression lautet:

$$VAR = \sum_{i=1}^{N} \left(\widehat{y_i^*} - \widehat{\overline{y}_i^*} \right)^2 \quad , \tag{2.69}$$

wobei $\widehat{y_i^*}$ die bedingte Erwartung der unbeobachteten Variablen $y_i^* = \mathbf{x}_i\boldsymbol{\beta}$ ist. Des Weiteren gilt

$$\widehat{\overline{y}_i^*} = \frac{1}{N} \sum_{i=1}^{N} \widehat{y_i^*} \quad , \tag{2.70}$$

und somit folgt

$$\text{MKZ–}R^2 = \frac{\sum_{i=1}^{N} \left(\widehat{y_i^*} - \widehat{\overline{y}_i^*} \right)^2}{\sum_{i=1}^{N} \left(\widehat{y_i^*} - \widehat{\overline{y}_i^*} \right)^2 + N} \quad . \tag{2.71}$$

Folglich ist der MKZ–R^2 das Verhältnis zwischen der Varianz der Regression und der Varianz der Beobachtungen beziehungsweise der Summe aus Varianz der Regression und der Summe der erwarteten quadrierten Fehler, die gleich der Anzahl der Beobachtungen ist. Wie bei den anderen Bestimmtheitsmaßen reicht der Wertebereich von [0,1].

Likelihood–Quotienten–Test (LQT)

Dieser Test hilft bei der Entscheidungsfindung, ob eine weitere unabhängige Variable eine Verbesserung des bisherigen Modellansatzes bewirkt. Dabei wird der Modellansatz stufenweise um eine Variable erhöht (Aufwärtsverfahren, engl. stepwise forward). Analog zum Likelihood–Verhältnis–Test wird die Likelihood des vollständig gesättigten Modells LL_V mit der eines um den Einfluss einer (oder mehrerer) reduzierten Variablen Modells LL_R verglichen, bei dem der entsprechende Regressionskoeffizent auf Null gesetzt wird (Hosmer und Lemeshow, 2000):

$$LQT = +2(LL_R - LL_V) \quad . \tag{2.72}$$

Auch hier gilt wieder, je größer die Differenz zwischen den beiden Modellen ist, desto stärker ist der Einfluss der entsprechenden Variable.

Effekt–Koeffizient

Aufgrund der nicht–linearen Zusammenhänge kann man den Einfluss der einzelnen Regressionskoeffizienten β_n auf die Wahrscheinlichkeit p nicht direkt bestimmen – wie es beispielsweise bei der einfachen linearen Regression möglich ist (Backhaus et al., 2011). Mit Hilfe des Wahrscheinlichkeitsverhältnisses (odds, Gl. 2.56) ist dagegen eine Aussage darüber möglich, welche der Variablen x_n den stärksten Einfluss auf die Auftretenswahrscheinlichkeit eines binären Ereignisses hat. Der Effektkoeffizient e^b gibt den Faktor an, um den sich die Bestimmung des Wahrscheinlichkeitsverhältnisses ändert, wenn die unabhängige Variable x_n um eine Einheit (z.B. $x_n + 1$) erhöht wird, wodurch sich das Verhältnis zu Gunsten der Ereignisse um den Faktor e_n^b erhöht. Beispielsweise gilt:

$$e^{\beta_0 + \beta_1(x_1+1) + \beta_2 x_2 + \ldots + \beta_n x_n} = e^{\beta_0} \cdot e^{\beta_1 x_1} \cdot e^{\beta_1} \cdot e^{\beta_2 x_2} \cdot \ldots \cdot e^{\beta_n x_n} \tag{2.73}$$

$$= odds \cdot e^{\beta_1} \quad . \tag{2.74}$$

Der Effekt–Koeffizient variiert dabei im Intervallbereich $[0; +\infty]$. Je größer er ist, umso größer ist der Einfluss auf die Wahrscheinlichkeit eines Ereignisses. Da e^b von dem Wertebereich der abhängigen Variable y abhängt, ist es sinnvoll, standardisierte Koeffizienten zu betrachten (Long, 1987). Die Effektstärke wird dabei in der Standardabweichung der unabhängigen Variable gemessen. Somit gilt für die standardisierten Effekt–Koeffizienten:

$$e_n^b = e^{\beta_n \cdot std(x_n)} \qquad . \tag{2.75}$$

Da bei Regressionskoeffizienten mit Werten < 0 der Effekt–Koeffizient < 1 wird, muss für einen Vergleich mit den anderen Variablen der Kehrwert von e_n^b betrachtet werden.

Abschließend lässt sich zusammenfassen, dass die multiple logistische Regression gegenüber der einfachen (zweidimensionalen) linearen Regression zur Diagnostik von Ereignissen besser geeignet ist, da bei dieser Methode mehrere Variablen, die für das Eintreten eines Ereignisses relevant sind, berücksichtigt werden können.

3. Datengrundlage

In der vorliegenden Arbeit basieren die Auswertungen der meteorologischen Datensätze
sowohl auf Messungen (Radiosondenaufstiege) als auch auf Modellergebnissen regionaler Klimasimulationen. Da Gewitter- beziehungsweise Hagelereignisse in Deutschland
am häufigsten in den warmen Monaten auftreten (Kunz und Puskeiler, 2010), fokussie-
ren sich die Untersuchungen, wenn nicht anders angegeben, auf das Sommerhalbjahr
(SHJ) von April bis September (bzw. in Kapitel 7 auf die drei Sommermonate Juni, Juli
und August [JJA]).

3.1. Radiosondendaten

Eine wesentliche Fragestellung dieser Arbeit ist, ob und wie sich die atmosphärische
Stabilität in den letzten Jahrzehnten verändert hat. Zur Berechnung der in Kapitel 2.1.3
eingeführten Stabilitätsparameter sind vertikale Beobachtungen in der Atmosphäre notwendig. Anhand der 12 UTC[1]–Daten der Radiosondenstationen werden die konvektiven
Umgebungsbedingungen untersucht. Dazu werden Temperatur-, Feuchte- und Windmessungen auf den Hauptdruckflächen und signifikanten Niveaus (Punkte mit markanten Änderungen) auf ein äquidistantes Gitter von $\Delta z = 10\,\mathrm{m}$ interpoliert. Nur Tage mit
einer Mindestaufstiegshöhe bis auf 200 hPa und mindestens 15 vertikalen Messpunkten
werden berücksichtigt.

Deutschland

In Deutschland werden Zeitreihen an sieben der aerologischen Stationen des DWD untersucht, die einen relativ langen homogenen Datensatz mit wenigen Datenausfällen aufweisen (siehe Abb. 3.1, A – G). Für die beiden Stationen Schleswig (A) und Stuttgart (F)
stehen jeweils Daten von 1957 bis 2009 zur Verfügung, wobei bei beiden der Ausfall der
Messungen unter 1,2% liegt (siehe Tabelle 3.1). Aufgrund einer zu geringen Aufstiegs-
höhe[2] der Radiosonden in den Jahren 1972 und 1973 werden für die Trendanalyse die

---

[1]   Universal Time Coordinated: Während der mitteleuropäischen Sommerzeit (MESZ) werden zwei
    Stunden addiert, um die deutsche Lokalzeit zu erhalten.

[2]   In den Archiven nur unterhalb von 500 hPa verfügbar.

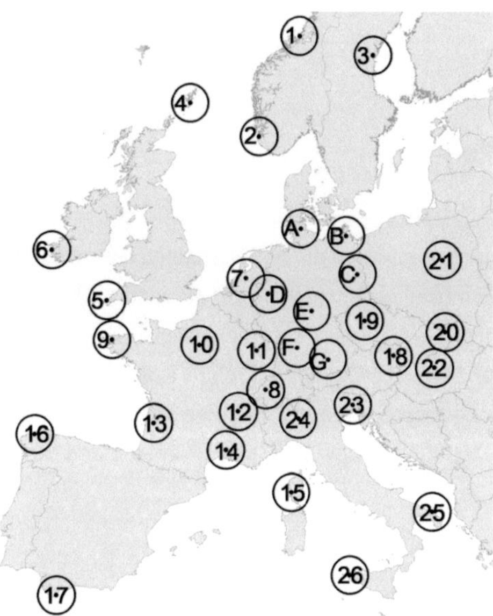

Abb. 3.1.: Radiosondenstationen für Deutschland (A – G) und Europa (1 – 26) mit einem Erfassungsradius von 100 km.

jährlichen Perzentilwerte (Kapitel 5) durch eine lineare Interpolation mit dem davor liegenden und anschließenden Jahreswert bestimmt. An den anderen fünf Stationen werden jeweils Zeitreihen von 1978 bis 2009 untersucht. Hier liegt der Ausfall der Messungen unter 3,2%, was einem maximalen Ausfall von 6 Tagen pro SHJ entspricht.

Europa

Zusätzlich werden Stabilitätsparameter an weiteren 26 Stationen europaweit untersucht (Abb. 3.1, 1 – 26), die innerhalb von 37,9 und 63,7°N beziehungsweise – 10,3 und 21,0°O liegen. Verwendet werden die qualitätsgeprüften und bereinigten Daten des Integrated Global Radiosonde Archive (IGRA)[3] des National Climatic Data Center (NCDC), das täglich weltweit ihre Radiosondendaten aktualisiert und kostenfrei zur Verfügung stellt (Durre et al., 2006; Durre und Yin, 2008). Untersucht werden die Daten ab 1971 (Ausnahmen siehe Tabelle 3.1), da erst ab diesem Zeitpunkt Feuchtemessungen aus höheren Schichten ausreichend vorliegen. An der Station De Bilt (7) wird der Jahresperzentilwert für 1999 aufgrund des hohen Datenausfalls äquivalent zu den deutschen Stationen

---

[3] http://www.ncdc.noaa.gov/oa/climate/igra/index.php

Tab. 3.1.: Radiosondenstationen in Deutschland (A – G) und Europa (1 – 26). Fett sind zum Text abweichende Zeitreihen dargestellt.

	Land	Nummer	Ort	Latitude	Longitude	Höhe [m]	Zeitperiode	Ausfall [%]
1	NO	01241	ORLAND	63,70	9,60	10	1971 – 2009	18,4
2	NO	01415	STAVANGER/SOLA	58,87	5,67	37	1971 – **2008**	11,4
3	SW	02365	TIMRA/MIDLANDA	62,53	17,45	6	1971 – 2009	10,0
4	UK	03005	LERWICK	60,13	−1,18	84	1971 – 2009	9,9
5	UK	03808	CAMBORNE	50,22	−5,32	88	1971 – 2009	13,1
6	EI	03953	VALENTIA	51,93	−10,25	30	1971 – 2009	11,4
7	NL	06260	DE BILT	52,10	5,18	4	1971 – 2009	11,6
8	SZ	06610	PAYERNE	46,82	6,95	501	1971 – 2009	11,4
9	FR	07110	BREST	48,45	−4,42	103	1971 – 2009	14,8
10	FR	07145	TRAPPES	48,77	2,00	168	1971 – 2009	14,2
11	FR	07180	NANCY	48,68	6,22	212	1971 – **2008**	13,5
12	FR	07481	LYON	45,73	5,08	240	1971 – 2009	17,4
13	FR	07510	BORDEAUX	44,83	−0,68	61	1971 – 2009	11,2
14	FR	07645	NIMES	43,87	4,40	62	1971 – 2009	12,6
15	FR	07761	AJACCIO	41,92	8,80	9	1971 – 2009	11,2
16	SP	08001	LA CORUNA	43,37	−8,42	67	1971 – 2009	18,8
17	GI	08495	GIBRALTAR	36,15	−5,35	4	1971 – 2009	9,3
A	GM	10035	SCHLESWIG	54,53	9,55	48	1957 – 2009	1,1
B	GM	10184	GREIFSWALD	54,10	13,40	6	1978 – 2009	3,2
C	GM	10393	LINDENBERG	52,22	14,12	110	1978 – 2009	2,6
D	GM	10410	ESSEN	51,40	6,97	153	1978 – 2009	2,3
E	GM	10548	MEININGEN	50,57	10,38	453	1978 – 2009	3,0
F	GM	10739	STUTTGART	48,83	9,20	315	1957 – 2009	1,1
G	GM	10868	MÜNCHEN	48,25	11,55	489	1978 – 2009	1,1
18	AU	11035	WIEN/HOHE WARTE	48,23	16,37	200	1971 – 2009	14,3
19	EZ	11520	PRAHA/LIBUS	50,00	14,45	305	1971 – 2009	11,7
20	LO	11952	POPRAD/GANOVCE	49,03	20,32	706	1971 – 2009	14,8
21	PL	12374	LEGIONOWO	52,40	20,97	96	1971 – 2009	16,8
22	HU	12843	BUDAPEST/LORINC	47,43	19,18	140	1971 – 2009	15,7
23	IT	16044	UDINE	46,03	13,18	92	1971 – 2009	19,4
24	IT	16080	MILANO	45,43	9,28	103	1971 – 2009	20,2
25	IT	16320	BRINDISI	40,65	17,95	10	1971 – 2009	14,9
26	IT	16429	TRAPANI	37,92	12,50	14	**1976** – 2009	19,6

aus dem vorherigen und anschließenden Jahr interpoliert. Insgesamt weisen die europäischen einen nicht unerheblich größeren Datenausfall (9 bis 20%) im Vergleich zu deutschen Stationen auf.

3.2. Regionale Klimamodelle

Klimamodelle dienen zur Berechnung und Projektion des Klimas für einen bestimmten Zeitraum, indem sie unter vorgegebenen Anfangs- und Randbedingungen die Änderung des Zustands der Atmosphäre und somit die verschiedenen Prozesse des Klimasystems räumlich und zeitlich beschreiben. Bevor jedoch auf ein regionales Klima geschlossen werden kann, müssen zunächst die Prozesse auf der globalen Skala simuliert werden.

Globale Klimamodelle (GCM) basieren auf der numerischen Lösung eines Gleichungssystems eines diskreten Gitters, wobei sie die wesentlichen physikalischen Prozesse der Atmosphäre, des Ozeans, der Kryosphäre und der Biosphäre beinhaltet, die aufgrund der hohen Rechenleistung jedoch in vereinfachter Form abgebildet werden. Um realistische Projektionen für die Zukunft zu berechnen, berücksichtigen die GCM großräumige Effekte wie die natürliche Klimavariabilität (z.B. solare Aktivität) oder die Veränderung der Treibhausgaskonzentrationen. Rückkopplungsprozesse wie die Repräsentativität der Eiswolken in der oberen Troposphäre auf den Strahlungshaushalt (Waliser et al., 2009), der Einfluss der arktischen Wolken auf das Abschmelzen der Meere (Semmler und Jung, 2012), das Abschmelzen des arktischen Eises auf die thermohaline Zirkulation, die Veränderung der Lage von Permafrostböden oder die Kohlendioxid–Aufnahmefähigkeit der Ozeane stellen derzeit für die Modellierer große Herausforderungen dar (IPCC, 2007, Kap. 8).

Globale Modelle unterliegen jedoch einigen Beschränkungen. Wie bereits angedeutet, werden viele physikalische Prozesse durch einfache Parametrisierungen nur stark vereinfacht wiedergegeben. Beispielsweise haben GCM Schwierigkeiten, konvektive Bedingungen und damit den Tagesgang von Niederschlag, insbesondere in den warmen Sommermonaten über Land, wiederzugeben (z.B. Lee et al., 2008a). Außerdem wird der Feuchtegehalt in der unteren Troposphäre während konvektiver Ereignisse häufig unterschätzt (Mapes et al., 2009). Aufgrund der Größe des Gebiets und der damit verbundenen hohen Rechenleistung, haben die Modelle nur eine grobe Auflösung von 100 – 200 km, wodurch die horizontalen und vertikalen Gradienten (z.B. Windfelder, Mohr, 2008) geringer als in der Realität ausfallen.

Mit Hilfe von regionalen Klimamodellen (RCM), die durch die Variablen des GCM am Rande des Simulationsgebiets angetrieben werden (Nesting), wird für ein kleineres, begrenztes Gebiet das regionale Klima modelliert. RCM sind in der Lage, besser die lokalen Austauschprozesse zwischen Landoberflächen und Atmosphäre wiederzugeben, da sie über eine höhere Auflösung von nur wenigen Kilometern verfügen. Durch die Zunahme der Rechenkapazität moderner Supercomputer werden inzwischen hochaufgelöste regionale Klimasimulationen mit einem Gitterpunktsabstand unter 10 km betrieben (siehe S. 68).

Um die zukünftige Entwicklung des Klimas zu untersuchen, fließen bereits in die GCM Informationen über die globale Bevölkerungsentwicklung, über die industrielle

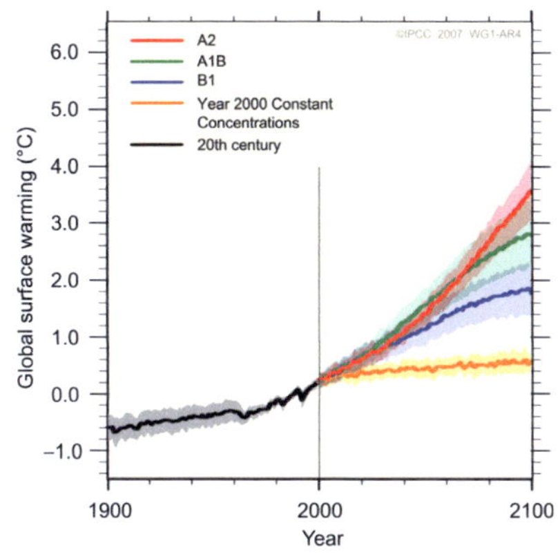

Abb. 3.2.: Vergangene und projizierte Temperaturentwicklung in Abhängigkeit der verschiedenen SRES (IPCC, 2007).

Entwicklung und über die damit verbundenen Emissionen ein. Die in der vorliegenden Arbeit verwendeten Klimamodelle basieren noch auf den Emissionsszenarien (SRES[4]) des IPCC–AR4 (Nakićenović et al., 2000)[5]. Die bekanntesten sind dabei das klimakritische A2, das mittlere A1B und das „grüne" (klimamoderate) B1–Szenario (vgl. dazu Temperaturentwicklungen in Abb. 3.2). Ausgangspunkt für die Projektionen sind Modellsimulationen für ein vorindustrielles Klima, die zur Erfassung der Klimavariabilität über einige hundert Jahre gerechnet wurden (quasi–stabiles Gleichgewicht zwischen Atmosphäre und Ozean). Anschließend werden aus dieser Kontrollsimulation Anfangsbedingungen herausgegriffen und das Klima für das 20. Jahrhundert mit den vergangenen Treibhausgaskonzentrationen gerechnet. Für die Klimaprojektionen des 21. Jahrhunderts werden dann die Konzentrationen der verschiedenen SRES als Randbedingung verwendet.

Bereits das Kapitel über den regionalen Klimawandel des IPCC–AR4 verweist darauf, dass die resultierenden Klimaänderungssignale für Europa vor allem in Abhängigkeit vom GCM variieren (Christensen et al., 2007). Daher ist es wichtig, mehrere Modelle in die Untersuchungen mit einzubeziehen, um diesen Unsicherheitsbereich zu berücksichtigen. Auch das jeweilige anschließend verwendete RCM bewirkt aufgrund seiner unterschiedlichen Parametrisierung und Modellphysik unterschiedliche Ergebnisse, die für sich genommen jedoch plausibel sind. Ziel in der folgenden Arbeit ist es daher, eine Vielzahl verschiedener Klimasimulationen (Ensemble) sowohl mit variierenden GCM als auch RCM zu betrachten, um so besser die Unsicherheiten in einem zukünftigen

---

[4] Special Report on Emission Scenarios
[5] Inzwischen gibt es neue Emissionsszenarien, die für den nächsten IPCC–Bericht (IPCC–AR5, geplante Publikation Ende des Jahres 2014) entwickelt wurden, und mit denen derzeit neue globale Klimasimulationen gerechnet werden (van Vuuren et al., 2011).

Klima zu quantifizieren. Nachfolgend werden diese verwendeten regionalen Klimasimulationen näher beschrieben.

COSMO CLM

Das nicht–hydrostatische dynamische atmosphärische Modell COSMO (COnsortium for Small–scale MOdeling[6]) basiert auf dem vom DWD entwickelten Lokal–Modell (LM) und wurde ursprünglich nur für die hochaufgelöste operationelle Wettervorhersage verwendet (Doms und Schättler, 2002). Inzwischen wurde von einer Nutzergruppe für Forschungszwecke das Modell weiter entwickelt, sodass es in der Lage ist, hochaufgelöste Klimasimulationen über mehrere Jahrzehnte zu rechnen (CCLM: COSMO–Climate Local Model). Ursprünglich wurde das Modell ab 1999 vom Potsdam–Institut für Klimafolgenforschung (PIK) entwickelt. Seit 2004 beteiligt sich das KIT ebenfalls daran (z.B. Meissner et al., 2009; Vogel et al., 2009; Sasse, 2011) und führt inzwischen verschiedene Klimasimulationen mit einer räumlichen Auflösung von 7 km durch (siehe unten). Da eine wesentliche Idee der CLM–Entwicklung war, das Modell sowohl für die Wettervorhersage als auch für Klimasimulationen einzusetzen, wurde es 2007 / 08 zum einheitlichen regionalen Atmosphärenmodell für Wettervorhersage und Klima als COSMO 4.0 zusammengeführt (Rockel et al., 2008).

Die in COSMO verwendeten Modellgleichungen für kompressible Strömungen in der Atmosphäre beruhen auf den Eulerschen Gleichungen der Hydro–Thermodynamik (Baldauf et al., 2011). Damit das Modell nicht–hydrostatisch ist, werden die Gleichungen ungefiltert verwendet – das heißt, es werden keine Einschränkungen des räumlichen Skalenbereichs gemacht. Somit wird die Vertikalbeschleunigung von Luftpaketen berücksichtigt, was insbesondere für kleinere Skalen wichtig ist (z.B. Konvektion). Ausgehend davon erhält man die Gleichungen für die prognostischen Variablen Windgeschwindigkeit, Druck, Temperatur, spezifische Feuchte und spezifischer Wolkenwassergehalt. Optional können die turbulente kinetische Energie, der spezifische Wolkeneisgehalt und die spezifischen Wassergehalte von Regen und Schnee bestimmt werden. Diabatische Prozesse, deren räumliche Skalen in der Regel kleiner sind als die Gitterweite, können in dem Modell nicht aufgelöst werden, sodass diese subskaligen Prozesse durch physikalische Parametrisierungen beschrieben werden. Dies betrifft beispielsweise die Konvektion (z.B. Konvektionsparametrisierungen nach Tiedtke, 1989, nach Kain und Fritsch, 1993, oder nach Bechtold et al., 2001), die Wolkenmikrophysik, den Nie-

---

[6] http://www.cosmo-model.org/

derschlag, die turbulenten Flüsse von Impuls, Wärme und Feuchte in der Atmosphäre und an der Erdoberfläche sowie Prozesse im Boden. Die Strahlung dagegen wird approximativ berechnet.

Um die atmosphärischen Vorgänge auf der Erde betrachten zu können, werden die Gleichungen in ein Kugelkoordinatensystem transformiert. Anschließend wird das System rotiert, um die Problematik durch die Drängung der Meridiane am Pol (Polproblem) zu vermeiden (siehe Abb. 3.3). Der Äquator wird dabei so gedreht, dass das Modellgebiet halbiert wird. Zusätzlich erfolgt eine Transformation in ein geländefolgendes Koordinatensystem[7], um aufwendige Randbedingungen durch die Berücksichtigung der Geländeformen und damit verbundene komplexe numerische Lösungen zu umgehen. Für die numerischen Lösungen der Gleichungen werden räumliche und zeitliche Diskretisierungen durchgeführt. So repräsentiert jeder Gitterpunkt den Mittelpunkt eines Gittervolumens. An ihm werden die skalaren Modellvariablen definiert, während die einzelnen

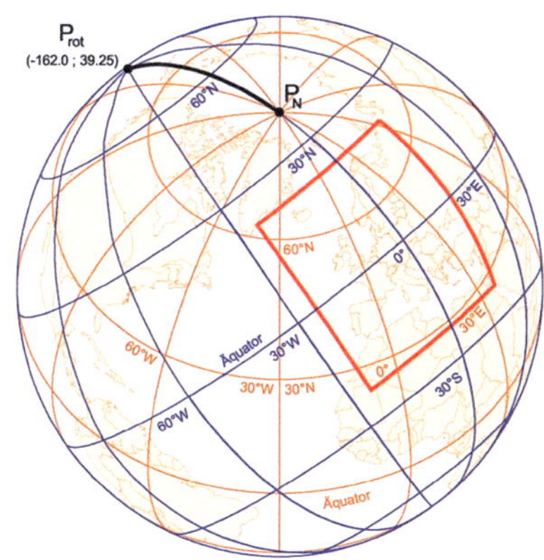

Abb. 3.3.: Beispiel eines rotierten Koordinatensystems für Europa: Rotierte Länge und Breite (blaue Linien) für ein sphärisches Koordinatensystem mit dem Nordpol am Punkt P_N mit den geografischen Koordinaten $\lambda_N = 162°W$ und $\phi_N = 39{,}25°N$; Länge und Breite des unrotierten geografischen Systems (orange Linien: Lautenschlager, 2008).

Windkomponenten an den entsprechenden Begrenzungsflächen der Gitterzelle liegen. Der Vorteil dieses sogenannten Arakawa–C/Lorenz–Gitter ist eine einfachere Betrachtung der Flüsse durch die Seitenflächen des Gittervolumens. Die zeitliche Diskretisierung erfolgt durch konstante Zeitschritte Δt. Sowohl das Runge–Kutta–Verfahren (Zwei–Schritt–Verfahren) als auch das Leapfrog–Verfahren (Drei–Schritt–Verfahren)

---

[7] Anstelle z wird im COSMO als Vertikalkoordinate ζ verwendet, wobei diese definitionsgemäß unabhängig von der Zeit und das sich damit ergebende ζ–System ein nicht–deformierbares Koordinatensystem ist. Es kann zwischen drei geländefolgenden Koordinaten ζ gewählt werden: (1) höhenbasierte Koordinate $\sigma = p/p_B$, die auf dem Referenzdruck (Bodendruck p_B) basiert, (2) höhenbasierte Koordinate, die nach Gal–Chen modifiziert wird, oder (3) exponentielle, höhenbasierte SLEVE (Smooth Level Vertical)–Koordinate (Doms und Schättler, 2002).

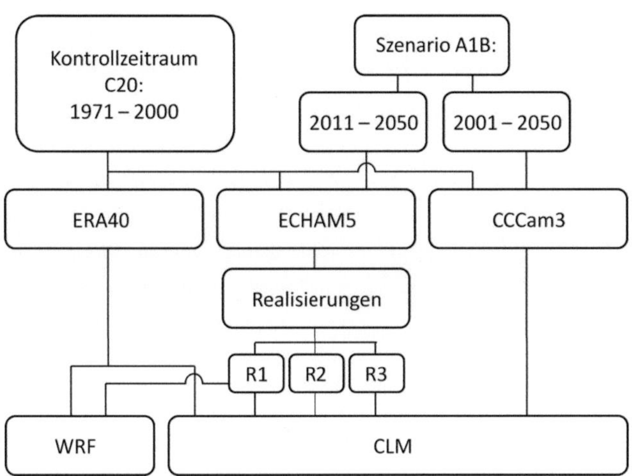

Abb. 3.4.: Schematische Darstellung der Modellkette, die in dem Projekt „Hochwasser im Klimawandel" verwendet wurde (nach Schädler et al., 2012a).

sind implementiert. Weitere detaillierte Informationen finden sich bei Doms und Schättler (2002).

CCLM–IMK

Für das CEDIM[8]–Projekt „Hochwasser im Klimawandel" wurden für Deutschland hochaufgelöste Klimasimulationen am IMK des KIT auf Basis zweier GCM durchgeführt (Schädler et al., 2012a; Berg et al., 2012b; Wagner et al., 2012). Zum Regionalisieren wurden zwei verschiedene RCM, das CCLM und das WRF[9], verwendet (vgl. Abb. 3.4). Unter Berücksichtigung des Tiedtke–Schemas (1989) zur Parametrisierung der Effekte durch subskalige flache und hochreichende Konvektion wurden mit dem CCLM (Version 4.8) verschiedene Simulationen mit dem Runge–Kutta–Verfahren (Zeitschritt: 60 s) auf 40 Modellflächen durchgeführt. Die hochaufgelösten Modelldaten wurden dabei über ein zweifaches Nesting des Modellgebiets mit einem Zwischenschritt von 0,440° Auflösung ($\sim$ 50 km) berechnet (118×110 Gitterpunkte), wobei ein rotiertes Koordinatensystem über Europa ($\lambda_N = -170°$W, $\phi_N = 40°$N) verwendet wurde. Anschließend wurde das Modell im zweiten Nestingschritt mit einer Auflösung von 0,065°

---

[8]   Center for Disaster Management and Risk Reduction Technology, http://www.cedim.de
[9]   Aufgrund fehlender 3D–Daten um 12 UTC wurde der Datensatz hier nicht verwendet.

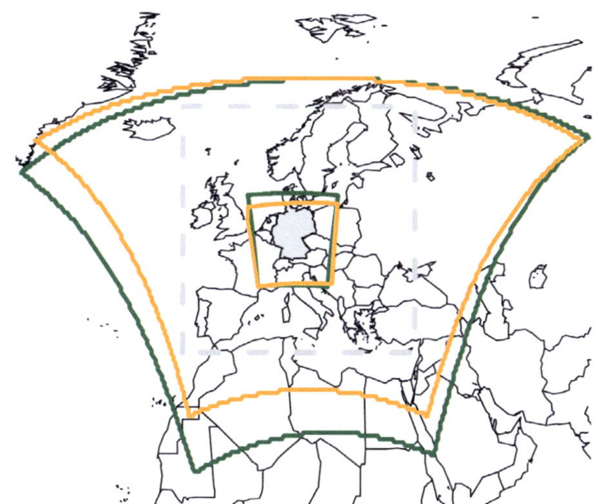

Abb. 3.5.: Darstellung der Simulationsgebiete für das erste und zweite Nesten im CCLM (grün) und WRF (orange, Berg et al., 2012b).

(~ 7 km) für Deutschland (165×200 Gitterpunkte) gerechnet (vgl. Abb. 3.5, grün). Eine ausführlichere Beschreibung der Daten findet sich bei Berg et al. (2012b).

Angetrieben wurde das CCLM für den Kontrollzeitraum (C20) von 1971–2000 sowohl mit den europäischen Reanalysedaten[10] ERA40 (E40, Uppala et al., 2005) des ECMWF (Europäisches Zentrum für mittelfristige Wettervorhersage), als auch mit den Globalmodellen ECHAM5/MPI–OM–Modell (E5) des Max–Planck–Instituts für Meteorologie (MPI–M) in Hamburg (Roeckner et al., 2003) und CCma3–Modell (C3, Scinocca et al., 2008). Die zukünftigen Szenarien wurden mit dem E5 von 2011–2050 und mit dem C3 von 2001–2050 bestimmt. Da die Emissionsszenarien in der betrachteten Zukunft noch sehr ähnliche Ergebnisse aufweisen, wurde nur das mittlere Szenario A1B berücksichtigt (Schädler et al., 2012a).

Vom Globalmodell E5 wurden alle drei Modellläufe (Lauf R1, R2, R3) verwendet, die sich durch ihre unterschiedlichen Startzeiten, die jeweils 25 Jahre auseinander liegen, unterscheiden. Die Anfangsbedingungen wurden dazu aus dem 500–jährigen Kon-

---

[10] Datensatz, der unter Berücksichtigung verschiedener Beobachtungen wie Radiosondenaufstiege, Satelliten-, Bojen- und Flugzeugmessungen und meteorologische Messstationen das vergangene Klima mit einer aktuellen Modellversion im Nachhinein berechnet wurde.

trolllauf entnommen, der von einer konstanten Treibhausgaskonzentration im Jahr 1860 ausgeht. Diese drei Läufe sollen die natürliche Variabilität des Klimas wiedergeben.

CoastDatII

Am Institut für Küstenforschung des Helmholtz–Zentrums Geesthacht (HZG) wird zur Analyse des Küstenwetters, insbesondere der bodennahen maritimen Windfelder, der sogenannte „CoastDatII" Reanalysedatensatz erstellt[11]. Als Antrieb werden die globalen NCEP–NCAR 1 Reanalysedaten (zukünftig (NCEP1) des National Centers for Environmental Prediction (NCEP) und des National Center for Atmospheric Research (NCAR) verwendet (Kalnay et al., 1996; Kistler et al., 2001). Der Vorteil dieses Reanalysedatensatzes ist, dass sich über den gesamten Zeitraum die assimilierten Datensätze nicht wesentlich verändert haben. Der Nachteil ist allerdings, dass weniger hoch entwickelte physikalische Parametrisierungen als in aktuellen operationellen Wettervorhersagesystemen verwendet werden. Mit Hilfe der Methode des spektralen Nudgings (von Storch et al., 2000; Feser et al., 2011) zur realitätsnahen Abbildung der großräumigen Zirkulation wird das CCLM (Version 4.8) für den Zeitraum von 1948 bis in die Jetztzeit angetrieben, wobei der Datensatz derzeit monatlich aktualisiert wird. Die Simulationen haben eine räumliche Auflösung von $0{,}22°$ ($\sim 24\,\text{km}$, 234×228 Gitterpunkte) mit 40 vertikalen Modellschichten (Gebiet siehe Abb. 3.6). Der Output der Variablen erfolgt stündlich. Betrachtet wird ganz Europa, inklusive weiter Teile des Nordatlantik sowie der Nord- und Ostsee. Wie bei den CCLM–IMK–Läufen wird das Tiedtke–Schema (1989) für die Parametrisierung flacher und hochreichender Konvektion auf einem rotierten Koordinatensystem ($\lambda_N = -170°\text{W}$, $\phi_N = 35°\text{N}$) verwendet, wobei als Zeit–Integrationsschema ebenfalls das Runge–Kutta–Verfahren dient (Zeitschritt: 150 s). CoastDatII ist der Nachfolger des CoastDatI–Laufs, der als regionales Modell REMO (REgionales KlimaMOdell[12]) verwendet hat und nur eine Auflösung von etwa 50 km besitzt.

CCLM–Konsortialläufe

Die sogenannten CCLM–Konsortialläufe, zukünftig als CCLM–KL bezeichnet, wurden im Auftrag des Bundesministeriums für Bildung und Forschung (BMBF) durchgeführt und unter Koordination der BTU Cottbus und der Verantwortung der Gruppe Modelle und Daten (M&D) am Deutschen Klimarechenzentrum (DKRZ) in Hamburg durchge-

---

[11]   http://www.coastdat.de
[12]   http://remo-rcm.de/

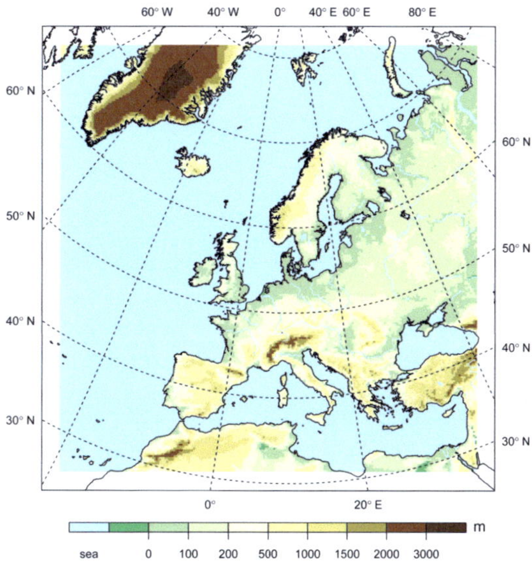

Abb. 3.6.: Modellgebiet von CoastDatII (Geyer, 2012, persönliche Kommunikation).

führt. In der CERA[13]–Datenbank stehen sie zur freien Verfügung zum Herunterladen bereit.

Mit COSMO–CLM 3.1 wurden die Simulationen für Europa (Abb. 3.7) durchgeführt (Hollweg et al., 2008), wobei Deutschland davon nur 7,8% der Fläche einnimmt. Insgesamt hat das Modellgebiet 257×271 Gitterpunkte, was einer Größe von $4500 \times 5000\,\mathrm{km}^2$ entspricht. Ohne Relaxationszone hat das Modellgebiet nur noch 241×255 Gitterpunkte. Die Daten liegen auf einem rotierten Originalgitter (Datastream 2, D2) und auf einem geografischen Gitter (Datastream 3, D3) vor, wobei die horizontale Auflösung $0{,}165°$ ($\sim 18\,\mathrm{km}$, D2) beziehungsweise $0{,}2°$ (D3) beträgt. Der rotierte Nordpol liegt bei $\lambda_N = -162{,}0°\mathrm{W}$ und $\phi_N = 39{,}25°\mathrm{N}$ (siehe Abb. 3.3). Insgesamt hat die verwendete Modellkonfiguration 32 Schichten in einem skalierten σ–System, wobei 11 Schichten unterhalb $2000\,\mathrm{m}$ liegen. Die zeitliche Diskretisierung erfolgt mit dem Leap–Frog–Verfahren (Zeitschritt: $90\,\mathrm{s}$). Die Simulationsperiode umfasst den Zeitraum von 1960 bis 2100, wobei die Läufe durch das GCM ECHAM5/MPI–OM–Modell regionalisiert wurden. Insgesamt liegen drei Realisierungen (R1 – R3) für die nahe Vergangenheit (C20) und zwei (R1+R2) für die Zukunft vor, wobei ab 2001 zwei verschiedene SRES–

---

[13] Climate and Environmental Data Retrieval and Archive: http://cera-www.dkrz.de/

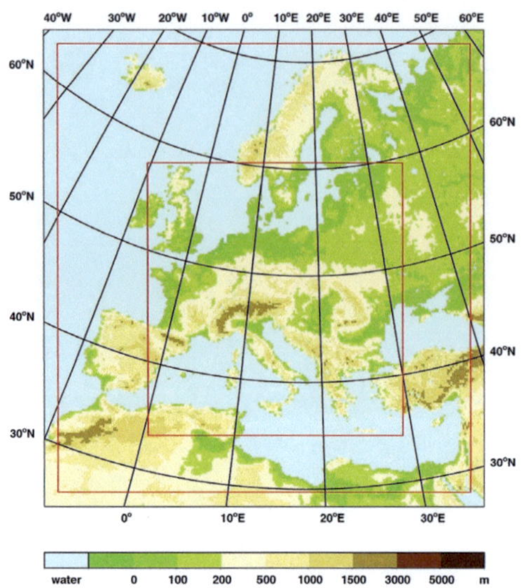

Abb. 3.7.: Modellgebiet der CCLM–KL: Der äußere rote Rahmen trennt die Relaxationszone vom eigentlichen Auswertegebiet, der innere rote Rahmen hat nur technische Bedeutung (Hollweg et al., 2008).

Szenarien verwendet wurden (A1B, B1). Eine Zusammenfassung aller in dieser Arbeit verwendeten Modelldaten inklusive der verwendeten Zeiträume findet sich in Tabelle 3.2. In Abbildung 3.8 ist zusammenfassend die Orografie der drei Datensätze für Deutschland dargestellt.

In der vorliegenden Arbeit ist zu berücksichtigen, dass die Konvektionsparameter CAPE und LI abhängig vom verwendeten Datensatz unterschiedlich berechnet werden: Während für die $CAPE_{100}$ der Radiosonde über die untersten 100 hPa gemittelt wurde, bedeutet die Variablenausgabe $CAPE_{ML}$ im COSMO eine Mittelung über die untersten 50 hPa (Leuenberger et al., 2010). In den CoastDatII–Daten ist die Modellvariable $CAPE_{CON}$ ein direktes Produkt aus dem Konvektionsschema nach Tiedtke. Sie ähnelt den bereits genannten Versionen, ist aber nicht mit diesen identisch. Der LI_B in den CoastDatII–Daten ist anhand der einzelnen meteorologischen Parameter mit dem gleichen Fortranprogramm wie bei den Radiosondendaten berechnet worden. Im Gegensatz dazu ist der LI_B im CCLM eine direkte Modellgröße. Für letztere wird als Startniveau für die Hebungskurve das erste Modellniveau verwendet, das nicht exakt den interpolierten Werten in 2 m entspricht, sondern geringfügig höher liegt.

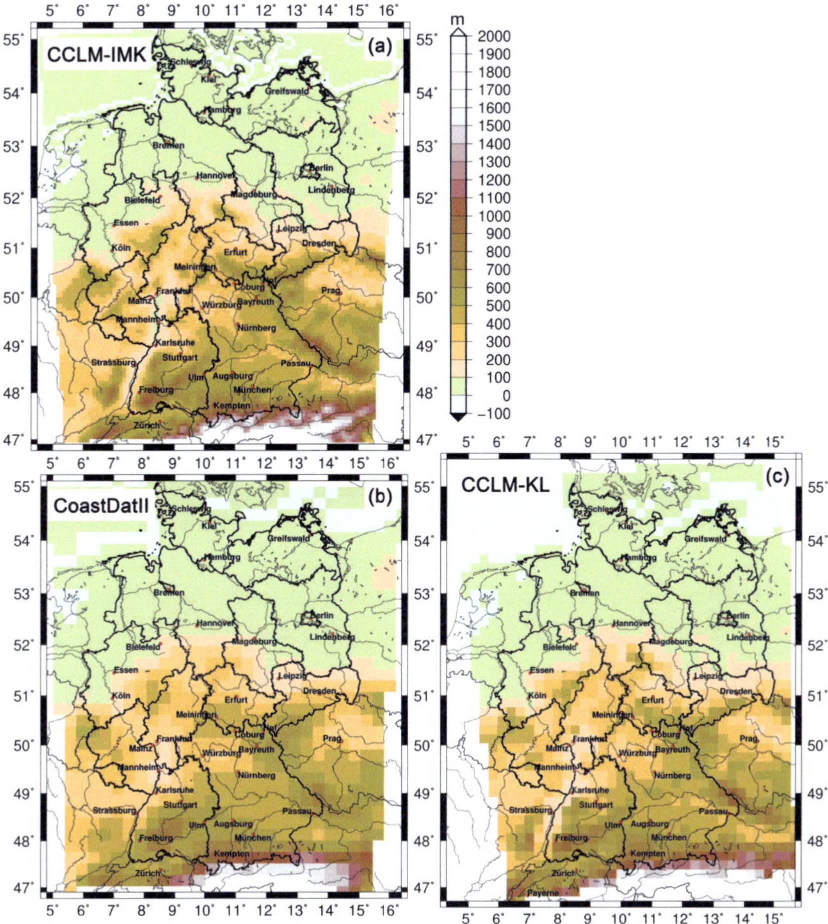

Abb. 3.8.: Modellorografie des (a) CCLM–IMK (0,065°), (b) CoastDatII (0,22°) und (c) CLM–KL (0,165°).

Tab. 3.2.: Übersicht der verwendeten Modelldatensätze hinsichtlich globalen Antriebs, Zeitraums, Zukunftsszenarios und der horizontalen Auflösung.

Modell	Antrieb	Zeitraum	Szenario	Auflösung
CCLM–IMK	E40	1971 – 2000	–	0,065° ($\sim$ 7 km)
	E5, R1 – R3	1971 – 2000	–	
	E5, R1 – R3	2011 – 2050	A1B	
	CC3	1971 – 2000	–	
	CC3	2001 – 2050	A1B	
CoastDatII	NCEP1	1951 – 2010	–	0,22° ($\sim$ 24 km)
CCLM–KL (D2)	E5, R1+R2	1971 – 2000	–	0,165° ($\sim$ 18 km)
	E5, R1+R2	2021 – 2050	A1B, B1	

3.3. Blitz Informationsdienst von Siemens (BLIDS)

Zur Filterung der Versicherungsdaten werden Blitzdaten des kommerziellen **BL**itz **I**nformations–**D**iensts von **S**iemens (BLIDS) der Siemens AG[14] in Karlsruhe verwendet. Die Ortung der Blitze beruht auf zwei Messprinzipien:

- Laufzeitmessung: Nach der Entladung breitet sich das elektromagnetische Signal mit Lichtgeschwindigkeit c aus. Stabantennen, die über GPS zeitlich synchronisiert sind, messen zu unterschiedlichen Zeiten das ankommende Signal, sodass durch die Differenzen der genaue Erstladungsort bestimmt werden kann.

- Kreuzpeilung: Die Messantennen sind in der Lage, die Richtung des ankommenden Blitzsignals zu messen. Anhand weiterer Antennen kann anschließend auf den Erstladungsort geschlossen werden.

Da die Messantennen (derzeit ca. 15 Stationen in Deutschland) eine Synchronisationszeit von etwa $\Delta t = 10^{-6}$ s haben und sich der elektromagnetische Impuls mit $c \approx 3 \cdot 10^{8}$ m s^{-1} ausbreitet, kann das System mit einer Genauigkeit von etwa 300 m messen (Damian, 2011).

Die Daten, die Informationen über den Ort, die Zeit und Charakteristik (Stärke, Art und Polarität) enthalten, werden von 1992 – 2000 verwendet, wobei nur Wolken–Boden–Blitze berücksichtigt werden. Bereits durchgeführte Arbeiten zeigen eine hohe jährliche Variabilität der Blitzereignisse und eine hohe räumliche Variabilität der mittleren jährlichen Blitzdichten (siehe Abb. 3.9; Damian, 2011).

---

[14] http://www.blids.de

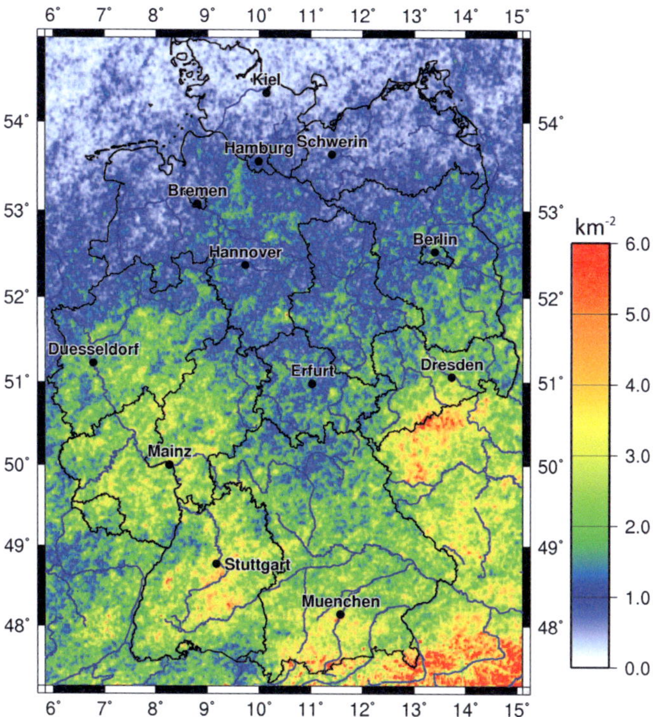

Abb. 3.9.: Mittlere jährliche Blitzdichte in Deutschland (2000 – 2009; Damian, 2011).

3.4. Schadendaten von Versicherungen

Aufgrund ihrer geringen lokalen Ausdehnung sind Hagelereignisse durch das meteorologische Messnetz des DWD nicht ausreichend erfasst. Außerdem stehen in Deutschland bisher auch keine geeigneten Messgeräte für Hagel zur Verfügung[15]. Datenbanken mit Beobachtungen von Unwetterereignissen, wie beispielsweise die ESWD (Dotzek et al., 2009), haben sich leider erst in den letzten fünf Jahren etabliert, sodass dort die Meldungen noch sehr lückenhaft und somit für statistische Auswertungen ungeeignet sind. Schadendaten von Versicherungen, wie sie dem IMK zur Verfügung gestellt wurden, lie-

---

[15] Zukünftig ist vom IMK–TRO geplant, erste Messstationen der Landesanstalt für Umwelt, Messungen und Naturschutz (LUBW) in Baden–Württemberg mit Hagelsensoren (HaSe; siehe Löffler-Mang et al., 2011) auszustatten. Das Messgerät ist in der Lage, über die Messung von Schallwellen mit kleinen Piezomikrofonen in einem wetter- und UV–beständigen Gehäuse aus Makrolon auf Hagel inkl. seinem Durchmesser zu schließen.

Tab. 3.3.: ANELFA–Skala für verschiedene Hagelintensitäten nach Dessens et al. (2007).

Klasse	maximaler Durchmesser [cm]	Äquivalent	kinetische Energie [J m²]	typische Schäden
A0	< 1	Erbse	$0-30$	Verkehrsunfälle, Schäden an Blüten
A1	$1-1,9$	Traube, Murmel, Kirsche	$30-100$	Schäden an Wein, Obst & Tabak
A2	$2-2,9$	Taubenei	$100-400$	schwere Schäden an Getreide, Gemüse & Bäumen
A3	$3-3,9$	Walnuss, Tischtennisball	$400-800$	Totalschaden an Feldfrüchten, Fenster- & Glasbruch, PKW–Schäden
A4	$4-4,9$	Hühnerei, Golfball	> 800	Winterlandschaft, getötete Tiere, Verletzungen bei Menschen, Schäden an Flugzeugen
A5	≥ 5	Orange, Pfirsich, Apfel, Tennisball		extrem gefährlich, Tod ungeschützter Personen

gen dagegen oft flächendeckend und über einen längeren Zeitraum vor. Elementarschadendaten (Gebäude) lassen Rückschlüsse auf schwere Hagelereignisse ab einem Korndurchmesser von 2 bis 2,5 cm (Stucki und Egli, 2007) zu, während hingegen Schäden in der Landwirtschaft bereits bei wenigen Millimetern auftreten. Tabelle 3.3 zeigt eine Zusammenfassung einer Hagelschadenklassifizierung nach der ANELFA–Skala (Association National d'Etude et de Lutte contra les Fléaux Atmosphériques) von Dessens et al. (2007). Sie wurde nach dem Modell der Fujita–Skala für Tornados (Fujita, 1971) entwickelt und basiert auf mehr als 3 000 Hagelereignissen, die in Frankreich über einen Zeitraum von 16 Jahren gemessen wurden.

3.4.1. Schadendaten der SV Sparkassenversicherung (SV)

Die SV SparkassenVersicherung Holding AG[16] (nachfolgend abgekürzt mit SV) ist bundesweit Marktführer der Gebäudeversicherungen gegen Elementarschäden wie Sturm, Hagel, Hochwasser, Überschwemmung, Schneedruck und Erdbeben (Abb. 3.10). Nach eigenen Angaben versichert sie derzeit rund zwei Drittel der Gebäude in Baden–Württemberg und hat darüber hinaus seit einigen Jahren durch mehrere Fusionen einen hohen Anteil auch in Hessen und Thüringen. Zwischen 1960 und 1994 herrschte in Baden–Württemberg eine Gebäudeversicherungspflicht, die im Zuge der Liberalisierung des Versicherungsmarkts im Jahre 1994 abgeschafft wurde. Die sich damals in Län-

---

[16] http://www.sparkassenversicherung.de

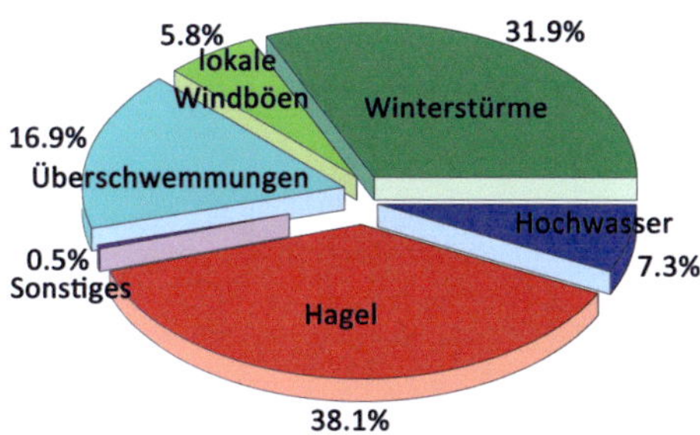

Abb. 3.10.: Verteilung der Elementarschäden an Gebäuden der SV für Baden–Württemberg (1986 – 2008).

derbesitz befindlichen Gebäudeversicherungsanstalten wurden privatisiert und somit die Monopolstruktur aufgelöst (Kuhn et al., 2008).

Für die vorliegende Arbeit liegen die Daten seit 1986 vor. Sie wurden auf das Jahr 2010[17] inflationsbereinigt und mit Hilfe eines Quotienten aus der mittleren Anzahl der Verträge und der Verträge pro Jahr korrigiert, um die jährliche Variabilität des Portfolios, insbesondere die Abnahme der Verträge nach 1994 und den Anstieg in 2005 aufgrund einer Fusion der Sparkassenversicherer in Baden–Württemberg, Hessen, Thüringen und Teilen von Rheinland–Pfalz, zu berücksichtigen (siehe Abb. 3.11). Abhängig vom Schadentag werden die Anzahl der Schadenmeldungen und die daraus resultierenden Scha-

---

[17] Für das Kapitel 4 standen die Daten nur von 1986 – 2008 zur Verfügung und wurden auf das Jahr 2008 inflationsbereinigt.

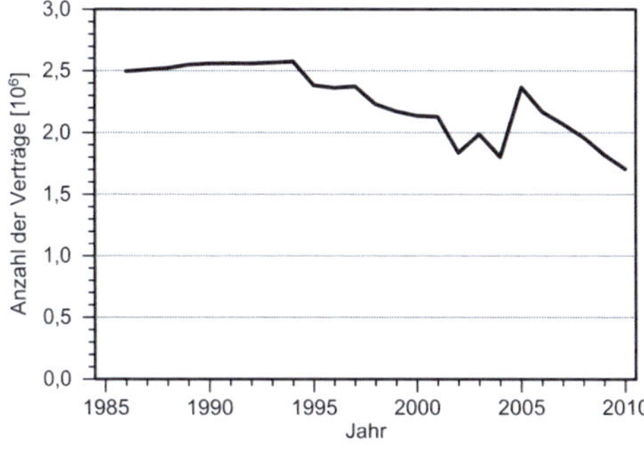

Abb. 3.11.: Anzahl der Verträge der SV für Baden–Württemberg (1986 – 2010).

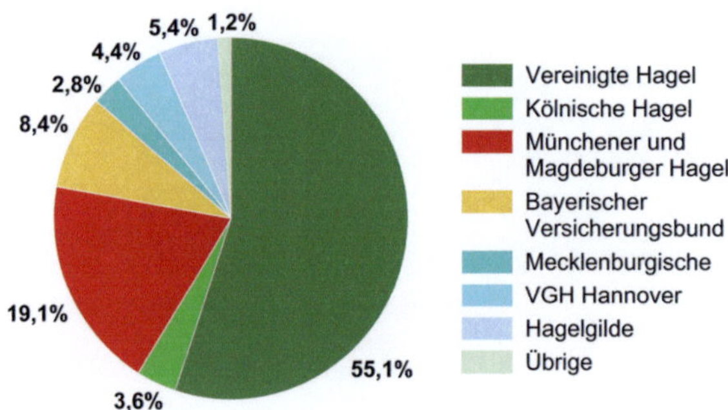

Abb. 3.12.: Anteil der Hagelversicherer in der Landwirtschaft an der versicherten deutschen Agrarfläche im Jahr 2010 (nach VH, 2010).

densummen für jedes 5–stellige Postleitzahlengebiet aufgelistet (weitere Informationen siehe Puskeiler, 2009).

Problematisch ist, dass die Gebäudeschadendaten von verschiedenen Faktoren abhängig sind. So wird die Schadenhöhe von der Anzahl der Hagelkörner, der vorherrschenden Windgeschwindigkeit und der Art und Größe der Gebäude beeinflusst. Die Anzahl der Schadenmeldungen wird insbesondere durch die Vulnerabilität (Schadenanfälligkeit) der Bauwerke und die Bebauungsdichte in einer Region beeinflusst. Außerdem weisen neuere Gebäude beispielsweise mit Solaranlagen, Wintergärten und Dachfenstern sowie moderne Baumaterialien eine größere Schadenanfälligkeit auf als ältere (vermehrt Metall- und Kunststoffelemente mit zu geringem Hagelwiderstand; Stucki und Egli, 2007).

3.4.2. Schadendaten der Vereinigten Hagel (VH)

Nach dem Zusammenschluss der Norddeutschen Hagel und der Leipziger Hagel 1993 ist die neu entstandene Vereinigte Hagel VVaG (nachfolgend abgekürzt mit VH)[18] Deutschlands größte Landwirtschaftsversicherung und deckt zusammen mit ihrem Partner Kölnische Hagel ungefähr 60% der versicherten Agrarflächen in Deutschland ab (siehe Abb. 3.12), europaweit sind es um die 4,8 Mio. Hektar. Die Versicherungssumme im Jahr 2011 belief sich auf 8,4 Mrd. € (Stand: Oktober 2012).

---

[18]   http://www.vereinigte-hagel.net/

Für die vorliegende Arbeit liegen die Daten von 2001 bis 2009 vor. Abhängig von einer Feldmark[19] werden Schadentage aufgelistet, deren Schäden ausbezahlt worden sind. Dabei wird jedes einzelne Ereignis durch einen geschulten Sachverständigen geprüft und die Schadenquote ermittelt.

Ähnlich wie die SV Daten weisen die VH Daten Unsicherheiten über die Detektion und Stärke von Hagelereignissen auf. So ergibt sich im Zusammenhang mit starken Windböen ein wesentlich größerer Schaden. Ebenso spielt die Dauer eines Hagelschauers eine wesentliche Rolle. Die verschiedenen Obstkulturen oder Getreidesorten unterliegen einer variierenden Schadenanfälligkeit, die insbesondere von dem Reifestadium und der Jahreszeit abhängig ist. Beispielsweise sind Getreidesorten in der Blütezeit im Frühsommer sehr gefährdet, während hagelempfindliche Obstbaukulturen wie Kernobst (Äpfel und Birnen) im Spätsommer anfälliger sind. Die Weinrebe dagegen gehört zu den Kulturen, die der Gefahr eines Hagelschlags am längsten ausgesetzt sind. Außerdem ist es möglich, dass bereits nach dem ersten Hagelereignis in einem Jahr ein Totalausfall der Ernte vorliegt, sodass anschließend eine Registrierung eines weiteren Ereignisses in diesem Gebiet nicht mehr möglich ist.

3.4.3. Statistische Merkmale der Schadendaten

Derzeit ist nach den SV Schadendaten Hagel, gefolgt von Winterstürmen, mit circa 38% die Hauptschadenursache an Gebäuden in Baden–Württemberg (Abb. 3.10). Insgesamt wurden von 1986 bis 2010 493 Hagelschadentage registriert. Dies entspricht ungefähr 20 schadenrelevanten Tagen pro Jahr. Dabei wird ein Hagelschadentag definiert, wenn mindestens 10 Schadenmeldungen ausbezahlt wurden. Abbildung 3.13 zeigt über den gesamten betrachteten Zeitraum einen Anstieg der Schadentage um insgesamt $24{,}4 \pm 10{,}3$ Tage. Während anfänglich etwa 8 Schadentage pro Jahr verzeichnet wurden, ist die Anzahl in den letzten Jahren auf über 30 Tage pro Sommerhalbjahr angestiegen. Der treppenförmige Anstieg ist unter anderem eine Folge einer gestiegenen Vulnerabilität der Gebäude. Inwiefern atmosphärische Veränderungen ihren Beitrag leisten, soll in der vorliegenden Arbeit geklärt werden.

Die monatliche Verteilung von Hagel nach den SV Daten ähnelt anderen Studien in Europa (Webb et al., 2001; Hohl et al., 2002; Fraile et al., 2003; Giaiotti et al., 2003; Sioutas et al., 2009; Tuovinen et al., 2009). So zeigen sowohl die Anzahl der Ha-

---

[19] Feldmarkt definiert eine Fläche, der alle Gebiete wie Äcker, Wälder, Weiden, Wiesen, etc. in einer Gemeinde zugeordnet werden.

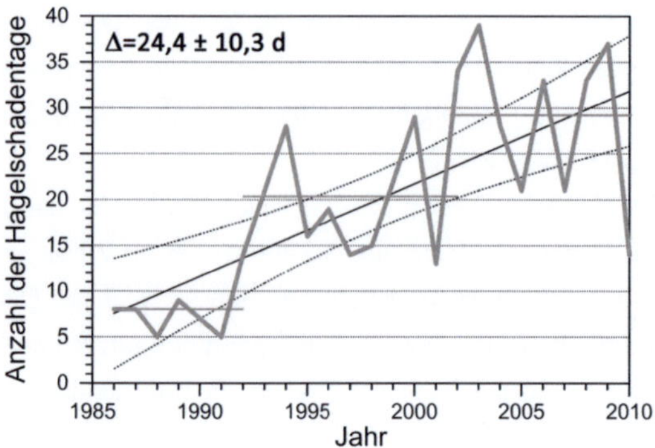

Abb. 3.13.: Anzahl der Hagelschadentage pro Jahr nach der SV in Baden–Württemberg (1986–2010).

gelschadentage (Abb. 3.14, links) als auch die daraus resultierenden Schadensummen (Abb. 3.14, mitte) den Juli als schadenrelevantesten Monat auf. Zusammen mit dem Monat Juni werden 60% der Hagelschadentage in den beiden Monaten registriert, während die Schadensumme sogar 75% der Gesamtschadensumme ausmacht. Der Durchschnittsschaden liegt bei 1100 € (ohne einen Selbstbehalt von derzeit 200 €).

Die Schadendaten der VH verzeichnen von 2001 bis 2009 deutschlandweit 935 Hagelschadentage in der Landwirtschaft. Obwohl der Zeitraum wesentlich kürzer ist, entsteht dieser dominante Unterschied zu der Anzahl der Hagelschadentage der SV aufgrund

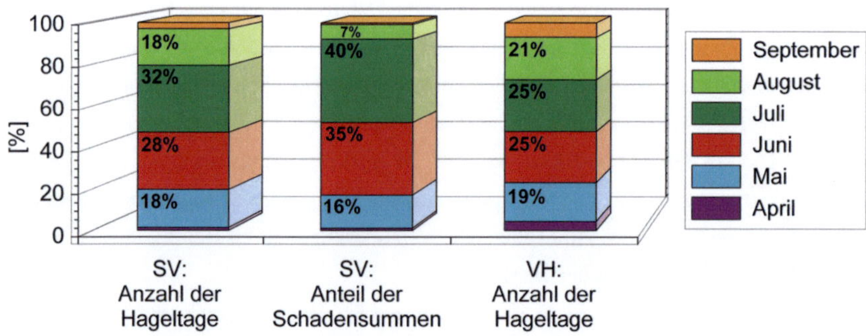

Abb. 3.14.: Prozentuale monatliche Verteilung der Hagelschadentage (links) und der daraus resultierenden Schadensummen (mitte) anhand der SV Daten in Baden–Württemberg (1986–2010). Prozentuale monatliche Verteilung der Hagelschadentage für den Zeitraum von 2001–2009 anhand der VH Daten (rechts).

einer höheren Schadenanfälligkeit und dem rund 10 mal so großen Gebiet. Den Daten der VH zufolge kommt es durchschnittlich an 104 Tagen (d.h. 57%) in Deutschland zu Hagel. Die Anzahl der Hagelschadentage nur im Umkreis von 100 km um jede der sieben Radiosondenstationen zeigt, dass neben Stuttgart ($\sum$ 463) in der Nähe von Essen ($\sum$ 401) die meisten Hagelschadentage beobachtet werden. Nahe der zwei nordwestlichen Stationen (Schleswig und Greifswald) ereignen sich im Gegensatz dazu etwa 100 Schadentage im selben Zeitraum. Ein Rückschluss auf die Schwere der Hagelereignisse ist allerdings anhand der Daten nicht möglich.

Nach der deutschlandweiten monatlichen Verteilung der Hagelereignisse der VH Daten (Abb. 3.14, rechts) sind die beiden hagelintensivsten Monate ebenfalls Juni und Juli. Allerdings ergibt sich eine etwas andere Häufigkeitsverteilung. So treten im April und September mehr Hageltage auf als nach den SV Daten.

4. Geeignete meteorologische Parameter zur Identifikation von Hagelereignissen

Da bisher in Deutschland lange Zeitreihen von Hagelereignissen nicht vorliegen, ist eine direkte Trendanalyse dieser Phänomene über mehrere Jahrzehnte nicht möglich. In der vorliegenden Arbeit wird deshalb auf Proxydaten zurückgegriffen, für die lange Messreihen vorliegen und die somit statistisch ausgewertet werden können. Zunächst wird untersucht, welche meteorologischen Parameter den besten Zusammenhang zu Hagelereignissen aufweisen. Mit Hilfe der in Kapitel 2.2.1 beschriebenen mathematischen Verfahren (Kontingenztabelle) wird ein Zusammenhang zwischen den meteorologischen Größen, insbesondere den aus Radiosondendaten berechneten Konvektionsparameter und -indizes (KPs), und Versicherungsschadendaten (Ereignis) hergestellt. In den SV Daten wird ein Hageltag definiert, wenn im Umkreis von 100 km (siehe Diskussion in Kap. 2.1.3) um die Radiosondenstation Stuttgart mindestens 10 Schadenmeldungen eingegangen sind. Mittels der Daten der VH erfolgt die Definition eines Hageltags bereits ab einem Ereignis im Umkreis von 100 km um die jeweilige Station in Deutschland, da jedes Ereignis durch einen Sachverständigen vor Ort überprüft wurde. Basierend auf einer 2×2 Kontingenztabelle werden für die verschiedenen Größen die Schwellenwerte für ein Hagelereignis und ihre dazugehörigen Genauigkeits- (POD, FAR, CSI) und Qualitätsmaße (HSS, TSS) bestimmt.

4.1. Vergleich zwischen Konvektionsparametern und Schadendaten

Schadendaten der SV

Insgesamt werden in den SV Daten über die 23 Jahre (1986 – 2008) 377 Hageltage detektiert, was durchschnittlich 16,4 Ereignissen pro Jahr entspricht. Abbildung 4.1 zeigt exemplarisch die Verteilungen von POD, FAR und HSS für zwei Versionen der CAPE an der Station Stuttgart. Sowohl für $CAPE_B$ als auch $CAPE_{100}$ nehmen die Werte der POD und FAR mit zunehmender konvektiver Energie in der Atmosphäre ab. Mit Hilfe des HSS wird ein geeigneter Schwellenwert zur Unterscheidung zwischen Hagel- und

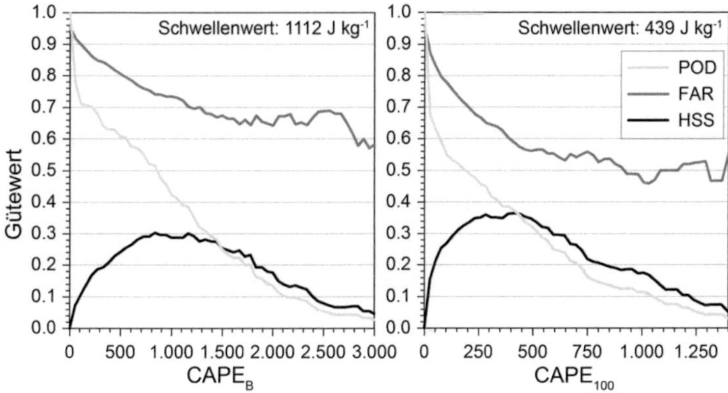

Abb. 4.1.: Gütewerte als Funktion von $CAPE_B$ (links) und $CAPE_{100}$ (rechts), validiert gegenüber SV Daten innerhalb von 100 km um die Radiosondenstation Stuttgart (1986–2008).

Nicht–Hageltagen bestimmt. Wie Abbildung 4.1 zeigt, kann dieser eine Art Plateau am Wendepunkt erreichen. Daher wird zur Festlegung des Schwellenwerts (SW) zusätzlich die FAR berücksichtigt:

$$SW = \max\{HSS \pm 0,04\} \cap \min\{FAR\} \quad . \qquad [4.1]$$

Nach dieser Definition ergibt sich für $CAPE_B$ und $CAPE_{100}$ ein Schwellenwert von $1112\,J\,kg^{-1}$ beziehungsweise $439\,J\,kg^{-1}$. In Tabelle 4.1 sind die Ergebnisse für verschiedene meteorologische Parameter, insbesondere von KPs, an der Station Stuttgart zusammengefasst und nach dem HSS sortiert. Die Ergebnisse stimmen recht gut mit den Studien von Kunz (2007) für Hagelereignisse sowie von Haklander und van Delden (2003) und Pineda und Aran (2011) für Gewitterereignisse überein. In allen Arbeiten wird die gemittelte Version des LI als bester Gewitter-/Hagelprädiktor identifiziert. Ebenfalls liefern verschiedene Versionen der CAPE gute Ergebnisse. Geringfügige Abweichungen zu den Schwellenwerten und Gütewerten von Kunz (2007) ergeben sich in erster Linie durch einen größeren Radius um die Radiosondenstation (100 km anstatt 75 km) und durch einen größeren verfügbaren Datensatz (+ 8 Jahre).

Allgemein zeigen in Tabelle 4.1 die KPs mit gemittelten Startwerten für die Berechnung der Hebungskurve leicht höhere Werte des HSS als die Versionen, bei denen die Startwerte allein auf den bodennahen Werten $(T_B, T_{d,B})$ basieren (CAPE, LI, DCI, SWP).

Tab. 4.1.: Meteorologische Parameter inklusive ihrer hagelrelevanten Schwellenwerte und Gütewerte (HSS, TSS, POD, FAR, CSI), basierend auf den SV Daten (1986 – 2008) und sortiert nach dem HSS.

Parameter	Schwellenwert	HSS	TSS	POD	FAR	CSI
LI_{100}	$\leq -1{,}6$ K	0,39	0,33	0,35	0,44	0,27
$CAPE_{100}$	≥ 439 J kg^{-1}	0,35	0,26	0,28	0,41	0,24
$CAPE_{10}$	≥ 721 J kg^{-1}	0,34	0,29	0,32	0,51	0,24
LI_B	$\leq -3{,}6$ K	0,34	0,31	0,36	0,57	0,24
PII	$\geq 1{,}7$ K km^{-1}	0,34	0,29	0,32	0,53	0,24
DCI_B	$\geq 26{,}6$ K	0,34	0,29	0,32	0,54	0,24
DCI_{100}	$\geq 24{,}6$ K	0,34	0,29	0,32	0,53	0,24
$\Delta\theta_E$	$\geq 6{,}2$ K	0,33	0,28	0,32	0,55	0,23
SWP_{100}	≥ 2733 m^3 s^{-3}	0,32	0,25	0,26	0,45	0,22
$CAPE_{CCL}$	≥ 1978 J kg^{-1}	0,31	0,25	0,27	0,50	0,21
$CAPE_{mul}$	≥ 1057 J kg^{-1}	0,30	0,29	0,34	0,62	0,22
$CAPE_B$	≥ 1112 J kg^{-1}	0,30	0,27	0,32	0,61	0,21
KO	$\leq -6{,}3$ K	0,29	0,26	0,30	0,61	0,20
SHOW	$\leq -0{,}4$ K	0,28	0,22	0,25	0,54	0,19
SWP_B	≥ 7925 m^3 s^{-3}	0,27	0,23	0,26	0,59	0,19
K_{mod}	$\geq 39{,}3$ K	0,24	0,22	0,26	0,66	0,17
CIN_{100}	$\geq -35{,}47$ J kg^{-1}	0,19	0,20	0,27	0,14	0,77
T_B	$\geq 26{,}89$°C	0,19	0,16	0,20	0,14	0,71
$T_{d,B}$	$\geq 15{,}8$°C	0,23	0,22	0,27	0,69	0,17
SWISS12	$\leq -1{,}3$	0,18	0,19	0,26	0,76	0,14
VT	$\geq 28{,}5$ K	0,17	0,20	0,30	0,79	0,14
TT	$\geq 50{,}9$ K	0,14	0,16	0,25	0,81	0,12
T_{ausl}	$\geq 29{,}81$°C	0,13	0,19	0,34	0,12	0,84
SWEAT	≥ 231	0,11	0,09	0,12	0,77	0,09
WSh_{0-6}	$\geq 7{,}1$ m s^{-1}	0,00	0,01	0,82	0,08	0,92
CIN_S	$\geq -0{,}12$ J kg^{-1}	$-0{,}01$	$-0{,}02$	0,00	12,28	0,74

Lediglich beim DCI ist der Unterschied für die beiden Versionen vernachlässigbar. Somit hat die CAPE$_{100}$, bei der der mögliche Einfluss durch eine überadiabatische Schichtung am Boden eliminiert wird und somit die Werte beziehungsweise der Schwellenwert niedriger sind, einen besseren Skill Wert (HSS $= 0{,}35$) als die CAPE$_B$ (HSS $= 0{,}30$). Eine modifizierte Version der CAPE nach Manzato (2003), bei der nur bis in die Höhe von -15°C integriert wird, zeigt keine Zunahme des HSS.

Drei der Parameter, die kinematische Eigenschaften berücksichtigen, zeigen mit die niedrigsten Werte des HSS (SWISS12, SWEAT, WSh$_{0-6}$). Allein der SWP weist eine bessere Güte zur Bestimmung eines Hagelereignisses auf. Allerdings wird der Parameter sehr durch die hohen Werte des HSS bei der CAPE dominiert. Im Vergleich wird deutlich, dass die Kombination mit der Windscherung (WSh$_{0-6}$) keine wesentliche Verbesserung zur CAPE allein bringt. In beiden Fällen ist der HSS des SWP um 0,03 niedriger als der der dazugehörigen CAPE.

Hinsichtlich des theoretischen Konzepts, dem die KPs unterliegen, wird deutlich, dass Parameter, die die latente Instabilität berücksichtigen, am relevantesten für das Auftreten von Hagelereignissen sind (CAPE, LI, DCI) gefolgt von der potentiellen Instabilität, repräsentiert durch PII, $\Delta\theta_E$ und KO. Bedingte Labilität, hier nur durch den VT ausgedrückt, scheint dagegen eine untergeordnete Rolle zu spielen. Einzelne meteorologische Basisparameter wie die Auslösetemperatur T_{ausl}, T_B, $T_{d,B}$ und die Windscherung WSh_{0-6} scheinen ebenfalls zur Bestimmung von Hagel ungeeignet zu sein.

Um die Stabilität der Ergebnisse zu validieren, wird die Auswertung auf unterschiedliche Datensätze angewendet: (i) kürzere Zeitreihen, um den Effekt von Inhomogenitäten in den Datenreihen zu berücksichtigen (vgl. dazu Kap. 5.1), (ii) Zeitreihen, die Kaltfrontdurchgänge berücksichtigen (detektiert durch die Abnahme der pseudopotentiellen Temperatur θ_e von mehr als 10 K), (iii) Ereignisse, die in einem kleineren Gebiet um die Radiosondenstationen liegen, und (iv) Schadendaten der VH (siehe unten), um die Unsicherheiten der SV Daten zu beachten. Insgesamt ist der Einfluss der ersten drei Variationen gering. So bleiben sowohl die Reihenfolge der KPs als auch die Wahl des optimalen Schwellenwerts relativ robust und bestätigen die in Tabelle 4.1 dargestellten Ergebnisse. In Erweiterung der Arbeit von Kunz (2007) wurde der HSS für verschiedene Kombinationen der einzelnen Parameter berechnet, umso die Diagnostik eines Ereignisses zu verbessern (nicht gezeigt). Jedoch ergab sich keine Verbesserung der Qualitätsmaße (insbesondere für die Kombination CAPE und CIN), sodass dies hier nicht weiter berücksichtigt wird.

Viele Studien in den Vereinigten Staaten zeigen, dass schwere Gewitterstürme sowohl mit einer hohen CAPE als auch einer großen Windscherung zwischen dem Boden und 6 km über Grund zusammenhängen (Craven et al., 2002; Brooks et al., 2003; Craven und Brooks, 2004; Brooks et al., 2007). Auch Studien in Europa zeigen diesen Zusammenhang, der insbesondere für die Unterscheidung in der Stärke von Tornados hilfreich ist (Groenemeijer und van Delden, 2007; Kaltenböck et al., 2009). Ähnlich wie bei Brooks et al. (2003) sind in dem Streudiagramm der Abbildung 4.2 $CAPE_{100}$ und WSh_{0-6} an Hagelschadentagen nach der SV gegeneinander aufgetragen. Anhand der Schadenfrequenz[1] wird zwischen verschiedenen schweren Ereignissen unterschieden. Es wird deutlich, dass eine hohe Windscherung nur den Bereich von wirklich schadenintensiven

---

[1] Quotient aus der Anzahl der Schadenmeldungen und der Anzahl der vorhandenen Verträge pro PLZ–Gebiet.

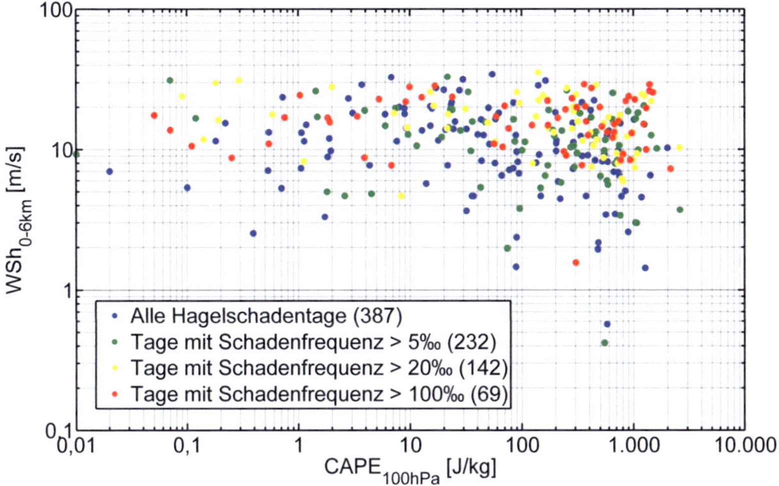

Abb. 4.2.: Streudiagramm zwischen CAPE$_{100}$ und zugehöriger WSh$_{0-6}$ (Station Stuttgart) an verschiedenen schweren Hagelschadentagen nach der SV. In Klammern ist die Anzahl der Ereignisse angegeben.

Ereignissen (Schadenfrequenz > 100‰, rot) von anderen Ereignissen trennt. Schwächere Hageltage können dagegen auch bei einer geringen Scherung auftreten. Dies ist ein Grund für den geringen HSS des SWP in Tabelle 4.1. Bei Berücksichtigung der NICHT–Ereignisse zeigt sich, dass eine hohe Windscherung verbunden mit geringen Werten der CAPE in der Regel für ein Ereignis nicht ausreichend ist.

Schadendaten der VH

Aufgrund der saisonalen Abhängigkeit der landwirtschaftlichen Schäden (siehe Kap. 3.4) und weil $50-70\%$ der Hagelschadentage um die jeweiligen Radiosondenstationen im Juni und Juli liegen, beschränkt sich die kategorische Verifikation auf die sieben Stationen für diese beiden Monate. Jedoch ist zu berücksichtigen, dass eine hohe räumliche Variabilität in der Anzahl der Hagelschadentage pro Station vorliegt.

Abbildung 4.3 zeigt exemplarisch den HSS und die zugehörigen Schwellenwerte für die beiden Versionen der CAPE an allen sieben aerologischen Stationen in Deutschland. Zum Vergleich sind auch die Ergebnisse für die SV Daten nahe Stuttgart im Juni und Juli angegeben. Im Gegensatz zu Tabelle 4.1 ist CAPE$_B$ im Raum Stuttgart für beide

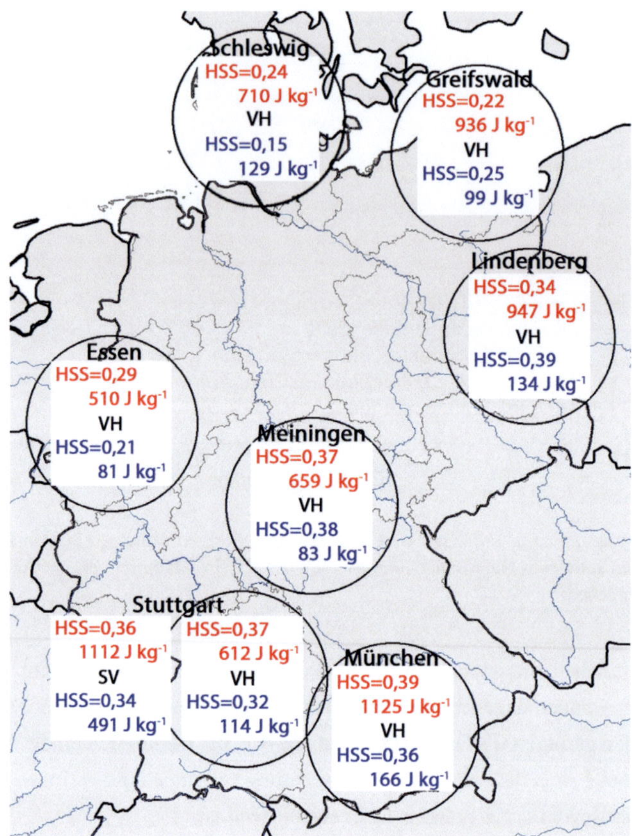

Abb. 4.3.: HSS und SW für $CAPE_B$ (rot) und $CAPE_{100}$ (blau), basierend auf den SV (nur Stuttgart) und VH Daten für die Monate Juni und Juli. Die Teilbilder befinden sich innerhalb des Kreises, der den Erfassungsradius einer Radiosonde von 100 km repräsentiert.

Schadendatensätze hier der geeignetere Parameter, während der HSS der $CAPE_{100}$ in beiden Fällen niedriger ist. Für ganz Deutschland wird allerdings deutlich, dass nicht eindeutig unterschieden werden kann, ob für die Startwerte der Hebungskurve ein Mitteln in der untersten 100 hPa–Schicht vorteilhaft ist oder nicht. Abhängig von der Station zeigen $CAPE_B$ und $CAPE_{100}$ unterschiedliche Werte des HSS. An der Station Schleswig beispielsweise hat $CAPE_B$ einen um 0,09 höheren HSS im Vergleich zur $CAPE_{100}$. Ähnliche Ergebnisse ergeben sich auch für die beiden Versionen des LI, wobei die Unterschiede zwischen den HSS Werten geringer ausfallen. Ein deutschlandweiter Vergleich der Güte der beiden Parameter zeigt, dass beide CAPE–Versionen an der Station Lindenberg, Meiningen, Stuttgart und München einen HSS größer als 0,30 besitzen. An den anderen drei Radiosondenstationen weisen die beiden Parameter dagegen eine geringere Qualität zur Bestimmung eines Ereignisses auf.

Die Schwellenwerte der CAPE (SV Daten) für die Monate Juni und Juli sind ähnlich zu denen für das SHJ (vgl. Tabelle 4.1). Vergleicht man diese aber mit den Ergebnissen für die VH Daten, ergeben sich bis auf eine Ausnahme (München, $CAPE_B$) erheblich niedrigere Werte. Grund hierfür ist, dass die VH Daten auch wesentlich schwächere Ereignisse beinhalten, bei denen die Labilität in der Atmosphäre nicht so stark ausgeprägt sein muss. Des Weiteren zeigt sich eine erhebliche räumliche Variabilität der Schwellenwerte. An den Stationen Greifswald, Lindenberg und München sind diese für $CAPE_B$ am höchsten ($> 900\,\mathrm{J\,kg^{-1}}$), wobei an der Station München ein fast doppelt so hoher Wert als an Stuttgart berechnet wird. Die gemittelte CAPE hingegen zeigt die höchsten Schwellenwerte für Schleswig, Lindenberg und München. Räumliche Rückschlüsse können hier nicht gezogen werden.

Tabelle 4.2 fasst den HSS für die VH Daten der einzelnen KPs während der hagelintensivsten Monate für die deutschen Radiosondenstationen zusammen. Zum Vergleich werden in der ersten Spalte die Ergebnisse der SV Daten für die gleichen Monate aufgeführt. Letztere zeigen gegenüber Tabelle 4.1 für alle KPs einen höheren HSS (außer beim LI_{100}). Im Fall des VT bedeutet dies eine Verbesserung um 0,15. Dies ergibt sich insbesondere durch die Beschränkung auf den hagelintensivsten Zeitraum, indem die Auftretenswahrscheinlichkeit durch Fokussierung auf die Monate mit den meisten Ereignissen erhöht wird.

Abhängig vom Gebiet haben die KPs eine unterschiedliche Qualität zur Bestimmung von Hagelereignissen. Die drei südlichen Stationen Meiningen, Stuttgart und München, zeigen für die meisten KPs HSS Werte über 0,30 an, während dies in Schleswig und Greifswald fast nie erreicht wird. Daraus kann geschlossen werden, dass im nördlichen Teil, insbesondere mit maritim geprägtem Klima, die Stabilitätsbedingungen in der Atmosphäre als Auslöser von Hagel eine geringere Rolle spielen. Im Gegensatz zu den Ergebnissen in Süddeutschland, wo insbesondere KPs, die latente Labilität ausdrücken, bedeutend sind, zeigen sich an der Station Schleswig der TT (HSS $= 0{,}32$) und VT (HSS $= 0{,}25$) als am besten geeignete Prädiktoren. Beide geben die Bedingungen der bedingten Labilität wieder. Tabelle 4.3 fasst die zu Tabelle 4.2 zugehörigen Schwellen-

Tab. 4.2.: Hagelrelevante KPs sortiert nach dem HSS, basierend auf den SV (Stuttgart) und VH Schadendaten im Juni und Juli.

| SV Stuttgart | | VH Stuttgart | | VH Schleswig | | VH Greifswald | | VH Lindenberg | | VH Essen | | VH Meiningen | | VH München | |
KP	HSS	KP	HSS	KP	HSS	KP	HSS	KP	HSS	KP	HSS	KP	HSS	KP	HSS
DCI_{100}	0,42	SHOW	0,42	TT	0,32	K_{mod}	0,29	SWP_{100}	0,44	TT	0,36	LI_B	0,44	LI_{100}	0,42
LI_B	0,41	LI_{100}	0,41	SHOW	0,26	LI_{100}	0,28	SWP_B	0,41	LI_{100}	0,31	SWP_B	0,42	SWP_B	0,42
PII	0,41	PII	0,40	VT	0,25	SHOW	0,27	$CAPE_{100}$	0,39	LI_B	0,30	LI_{100}	0,42	LI_B	0,42
$\Delta\theta_E$	0,40	LI_B	0,39	$CAPE_B$	0,24	$CAPE_{100}$	0,25	LI_B	0,38	SHOW	0,30	SHOW	0,40	TT	0,41
DCI_{100}	0,39	KO	0,38	LI_B	0,23	LI_B	0,24	LI_{100}	0,37	$CAPE_B$	0,29	PII	0,39	SHOW	0,40
LI_{100}	0,39	$CAPE_B$	0,37	LI_{100}	0,23	SWP_B	0,24	$CAPE_B$	0,34	K_{mod}	0,28	DCI_{100}	0,38	$\Delta\theta_E$	0,40
KO	0,36	K_{mod}	0,37	SWISS12	0,23	TT	0,23	VT	0,31	KO	0,28	VT	0,38	K_{mod}	0,39
$CAPE_B$	0,36	VT	0,37	K_{mod}	0,20	SWP_{100}	0,22	K_{mod}	0,30	SWP_B	0,28	KO	0,38	$CAPE_B$	0,39
SWP_B	0,35	$\Delta\theta_E$	0,37	SWP_B	0,20	$CAPE_B$	0,22	SHOW	0,30	VT	0,27	$CAPE_{100}$	0,38	VT	0,38
SWP_{100}	0,35	TT	0,37	SWP_{100}	0,19	KO	0,22	TT	0,28	SWISS12	0,26	$CAPE_B$	0,37	SWP_{100}	0,38
$CAPE_{100}$	0,34	SWISS12	0,36	SWEAT	0,19	DCI_{100}	0,21	$\Delta\theta_E$	0,26	PII	0,25	DCI_{100}	0,37	DCI_{100}	0,37
SHOW	0,33	DCI_{100}	0,35	PII	0,16	SWISS12	0,19	PII	0,24	$CAPE_{100}$	0,21	TT	0,37	DCI_{100}	0,36
VT	0,32	DCI_{100}	0,34	$CAPE_{100}$	0,15	SWEAT	0,18	DCI_{100}	0,23	DCI_{100}	0,21	SWP_{100}	0,36	$CAPE_{100}$	0,36
K_{mod}	0,23	SWP_B	0,33	KO	0,14	PII	0,18	DCI_{100}	0,23	$\Delta\theta_E$	0,21	K_{mod}	0,36	PII	0,34
TT	0,23	$CAPE_{100}$	0,32	$\Delta\theta_E$	0,11	VT	0,17	SWEAT	0,19	DCI_{100}	0,21	$\Delta\theta_E$	0,33	SWEAT	0,32
SWISS12	0,22	SWP_{100}	0,28	DCI_{100}	0,07	DCI_{100}	0,17	SWISS12	0,17	SWEAT	0,20	SWISS12	0,26	KO	0,32
SWEAT	0,16	SWEAT	0,28	DCI_{100}	0,06	$\Delta\theta_E$	0,16	KO	0,14	SWP_{100}	0,17	SWEAT	0,26	SWISS12	0,31

Tab. 4.3.: Zu Tabelle 4.2 zugehörige Schwellenwerte (nach HSS) abhängig von der Radiosondenstationen und den Schadendaten (Daten der SV bzw. VH).

KPs		SV Stuttgart	VH Stuttgart	VH Schleswig	VH Greifswald	VH Lindenberg	VH Essen	VH Meiningen	VH München	
$CAPE_B$	$\geq$	1112	612	710	936	947	510	659	1125	$J\,kg^{-1}$
$CAPE_{100}$	$\geq$	491	114	129	99	134	81	83	166	$J\,kg^{-1}$
SWP_B	$\geq$	7517	4422	3689	6511	4430	4278	2730	3660	$m^3\,s^{-3}$
SWP_{100}	$\geq$	2887	888	370	687	520	1362	796	570	$m^3\,s^{-3}$
DCI_B	$\geq$	24,2	23,6	25,7	24,7	24,3	22,9	22,7	26,5	K
DCI_{100}	$\geq$	24,2	18,8	22,3	24,3	22,4	20,2	20,3	23,0	K
$\Delta\theta_E$	$\geq$	4,6	2,4	3,1	2,9	6,3	1,5	5,2	4,0	K
K_{mod}	$\geq$	39,7	34,9	36,1	36,8	38,6	35,9	37,1	34,5	K
KO	$\leq$	$-5,8$	$-2,1$	$-1,9$	$-2,3$	$-7,1$	$-1,5$	$-3,0$	$-4,3$	K
LI_B	$\leq$	$-3,7$	$-1,8$	$-2,7$	$-2,8$	$-3,7$	$-2,4$	$-1,8$	$-3,0$	K
LI_{100}	$\leq$	$-1,9$	0,5	0,3	0,3	$-1,0$	0,8	0,6	$-0,1$	K
PII	$\geq$	1,5	0,2	0,5	1,2	1,2	0,1	0,5	1,0	$K\,km^{-1}$
SHOW	$\leq$	$-0,2$	3,2	3,3	1,1	1,2	2,3	2,0	2,1	K
SWEAT	$\geq$	221	139	113	197	228	108	138	138	
SWISS12	$\leq$	$-0,9$	1,4	1,7	0,5	$-0,5$	4,0	0,2	0,4	
TT	$\geq$	50,0	47,8	49,0	50,5	51,0	47,0	48,3	47,7	K
VT	$\geq$	27,9	26,2	26,5	27,0	27,4	26,0	27,1	27,5	K

werte zusammen. Auch hier zeigen die Schwellenwerte der einzelnen KPs (VH Daten) eine hohe Variabilität. Während bei $CAPE_{100}$ beispielsweise die Spannweite von 80 bis etwa $490\,J\,kg^{-1}$ reicht, beträgt die Differenz beim LI_{100} bis zu 1,8 K.

Zusammenfassend wird der LI_{100} als der am besten geeignete hagel–relevanter Parameter an allen Stationen bestätigt. Auch beide Versionen der CAPE liefern in der Regel gute Ergebnisse. Im Gegensatz zur Auswertung mit den SV Daten im SHJ zeigen sich der TT und VT ebenfalls als guter Parameter; dies gilt insbesondere für den TT an den Stationen Schleswig und Essen. Der SWISS12 und SWEAT zeigen sich auch hier als ungeeignete Prädiktoren, sodass anzunehmen ist, dass kinematische Bedingungen, die in beide Parameter einfließen, eine untergeordnete Rolle spielen. Die Kombination aus CAPE und WSh_{0-6} (SWP) bringt dagegen vereinzelt eine Verbesserung gegenüber einer alleinigen Betrachtung der zugehörigen CAPE. Insbesondere an der Station Lindenberg stellen sich beide Versionen als die geeigneteren Prädiktoren heraus. Ein geeigneter

Schwellenwert ist sowohl vom Gebiet als auch von der Schwere der betrachteten Ereignisse abhängig und kann nicht für ganz Deutschland einheitlich verwendet werden. Werden die Konvektionsparameter mit Gewitterereignissen (Blitzdaten) vergleichen, zeigen sich ähnliche Parameter als geeignet. Allerdings sind die Schwellenwerte im Vergleich zu Hagelereignissen deutlich niedriger (ähnlich zu Kunz, 2007).

4.2. Korrelationen zwischen den Konvektionsparameter

Um Parameter mit ähnlichen Charakteristika zu eliminieren und somit die Anzahl für die weiteren Analysen zu minimieren, werden ihre täglichen Werte miteinander korreliert. Verwendet wird der nicht–parametrische Rang–basierte Korrelationskoeffizient r nach Spearman (Wilks, 1995), der von der Verteilungsfunktion unabhängig ist. Dies ist insbesondere für die CAPE notwendig, da diese keiner Normalverteilung unterworfen ist. Vorteil des Rangkorrelationskoeffizienten ist außerdem seine Robustheit gegenüber Ausreißern. Die Korrelation wird aus allen täglichen Werten der KPs an allen sieben Stationen von 1957 (Schleswig, Stuttgart) beziehungsweise 1978 (Rest) bis 2009 bestimmt (Tabelle 4.4). Negative Werte von r bedeuten, dass einer der beiden Parameter für abnehmende Werte eine zunehmende Instabilität in der Atmosphäre aufweist (LI, SHOW, KO, SWISS12).

Es lassen sich einige Beziehungen und Redundanzen zwischen den verschiedenen Parametern identifizieren, die oft unabhängig von ihrem zugrunde liegenden Konzept sind. Wie erwartet, tritt in beiden Fällen zwischen SWP und CAPE eine sehr hohe Korrelation mit $r = 0{,}97$ beziehungsweise 0,99 auf. Ebenfalls ist r zwischen den beiden Versionen des SWP gleich dem zwischen $CAPE_B$ und $CAPE_{100}$. Dies ist ein klarer Hinweis darauf, dass der SWP durch die zugehörige CAPE primär dominiert und nur sehr marginal durch die Windscherung bestimmt wird. Des Weiteren besteht eine hohe Korrelation zwischen LI_{100} und SHOW beziehungsweise KO. Ersteres ergibt sich daraus, dass beide Parameter dem gleichen physikalischen Konzept der latenten Stabilität unterliegen. Die andere Beziehung dagegen ist etwas überraschend. Obwohl der DCI mit Hilfe des LI kalkuliert wird, fällt die Korrelation zwischen beiden eher gering aus ($r = -0{,}41$ und $-0{,}53$). Daraus lässt sich schließen, dass die Temperatur und der Taupunkt in 850 hPa die primären Größen für den DCI im Vergleich zum LI sind.

Weiterhin weisen alle Parameter, bei deren Berechnung die Startwerte für die Hebungskurve erst über die untersten Schichten gemittelt werden, gegenüber den Versio-

Tab. 4.4.: Spearman Rang–Korrelationskoeffizienten zwischen den KPs (alle Tage) an allen Radiosondenstationen (Stuttgart und Schleswig: 1957–2009; Rest: 1978–2009). **Fett** dargestellt $r \geq 0,7$.

	$CAPE_B$	$CAPE_{10}$	$CAPE_{100}$	LI_B	LI_{100}	SHOW	DCI_B	DCI_{100}	K_{mod}	KO	PII	$\Delta\theta_E$	SWISS12	SWEAT	SWP_B
$CAPE_{10}$	**0,86**														
$CAPE_{100}$	0,66	**0,78**													
LI_B	−0,40	−0,32	−0,17												
LI_{100}	−0,49	−0,45	−0,34	**0,90**											
SHOW	−0,41	−0,38	−0,32	**0,71**	**0,87**										
DCI_B	0,39	0,33	0,31	−0,41	−0,54	−0,59									
DCI_{100}	0,34	0,31	0,33	−0,34	−0,53	−0,59	**0,98**								
K_{mod}	0,42	0,46	0,46	−0,49	−0,66	**−0,72**	0,48	0,49							
KO	−0,36	−0,32	−0,19	**0,75**	**0,83**	**0,74**	−0,28	−0,24	−0,45						
PII	0,38	0,37	0,43	−0,06	−0,25	−0,28	0,66	0,68	0,29	0,10					
$\Delta\theta_E$	**0,73**	0,52	0,39	−0,18	−0,21	−0,18	0,61	0,51	0,20	−0,08	0,45				
SWISS12	−0,43	−0,44	−0,34	'0,45	0,55	0,56	−0,22	−0,21	−0,66	0,42	−0,09	−0,11			
SWEAT	0,31	0,35	0,39	−0,28	−0,43	−0,55	0,41	0,42	0,53	−0,30	0,22	0,14	−0,47		
SWP_B	**0,97**	**0,83**	0,65	−0,35	−0,44	−0,37	0,37	0,32	0,41	−0,31	0,33	0,51	−0,44	0,36	
SWP_{100}	0,65	**0,77**	**0,99**	−0,16	−0,33	−0,30	0,31	0,33	0,45	−0,18	0,41	0,36	−0,35	0,41	0,66

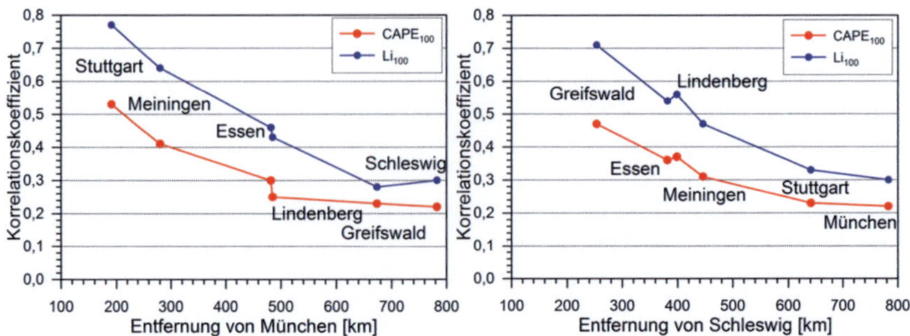

Abb. 4.4.: Korrelationskoeffizient der täglichen Werte von $CAPE_{100}$ und LI_{100} zwischen Schleswig bzw. München und den anderen deutschen Radiosondenstationen abhängig von der Entfernung.

nen, die auf bodennahen Werten basieren, einen hohen Zusammenhang auf. Dies trifft insbesondere bei den beiden Versionen des DCI ($r = 0{,}98$), aber auch für den LI_B und LI_{100} ($r = 0{,}90$) zu. Daraus kann man möglicherweise schließen, dass die überadiabatischen Bedingungen nahe der Oberfläche, die regelmäßig in den Sommermonaten vorherrschen, die Größe der Parameterwerte beeinflussen, während die allgemeine Stabilität von den höheren Schichten geprägt ist. Allerdings zeigen beiden Versionen der CAPE eine deutlich geringere Korrelation ($r = 0{,}66$). Grund hierfür ist, dass des Öfteren aufgrund der vertikalen Mittelung die Temperatur- und Feuchtewerte zu niedrig sind, sodass das Luftpaket das LFC nicht erreichen kann, während das Luftpaket, das direkt vom Boden aus gestartet wird, dazu in der Lage ist. So ist beispielsweise an der Station Stuttgart an 15% aller Tage $CAPE_{100} = 0$, während zum gleichen Aufstieg Werte der $CAPE_B$ über Null liegen.

In Abbildung 4.4 wird der Korrelationskoeffizient nach Spearman zwischen den täglichen Parameterwerten von $CAPE_{100}$ und LI_{100} zwischen zwei Stationen bestimmt und abhängig von der Entfernung aufgetragen. Es wird deutlich, dass r mit zunehmender Distanz abnimmt. Nahe liegende Stationen weisen dagegen eine recht hohe Korrelation auf. Dies weist darauf hin, dass, obwohl Radiosondenstationen Punktmessungen sind, sie doch für ein größeres Gebiet repräsentativ sind. Beispielsweise ist bei einer Entfernung von etwa 200 km zweier Stationen (Stuttgart und München beziehungsweise Schleswig und Greifswald) $r > 0{,}7$ (LI_{100}). Weiterhin ist zu sehen, dass die Werte der $CAPE_{100}$ generell niedrigere Korrelationen aufweisen. Ein Grund hierfür ist wieder, dass das LFC nicht immer an beiden Stationen erreicht wird und daraus mehr Unterschiede resultieren.

Aufgrund der hier diskutierten Ergebnisse liegt im Folgenden der Fokus bei den Trendanalysen insbesondere auf CAPE und LI. Aber auch Parameter wie $\Delta\theta_E$, PII, KO, DCI und K_{mod} werden mit berücksichtigt.

5. Änderungen der atmosphärischen Stabilitätsparameter in der Vergangenheit

In diesem Kapitel wird der Frage nachgegangen, inwiefern sich die Gewitterhäufigkeit in Deutschland und Europa in der Vergangenheit verändert hat. Da direkte flächendeckende Informationen über Gewitter- oder Hagelereignisse über einen längeren Zeitraum nicht verfügbar sind, wird mit Hilfe von Konvektionsparametern als Proxydaten das vergangene Gewitterpotential in der Atmosphäre untersucht. Im gesamten Kapitel beziehen sich die Untersuchungen auf das Sommerhalbjahr (SHJ).

5.1. Homogenität der Radiosondendaten

Die zeitliche Homogenität der untersuchten Datensätze ist eine der fundamentalsten Annahmen bei statistischen Untersuchungen (Lanzante, 1996), insbesondere wenn, wie in dieser Arbeit, lange Zeitreihen von 30 bis 50 Jahren diskutiert werden. Mögliche Inhomogenitäten der Radiosondendaten können beispielsweise aus Stationsverlegungen, Änderungen in den Aufstiegseigenschaften oder aus Instrumentenwechseln resultieren. Der erste Punkt wird berücksichtigt, indem nur Radiosondenstationen ohne Stationsverlegungen untersucht werden. Der letzte Punkt kann dagegen durchaus einen wesentlichen Einfluss auf die Ergebnisse ausüben.

5.1.1. Detektion und Analyse von Brüchen in den Zeitreihen

Metadaten mit Informationen über Instrumentenwechsel liefert sowohl der DWD (März, 2010) als auch die IGRA Datenbank (siehe Metadaten im IGRA Archive und unter Gaffen, 1993), die untereinander jedoch nicht immer konsistent sind. Da Temperaturmessungen während des Untersuchungszeitraums durch die Instrumentenwechsel nicht beeinflusst werden, liegt im Folgenden der Fokus auf den Feuchtemessungen. Üblicherweise werden die Sonden durch Bodenwerte, gemessen an einer benachbarten Bodenstation (z.B. SYNOP Station), an der die Feuchtemessungen als zuverlässig angenommen

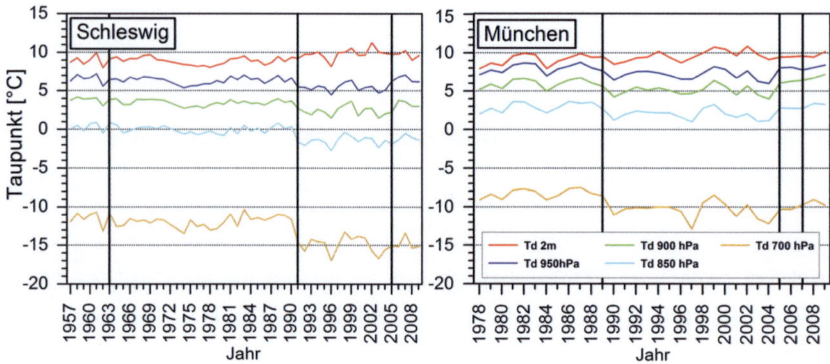

Abb. 5.1.: Zeitreihen des sommerlichen Mittelwerts des Taupunkts (T_d, 12 UTC) in verschiedenen Druckniveaus an den Stationen Schleswig (links) und München (rechts); vertikale Linien zeigen den Metadaten zufolge einen Instrumentenwechsel an.

werden können, initialisiert. Somit beschränken sich mögliche Brüche in den Zeitreihen auf höhere Niveaus.

Während der meisten Zeit verlaufen die Zeitreihen der Taupunkttemperaturen in den verschiedenen Niveaus nahezu parallel (Abb. 5.1). Allerdings können vereinzelt Sprünge oder Brüche (engl. change point, ChPo) beobachtet werden. Diese gehen jedoch nur mit Änderungen der Messgeräte (vertikale Linien) einher. Da Strahlungskorrekturen eine untergeordnete Rolle spielen, werden sie im Folgenden (und in Abb.5.1) nicht berücksichtigt.

So ist beispielsweise an der Station Schleswig eine deutliche Abnahme des mittleren Taupunkts nach 1991 in allen Niveaus, außer am Boden, zu finden. Vor allem die zunehmende Differenz zwischen den 2 m– und den 950 hPa–Werten ist ein deutlicher Hinweis auf einen Bruch in der Homogenität. Scheinbare Sprünge in allen Niveaus, sogar in den 2 m–Daten der Bodenstation, sind dagegen auf Änderungen der atmosphärischen Bedingungen und nicht auf einen Messgerätewechsel zurückzuführen. Als Beispiele seien hier die Ausschläge nach unten in allen Höhen in den Jahren 1962 (Schleswig) und 1984 (München) zu nennen.

Mit Hilfe des nicht–parametrischen Wilcoxon Vorzeichen–Rang–Tests (5% Niveau, zweiseitig) werden die Radiosondendaten zusätzlich überprüft, indem die Mittelwerte zweier Zeitreihen miteinander verglichen werden (Wilks, 1995). In Anlehnung an Gaffen et al. (2000) wird die Zeitreihe durch das Jahr, in dem nach den Metadaten ein

Tab. 5.1.: Brüche in den Zeitreihen (ChPo) des Taupunkts in verschiedenen Druckniveaus, berechnet anhand des Wilcoxon Vorzeichen–Rang–Test (1=ChPo, 0=kein ChPo).

Station	Jahr	Boden	950 hPa	900 hPa	850 hPa	700 hPa
Schleswig	1991	1	1	1	1	1
	2005	0	1	1	1	0
Greifswald	1993	0	0	1	1	1
Lindenberg	1992	0	0	0	1	1
Essen	1989	0	1	1	1	1
Meiningen	1992	1	1	0	0	1
	2006	0	1	1	1	1
Stuttgart	1990	1	1	1	1	1
	2007	1	1	1	1	1
München	1989	0	1	1	1	1
	2005	0	1	1	1	0

Gerätewechsel erfolgt ist, in zwei fünfjährige Unterserien gesplittet – eine vor und eine nach dem möglichen ChPo (wobei die sechs Monate um den ChPo ignoriert werden). Die meisten der ChPos treten Tabelle 5.1 zufolge in höheren Niveaus auf, nur wenige können in den 2 m–Daten festgestellt werden. Der bereits identifizierte ChPo an der Station Schleswig im Jahr 1991 wird bestätigt. Auch an anderen Station wird Ende der 80er beziehungsweise Anfang der 90er ein ChPo diagnostiziert. Dieser tritt immer dann auf, wenn die Radiosonde durch die häufig verwendete Väisälä RS80 Sonde ersetzt wurde. Diese passt sich in höheren Niveaus durch ein schnelleres Feuchtemessgerät zügiger den Umgebungsbedingungen an und bewirkt eine Tendenz zu geringeren Feuchtewerten (Elliott und Gaffen, 1991; Elliott et al., 1994). Miloshevich et al. (2009) beispielsweise beobachteten in den letzten 30 Jahren einen Bias zu trockeneren Umgebungsbedingungen der jüngsten Radiosonden von bis zu 20% in der mittleren Atmosphäre ($> 700\,\mathrm{hPa}$). Dieser Bias allerdings beeinflusst nur KPs, die primär aus Feuchtewerten in der Höhe berechnet werden. Parameter wie $CAPE_B$ oder $\Delta\theta_E$, die mit bodennahen Werten berechnet werden, sind dagegen kaum von diesen „Brüchen" betroffen (siehe Kap. 5.3). Der Wechsel von der Väisälä RS80 auf die RS92 Sonde zwischen 2004 und 2007 wird durch ChPos an den Stationen Schleswig, Meiningen, Stuttgart und München detektiert. Hier ist die Änderung der Temperatur im Vergleich zum vorherigen Wechsel jedoch deutlich geringer. Bereits Steinbrecht et al. (2008) wiesen darauf hin, dass diese Änderungen in der Troposphäre und unterhalb von 100 hPa nicht signifikant sind.

Um quantitativ zu evaluieren, welchen Einfluss die ChPos auf die KPs haben, wird das idealisierte Vertikalprofil von Weisman und Klemp (1982), das ein typisches Vertikalprofil bei hochreichende Konvektion repräsentiert, modifiziert. Das Profil weist folgende Vorgaben der potentiellen Temperatur θ und der relativen Feuchte R_f als Funktion von der Höhe z auf:

$$\theta(z) = \begin{cases} \theta_B + (\theta_{tr} - \theta) & , \quad z \leq z_{tr} \\ \theta_{tr} \exp[\frac{g}{c_p T_{tr}}(z - z_{tr})] & , \quad z > z_{tr} \end{cases}$$

$$R_f = \begin{cases} R_{f,max} - (R_{f,max} - R_{f,min})(z/z_{tr})^{5/4} & , \quad z \leq z_{tr} \\ R_{f,min} & , \quad z > z_{tr} \end{cases}$$

wobei $z_{tr} = 12\,$km die Höhe der Tropopause, $\theta_0 = 300\,$K und $\theta_{tr} = 343\,$K die potentielle Temperatur am Boden und in der Tropopause, T_{tr} die aktuelle Tropopausentemperatur, $R_{f,max} = 100\%$ und $R_{f,min} = 25\%$ die maximale und minimale relative Feuchte sind. Im Originalprofil wird das Mischungsverhältnis r_B in Bodennähe als konstant angenommen, um eine gut durchmischte Grenzschicht zu beschreiben. Üblicherweise variiert der Wert zwischen $12\,$g kg^{-1} bis $16\,$g kg^{-1}, womit sich ein unterschiedliches Konvektionsverhalten (mäßige bis sehr starke Konvektion) ergibt. So erhält man beispielsweise für $r_B = 12\,$g kg^{-1} (mäßige Bedingungen) CAPE$_B$–Werte von etwa $1500\,$J kg^{-1} (wobei $T_B = 26{,}9°$C, $T_{d,B} = 16{,}6°$C).

Während das Originaltemperaturprofil beibehalten wird, wird nur das T_d–Profil mit den mittleren Gradienten erniedrigt, die einmal fünf Jahre vor dem ChPo (hier Schleswig 1991) und einmal fünf Jahre danach berechnet werden. Diese Modifizierungen bewirken eine deutliche Abnahme der konvektiven Energie beziehungsweise der Labilität; so sinkt beispielsweise die CAPE$_{100}$ von $1042\,$J kg^{-1} auf $610\,$J kg^{-1}, während der LI$_{100}$ von $-4{,}4\,$K auf $-3{,}1\,$K ansteigt. Diese Änderungen sind größer als die in Kapitel 5.3 diskutierten Trends. Auch wenn der ChPo an der Station Schleswig (1991) derjenige mit der größten Magnitude und das Profil von Weisman und Klemp (1982) nicht direkt repräsentativ für die in der Arbeit betrachteten Perzentile der Konvektionsparameter ist, zeigt dieses Beispiel, dass die KPs, die sich aus Feuchtemessungen in der Höhe ergeben, bei Trendanalysen nicht sehr zuverlässig sind. Parameter, die primär durch bodennahe Werte der Feuchte (und Temperatur) bestimmt sind, werden dagegen kaum von den ChPos beeinflusst.

5.1.2. Datenausfälle in den Zeitreihen

Vereinzelt weisen einige Stationen einen nicht vernachlässigbaren Datenausfall von bis zu 20% auf. Während dieser an den deutschen Stationen zwischen 1,1 und 3,2% liegt, herrscht außerhalb von Deutschland im Mittel ein Ausfall von 14% (siehe Tabelle 3.1). Abgesehen von den in Kapitel 3.1 beschriebenen Datenausfällen in den Jahren 1972 und 1973 verteilen sich die Tage, an denen keine KPs berechnet werden können, mehr oder weniger gleichmäßig über das SHJ und alle Jahre.

Um den Einfluss der Datenausfälle auf die Verteilung der jährlichen Perzentile zu untersuchen, erzeugten Mohr und Kunz (2013) künstliche Ausfälle der LI_{100} –Zeitreihe an der Station Schleswig. Mit Hilfe einer Monte–Carlo–Simulation wird jeweils $j = 1000$ mal ein Datenausfall von 2, 5, 10 und 20% erzeugt, indem einzelne Datenpunkte zufällig aus der Originalserie ausgeschlossen werden. Diese Methode ergibt j unterschiedliche Zeitreihen, mit denen $j \times n$ jährliche Perzentilwerte (10%) und j dazugehörige lineare Trends bestimmt werden.

Insbesondere der Median und der Interquartilsabstand der jährlichen 10% Perzentilwerte (LI_{100}) scheinen ein robustes Verhalten aufzuweisen (Abb. 5.2, rechts oben). Dagegen zeigen die linearen Trends eine erheblich größere Unsicherheit durch die variierende Breite der Standardabweichung der Verteilung (2σ; Abb. 5.2). In der Annahme einer Normalverteilung ergibt sich für einen Datenverlust von 2%, der repräsentativ für die deutschen Stationen ist, ein linearer Trend von $\Delta LI = 0{,}688 \pm 0{,}024$ K. Die Unsicherheit ist deutlich kleiner als der Trend und kann somit vernachlässigt werden. Mit

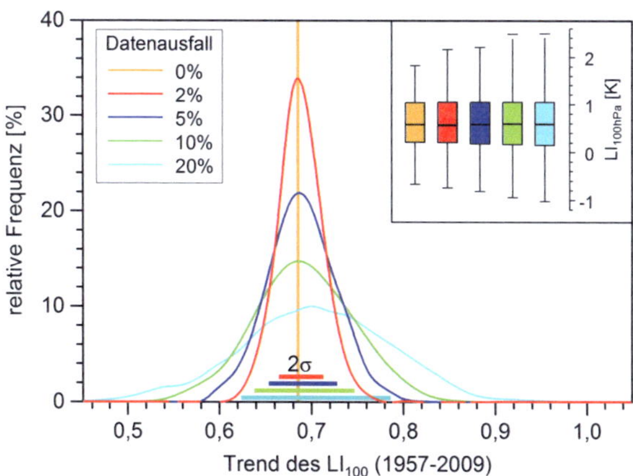

Abb. 5.2.: Histogramm des linearen Trends des LI_{100} an der Station Schleswig hinsichtlich verschiedener Datenausfälle anhand einer Monte–Carlo–Simulation. Die kleine Abbildung rechts zeigt Boxplots der 10% Perzentile mit Interquartilsabstand (Box), Median und Extrema (vertikale Linien; Mohr und Kunz, 2013).

zunehmendem Datenausfall steigt allerdings auch die Unsicherheit an, erkennbar an der Verbreiterung der Verteilung. So ergibt sich für einen Datenausfall von 20% ein Trend von $\Delta\text{LI} = 0{,}704 \pm 0{,}081$ K, wobei die möglichen Trends zwischen 0,45 und 0,95 K variieren. Somit ist es schwierig, robuste Aussagen von Datensätzen mit einem hohen Datenausfall von mehr als $5-10\%$ zu erhalten. Dies muss insbesondere bei der Interpretation der Ergebnisse in Kapitel 5.3.3 berücksichtigt werden.

5.2. Klimatologie der Konvektionsparameter in Radiosondendaten

Vor der Trenddiskussion der KPs ist eine Betrachtung ihrer Klimatologie sinnvoll, um die Unterschiede aufgrund regionaler Bedingungen besser zu verstehen. Im Folgenden wird deshalb sowohl die Verteilung aller täglichen Werte des LI_{100} als auch der Extremwerte (10% Perzentil) für Deutschland und Europa diskutiert.

Deutschland

Die Boxplots an den Radiosondenstationen von täglichen Werten und jährlichen 10%–Perzentilwerten (Abb. 5.3) zeigen einen deutlichen Nord–Süd–Gradienten und einen weniger markanten West–Ost–Gradienten. Über den am südlichsten gelegenen Stationen Stuttgart und München weist die Atmosphäre die geringste Stabilität auf; dies spiegelt sich sowohl im Mittel als auch in den Extrema wider. Im Gegensatz dazu zeigt sich die Atmosphäre im nördlichen Teil Deutschlands (Schleswig, Greifswald), die durch den Atlantischen Ozean und die Ostsee geprägt ist, am stabilsten. Beispielsweise ist der Interquartilsabstand der 10% Perzentile an der Station Schleswig nur positiv und reicht von 0,1 bis 1,0 K (Median $= 0{,}7$ K), während er an der Station Stuttgart negativ ist ($-1{,}1$ bis $-0{,}6$ K). Diese regionalen Unterschiede in Abbildung 5.3 zeigen sich auch für die meisten anderen Parameter in Deutschland (siehe Tabelle B.2 im Anhang). Somit kann bereits aus der klimatologischen Verteilung geschlossen werden, dass Gewitter vermehrt und vorwiegend mit einer höheren Intensität in Süddeutschland auftreten. Auch hier wird wieder deutlich, dass es schwierig ist, einen einheitlichen Schwellenwert eines KPs für ganz Deutschland anzusetzen (vgl. Kap. 4). Die labileren Werte von München im Vergleich zu Stuttgart, das 170 m tiefer liegt und dadurch eigentlich instabilere Werte annehmen könnte, werden insbesondere durch eine sehr oft am Boden vorherrschende überadiabatische Schichtung beeinflusst, wodurch sich ein wärmeres LCL und somit ein höheres Konvektionspotential ergibt. Die regionalen Unterschiede der KPs stimmen recht gut mit anderen Arbeiten über Gewitteraktivitäten überein, beispielsweise der

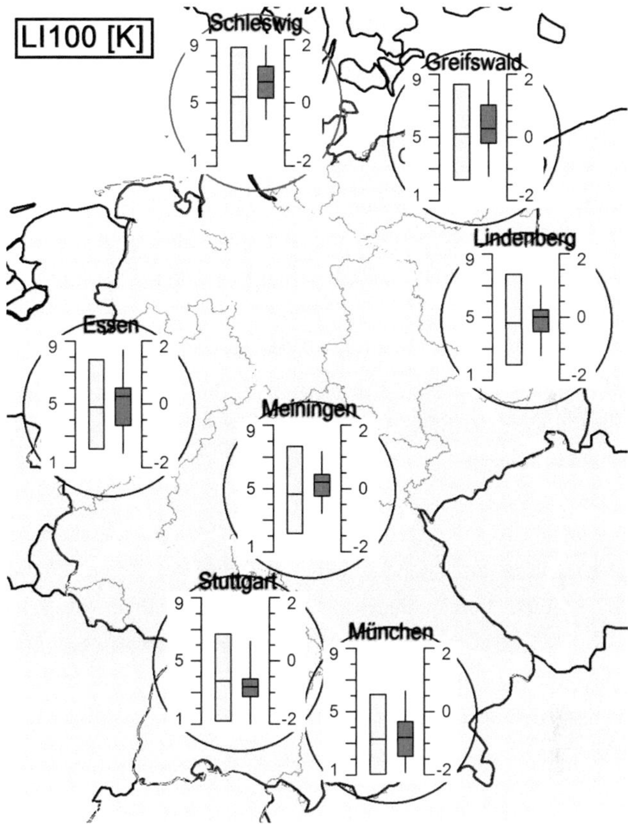

Abb. 5.3.: Die für jede Radiosondenstation eingezeichneten Boxplots des LI_{100} [K] zeigen den Median und Interquartilsabstand an allen deutschen Stationen anhand täglicher Werte (hellgrau, 183×32 Werte) und jährlicher 10%–Perzentilwerte (dunkelgrau, mit Minimum/Maximum Werten; 32 Werte) von 1978–2009.

Detektion von Overshooting Tops (Bedka, 2011) oder der Blitzverteilungskarte (siehe Abb. 3.9). Auch die Hagelklimatologie von Kunz et al. (2012) zeigt, dass Auswertungen von Radardaten (2005–2011)zufolge im Norden von Deutschland durchschnittlich nur etwa 10 Hageltage auftreten, während dagegen in Süddeutschland mancherorts die Zahl bei bis zu 58 Ereignissen liegt.

Europa

Ähnlich zur klimatologischen Verteilung in Deutschland zeigt sich auch für den LI_{100} über Europa ein ausgeprägter Nord–Süd–Gradient und ein etwas schwächerer ausgeprägter West–Ost–Gradient (Abb. 5.4). Stabile Bedingungen der 10% Perzentile werden insbesondere durch die nördlichsten Stationen repräsentiert; beispielsweise Orland (1) und Lerwick (4) mit einem Median von $LI_{100} = 2,4\,K$ beziehungsweise $3,6\,K$. Im Gegensatz dazu wird im Mittel die geringste Stabilität über Norditalien beobachtet (Station 23: Undine $LI_{100} = -2,3\,K$; Station 24: Milano, $LI_{100} = -2,0\,K$). Radiosondenstationen mit einem komplett negativen Interquartilsabstand der 10% Perzentile sind auf ein Gebiet begrenzt, das südlich einer Linie von La Coruña in Spanien (16) nach Legionowo in Polen (21) liegt. Die Ursache für diese hohen Werte der 10% Perzentile ergibt sich zum einen aus der Lage der Stationen in eher niedrigen Breitengraden, wo die solare Einstrahlung und somit auch die Temperaturen während der Sommermonate besonders hoch sind. Zum anderen werden große Mengen an Wasserdampf durch die warme und feuchte mediterrane Luft aus dem Süden advehiert. Dagegen sind die vertikalen Profile in Nordeuropa stark durch den Nordatlantik beeinflusst, der eine Stabilisierung in der Atmosphäre fördert. Bereits Siedlecki (2009) beobachtete eine ähnliche räumliche Verteilung in den Monatsmittelwerten (Juli, August) einzelner KPs aus 00 UTC Radiosondendaten. In den Arbeiten von Romero et al. (2007) zeigt sich in Reanalysedaten (ECMWF ERA–40) im Hochsommer ebenfalls die größten Instabilitäten über dem Mittelmeerländern.

5.3. Zeitliche Variabilität der Konvektionsparameter in Radiosondendaten

Die steigende Anzahl von Hagelschadenereignissen in Teilen Deutschlands und Mitteleuropas (Schiesser, 2003; Kunz et al., 2009) können – neben Änderungen der Gebäudestrukturen – durch eine Zunahme der Instabilität an Gewittertagen oder durch einen Anstieg der Tage mit einem hohen Gewitterpotential verursacht sein. In diesem Sinne werden im Folgenden hagelrelevante KPs (vgl. Kap. 4) hinsichtlich möglicher systematischer Trends für Europa und insbesondere für Deutschland untersucht. Die Signifikanz der Trends wird hierbei nach der Methode von Yue und Wang (2002b), die die Autokorrelation in der Zeitreihe berücksichtigt, und mit dem MK Test berechnet (siehe Kap. 2.2.2).

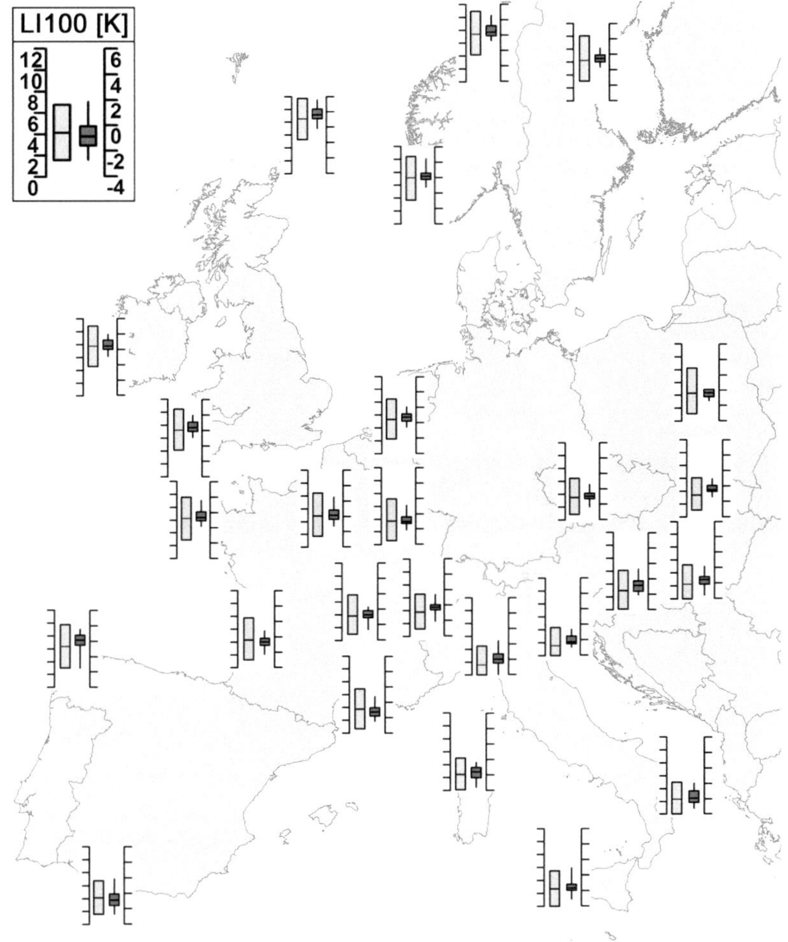

Abb. 5.4.: Wie Abb. 5.3, nur für Europa von 1978–2009 (außer Stationen 2 und 11[siehe Abb. 3.1], an denen die Daten nur von 1978–2008 verfügbar sind). Die Skala der exemplarischen Abbildung links oben ist repräsentativ für alle Boxplots.

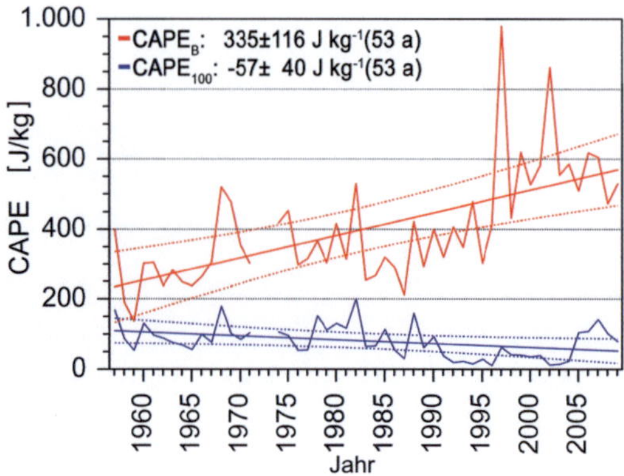

Abb. 5.5.: Zeitreihen (1957 – 2009) der 90% Perzentile von $CAPE_B$ und $CAPE_{100}$ an der Radiosondenstation Schleswig; abgebildet ist der lineare Trend (durchgezogen) mit dem 95% Konfidenzinterval (gestrichelt).

5.3.1. Trendanalysen für Deutschland

Änderungen der konvektiven Bedingungen schwerer Gewitter werden mit Hilfe von linearen Trends der jährlichen 90% beziehungsweise 10% Perzentile (LI, SHOW, KO, SWISS12) untersucht (vgl. Kap. 2.2.2). Es wird angenommen, dass diese Perzentilwerte das Gewitterpotential für schwere Ereignisse besser als Median oder Mittelwert reflektieren (Kunz et al., 2009).

In Abbildung 5.5 ist exemplarisch der zeitliche Verlauf (1957 – 2009) von $CAPE_B$ und $CAPE_{100}$ für die Radiosondenstation Schleswig gezeigt. Ungeachtet der hohen jährlichen Variabilität weist die $CAPE_B$ einen positiven Trend von $335 \pm 116\,\mathrm{J\,kg^{-1}}$ über den gesamten Zeitraum (53 Jahre) auf, der insbesondere durch den starken positiven Trend in den letzten 15 Jahren bestimmt wird. Vor diesem starken Anstieg kann für die $CAPE_B$ ein Plateau bei circa $300\,\mathrm{J\,kg^{-1}}$ beobachtet werden.

Im Gegenzug zeigt die $CAPE_{100}$ einen negativen Trend von $-57 \pm 40\,\mathrm{J\,kg^{-1}}$. Wie bereits in Kapitel 5.1.1 diskutiert, bewirkt ein signifikanter ChPo in der Zeitreihe aufgrund eines Instrumentenwechsels im Jahr 1991 einen höheren Taupunktgradienten von etwa 1,9 K zwischen der Erdoberfläche und dem 950 hPa–Niveau. Dies bewirkt unter anderem in der Zeitreihe nach 1991 eine beachtliche Abnahme von etwa $60\,\mathrm{J\,kg^{-1}}$, der letztendlich auch der Grund für den negativen Trend über den gesamten Zeitraum ist. In der Zeitreihe der $CAPE_B$ kann hingegen kein markanter Sprung identifiziert werden. Zu-

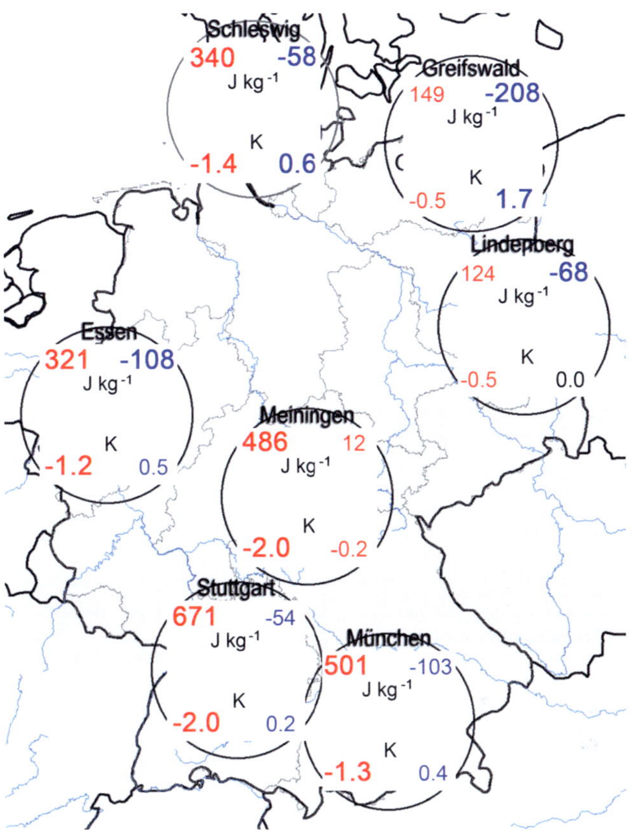

Abb. 5.6.: Lineare Trends (1978 – 2009) der 90% Perzentile von $CAPE_B$ (Teilbilder links oben), $CAPE_{100}$ (rechts oben), LI_B (links unten) und LI_{100} (rechts unten). Große fette Zahlen bedeuten einen signifikanten Trend ($> 90\%$), kleine Zahlen einen nicht signifikanten Trend.

sätzlich verdeutlicht diese Abbildung die Schwierigkeit bei der Wahl des passenden KP. Beide Parameter, $CAPE_B$ und $CAPE_{100}$, weisen vergleichbare Werte des HSS ($\geq 0{,}30$) zur Bestimmung von Hagelschadentage sowohl gegenüber den SV als auch den VH Schadendaten auf (Kap. 4), während ihre Trends unterschiedliche Richtungen haben.

Abbildung 5.6 zeigt deutschlandweit für die CAPE und den LI ein ähnliches Bild. Die Parameter, bei deren Berechnung vor allem die bodennahen Werte eine Rolle spielen ($CAPE_B$ und LI_B), geben eine Zunahme des Gewitterpotentials wieder. An fünf der deutschen Stationen ist dieser Trend nach dem MK Test statistisch signifikant (zwei-

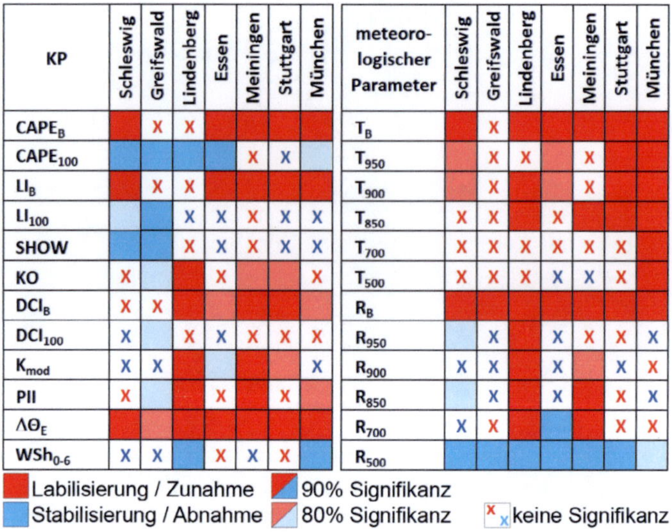

KP	Schleswig	Greifswald	Lindenberg	Essen	Meiningen	Stuttgart	München	meteorologischer Parameter	Schleswig	Greifswald	Lindenberg	Essen	Meiningen	Stuttgart	München
$CAPE_B$		X	X					T_B		X					
$CAPE_{100}$					X	X		T_{950}		X	X		X		
LI_B		X	X					T_{900}		X			X		
LI_{100}			X	X	X	X	X	T_{850}	X	X		X			
SHOW			X	X	X	X	X	T_{700}	X	X	X	X	X	X	
KO	X			X			X	T_{500}	X	X	X	X	X	X	
DCI_B	X	X						R_B							
DCI_{100}	X		X	X	X	X	X	R_{950}		X		X	X	X	X
K_{mod}	X	X					X	R_{900}	X	X		X		X	X
PII	X			X		X		R_{850}		X		X		X	X
$\Lambda\Theta_E$								R_{700}	X	X				X	X
WSh_{0-6}	X	X		X	X	X		R_{500}							

Labilisierung / Zunahme   90% Signifikanz
Stabilisierung / Abnahme   80% Signifikanz   X keine Signifikanz

Abb. 5.7.: Lineare Trends (1978 – 2009) inklusive ihrer statistischen Signifikanz für verschiedene KPs (links) und meteorologische Parameter (T=Temperatur, R=Mischungsverhältnis) in verschiedenen Druckniveaus (rechts).

seitig mit $\alpha = 0{,}05$; Schönwiese, 2006); an den zwei nordöstlichen Stationen (Greifswald, Lindenberg) ist der Trend dagegen nicht signifikant. Hinsichtlich der Stärke der Trends kann ein Nord–Süd–Gradient beobachtet werden, der sich bereits bei der klimatologischen Betrachtung gezeigt hat (Kap. 5.2). So beobachtet man beispielsweise an der Station Stuttgart den höchsten Trend mit $\Delta LI_B = -2 \pm 1{,}2$ K und $\Delta CAPE_B = -671 \pm 361$ J kg^{-1} (siehe Tabelle B.2 mit mehr Details). Dagegen sind die Trends der gemittelten Versionen der KPs an den meisten Stationen negativ.

Ähnliche Ergebnisse ergeben sich auch für andere hagelrelevante KPs (Abb. 5.7, links). Rot drückt dabei eine Labilisierung und somit eine Zunahme des Gewitterpotentials aus, während blau eine Stabilisierung der thermischen Stabilität bedeutet. Dunkle Farben repräsentieren einen Trend auf einem Signifikanzniveau von $\geq 90\%$, hellere Farben einen Trend auf einem Signifikanzniveau von $\geq 80\%$ und ein X bedeutet $\alpha < 80\%$. Die meisten der Parameter mit einer signifikanten Änderung zeigen eine Zunahme der konvektiven Aktivität. Dieser Anstieg ist insbesondere an den südlichen Stationen für $CAPE_B$ und LI_B (siehe Diskussion oben), aber auch für $\Delta\theta_E$ und DCI_B sichtbar (Essen, Meiningen, Stuttgart, München). An der Station Lindenberg ergeben sich ähnliche Resultate. Hier signalisieren die Trends eine signifikante positive Änderung für KO, K_{mod}, PII, und $\Delta\theta_E$, während sich für $CAPE_B$ und LI_B keine signifikante Veränderung ergibt. Insgesamt zeigen nur wenige KPs signifikante negative Trends, die allerdings vorwiegend auf Norddeutschland beschränkt sind. Insbesondere an der Station Greifswald zeigen die Messungen für $CAPE_{100}$, LI_{100} und SHOW eine Stabilisierung (stat. signifikant). Diese Aussage ist allerdings aufgrund des ChPo nicht verlässlich.

Zusammenfassend wird deutlich, dass verschiedene KPs im mittleren und südlichen Teil Deutschlands einen Anstieg des Gewitterpotentials für die letzten 30 Jahre zeigen, während die Trends der Stabilität über Norddeutschland nicht eindeutig sind. Insbesondere Parameter, die bodennahe Temperatur- und Feuchtewerte berücksichtigen, weisen überwiegend auf eine Labilisierung in der Atmosphäre hin (stat. signifikant). Dagegen deuten die meisten KPs, bei denen die Vertikalprofile über die untersten 100 hPa gemittelt werden, eine Stabilisierung an. Hinsichtlich den zugrunde liegenden theoretischen Konzepten der thermischen Stabilität (latente, bedingte, potentielle) können keine Systematiken identifiziert werden. Sehr differenzierte Ergebnisse erhält man für Parameter, die kinematische Eigenschaften berücksichtigen. So zeigen WSh_{0-6}, SWISS12 und SWEAT kaum Gemeinsamkeiten und haben aufgrund der hohen Variabilität der Winddaten keine signifikanten Trends.

Die unterschiedlichen Trendrichtungen können physikalisch durch die unterschiedlichen Trends in Temperatur und Feuchte in den verschiedenen Schichten erklärt werden (Abb. 5.7, rechts). Während die Temperatur in allen Niveaus mehr oder weniger signifikant zugenommen hat (insbesondere im Süden), nahm das Mischungsverhältnis (bzw. der Taupunkt) nur am Boden signifikant zu (0,5 bis 1,5 g kg^{-1}, siehe auch Tabelle B.3 im Anhang). In den höheren Druckniveaus wird dagegen eine leichte Abnahme an den meisten Stationen beobachtet. Insbesondere auf der 500 hPa–Fläche zeigen alle Stationen einen signifikanten negativen Trend. Dies bestätigt die in Kapitel 5.1.1 besprochene Problematik der ChPo in den Datensätzen um 1990.

Um nicht nur den Fokus auf Trends in den KPs zu legen, werden auch mögliche Änderungen in der Anzahl der Tage untersucht, an denen die Schwellenwerte aus Kapitel 4 überschritten (bzw. unterschritten) werden. Als Beispiel werden hier die Schwellenwerte verwendet, die unter Hinzunahme der SV Gebäudeschadendaten für die Station Stuttgart bestimmt wurden. Grundsätzlich sind die Trendrichtungen in Abbildung 5.8 ähnlich zu den Trends der 90% (10%) Perzentile der zugehörigen KPs (Abb. 5.6). An allen Statio-

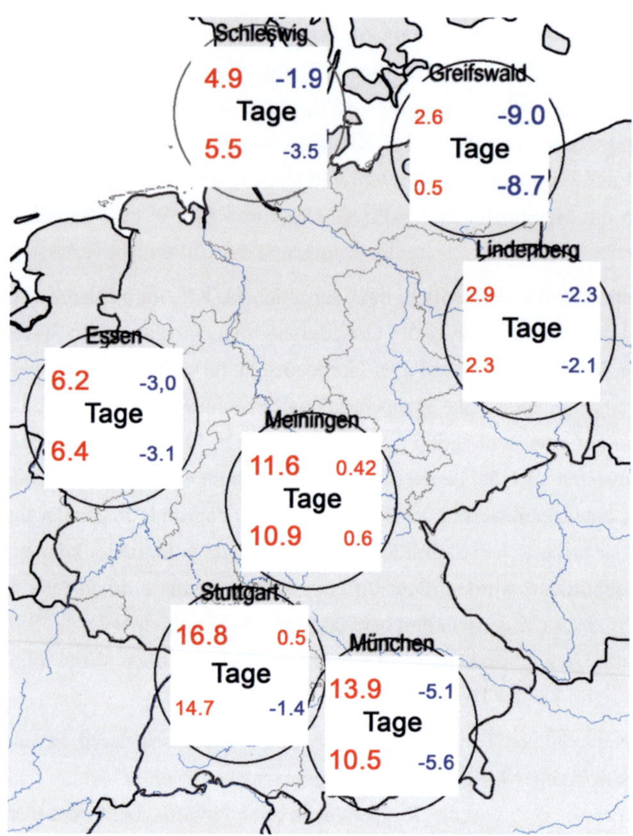

Abb. 5.8.: Wie Abb. 5.6, allerdings für die Anzahl der Tage pro Jahr, die den hagelrelevanten Schwellenwert (Evaluierung der SV Daten) überschreiten: $CAPE_B \geq 1112\,J\,kg^{-1}$, $CAPE_{100} \geq 439\,J\,kg^{-1}$, $LI_B \leq -3{,}6\,K$ und $LI_{100} \leq -1{,}6\,K$ (vgl. Tabelle 4.1).

nen wird der Schwellenwert für die $CAPE_B$ häufiger als in der Vergangenheit überschritten, wobei diese Änderungen an fünf Stationen signifikant sind (Ausnahme: Greifswald und Lindenberg). Ein ähnliches Bild zeigt sich auch für den LI_B. Dagegen sinkt die Anzahl der Tage bei Analysen der gemittelten KPs $CAPE_{100}$ und LI_{100} (nicht signifikant für die meisten deutschen Stationen). Abschließend kann zusammengefasst werden, dass die Anzahl der Gewittertage beziehungsweise die Intensität an diesen Tagen zugenommen hat.

5.3.2. Trendanalysen für variierende Zeitreihen

Die Trendanalysen, die in dem vorherigen Kapitel diskutiert wurden, beschränken sich nur auf einen festen Zeitraum von 32 Jahren. Aufgrund der sehr hohen zeitlichen Variabilitäten der KPs (vgl. Abb. 5.5) ergeben sich durchaus unterschiedliche Aussagen, wenn verschiedene Zeiträume betrachtet werden. Deshalb wird im Folgenden die Robustheit der Trends (inklusive ihrer Signifikanz) durch Verschiebungen der Anfangs- und Endjahre in den Zeitreihen der 90% (10%) Perzentile untersucht. Aufgrund der Ergebnisse in Kapitel 4 und 5.1 liegt der Fokus auf vier KPs, die eine hohe Werte des HSS für Hagelereignisse aufweisen und primär durch bodennahe Werte bestimmt werden: $CAPE_B$, LI_B, $\Delta\theta_E$ und DCI_B. Zum Vergleich und für eine abschließende Diskussion hinsichtlich der Inhomogenitäten werden auch $CAPE_{100}$, LI_{100} und PII berücksichtigt. Um ebenfalls mögliche Änderungen in der Dynamik zu betrachten, wird zusätzlich WSh_{0-6} diskutiert. Die Resultate werden exemplarisch für die Stationen Schleswig und Stuttgart untersucht, für die die größtmöglichen Datensätze von $n = 53$ Jahren zur Verfügung stehen. Außerdem repräsentieren die beiden Stationen, wie bereits in Kapitel 5.2 erörtert, ein maritimes Klima im Norden und ein mehr kontinental geprägtes Klima im Süden von Deutschland.

Die Ergebnisse des linearen Trends inklusive ihrer statistischen Signifikanz ($\geq 90\%$) werden für jede Teilzeitreihe in Form einer Trendmatrix dargestellt. Hierzu wird die Originalzeitreihe schrittweise bis auf eine minimale Länge von 11 Jahren heruntergekürzt und dabei jeweils nach vorne beziehungsweise nach hinten verschoben. Somit erhält man $j = 1 + 2 + \ldots + (n - 10) = 946$ verschiedene Zeitreihen. Jeder Gitterpunkt in Abbildung 5.9 und 5.10 repräsentiert den linearen Trend pro Jahr für einen Zeitraum, der durch das Startjahr, das durch die x–Achse definiert wird, und das Endjahr auf der y–Achse bestimmt wird. Als Beispiel sei hier auf das schwarze Quadrat verwiesen, das den Trend für die bisher diskutierten Zeitraum von 1978 bis 2009 angibt.

Hinsichtlich Richtung und Signifikanz der Trends wird deutlich, dass die Matrizen die hohe jährliche Variabilität der KPs reflektieren. Die Mehrheit der Trends an den 946 Gitterpunkten zeigt keine signifikante Änderung. Dies gilt vor allem für DCI_B und PII, aber auch für WSh_{0-6}. Für letzteren sind beispielsweise insbesondere für eine längere Zeitperiode die Änderungen sehr klein ($\pm 0{,}1\,\mathrm{m\,s^{-1}}$). Die meisten Trends, die auf den gemittelten Versionen der KPs oder auf den KPs, die mit Variablen in der Höhe berechnet werden, beruhen ($CAPE_{100}$, LI100, PII), weisen auf eine Zunahme der Stabilität der Atmosphäre hin. Positive Trends dagegen werden vorwiegend nach dem identifizierten ChPo 1990 / 1991 beobachtet. Vor den ChPos ähneln die gemittelten Versionen von CAPE und LI abhängig von ihrer Station den Versionen, die primär auf bodennahen Werten basieren. Dagegen steigt das Konvektionspotential, ausgedrückt durch $CAPE_B$, LI_B und $\Delta\theta_E$, an beiden Stationen für die meisten Zeitreihen, die nach 2000 enden, an. Ähnliches ergibt sich für Trends, die für die letzten zwei bis drei Dekaden berechnet werden. Allerdings sind diese Zeitreihen verhältnismäßig kurz, um daraus gesicherte Schlussfolgerungen ziehen zu können; jedoch kann es als ein Hinweis darauf interpretiert werden, dass sich das Gewitterpotential in den letzten Jahren geändert hat. Die hohe Überstimmung der Trends zwischen CAPE und LI ist zudem ein Hinweis darauf, dass die Schichtung oberhalb von 500 hPa eher eine untergeordnete Rolle für die Stabilität spielt.

Die größten Änderungen werden an beiden Stationen für Zeitreihen gefunden, die nach 1990 beginnen. Beispielsweise ergibt sich an der Station Stuttgart zwischen 1990 und 2000 für die $CAPE_B$ ein Trend von rund 60 $J\,kg^{-1}$ pro Jahr. Für die ganze Periode bedeutet das eine Zunahme um 600 $J\,kg^{-1}$. Diese erhebliche Erhöhung über einen so kurzen Zeitraum verdeutlicht wiederum die geringe zeitliche Stabilität der Trends. Abhängig davon, ob ein solch starker Anstieg (Abnahme) in einer Zeitreihe vorliegt, hat dies einen nicht unerheblichen Einfluss auf den Trend oder zumindest dessen Signifikanz für die gesamte Zeitreihe. Dies ist einer der Gründe, warum die Trendrichtungen aller KPs sich für einzelne Zeitreihen ändern. Allerdings zeigen die beiden Abbildungen 5.9 und 5.10 auch, dass die berechneten Trends gegenüber kleinen Verschiebungen der Zeitreihen verhältnismäßig robust sind. Insbesondere gilt dies für die Zeitreihe von 1978 bis 2009, die oben bereits diskutiert wurde (Kap. 5.3.1). Große Gradienten zwischen den Gitterpunkten treten nur vereinzelt auf und beschränken sich vor allem auf kurze Perioden von etwa 11 – 14 Jahren (Werte entlang der Diagonalen).

Des Weiteren ist offensichtlich, dass die Werte der Trends an der Station Stuttgart größer als an der Station Schleswig sind. So beträgt dort der höchste Wert beispielsweise für $CAPE_B$ 40 $J\,kg^{-1}$, während an der Station Stuttgart dreimal so hohe Werte erreicht werden (141 $J\,kg^{-1}$). Ähnliches ist auch für die anderen Parameter zu beobachten, unabhängig davon, ob bei den KPs gemittelt wird oder nicht. Diese Unterschiede sind konsistent zur Klimatologie der KPs (Kap. 5.2) und belegen einen Zusammenhang zwischen den Magnituden der Trends und den mittleren (Extrem)werten.

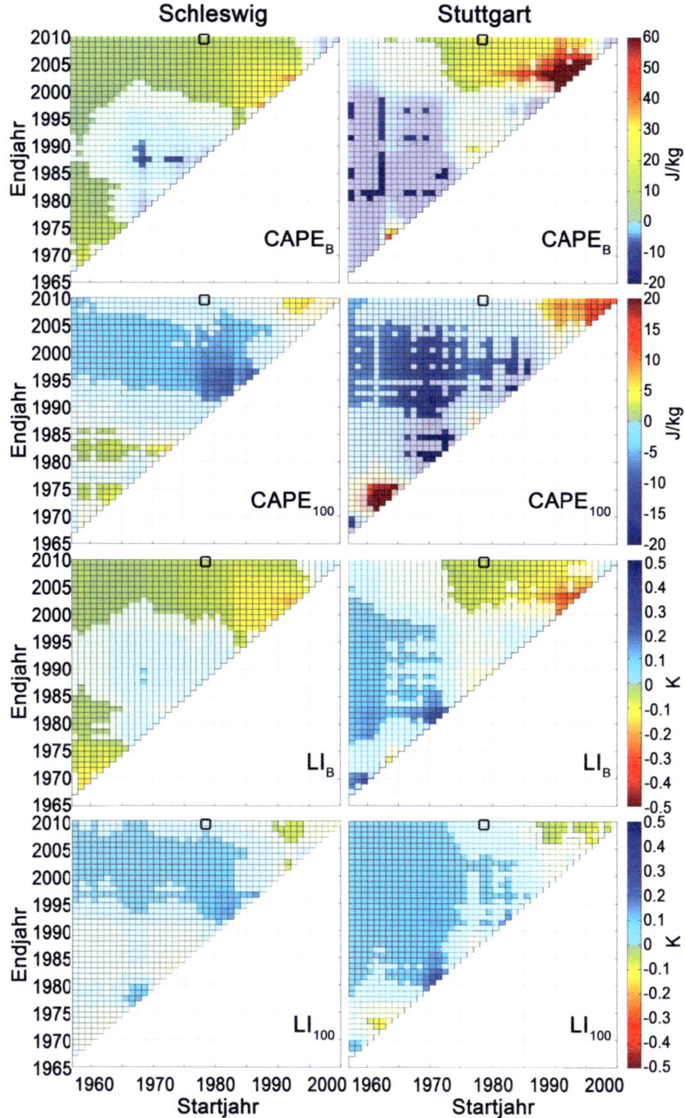

Abb. 5.9.: Die Trendmatrizen zeigen den linearen Trend pro Jahr der 90% (10%) Perzentile für hagelrelevante KPs für variierende Zeiträume an den Stationen Schleswig und Stuttgart; die x–Achse markiert den Beginn, die y–Achse das Ende der jeweiligen Zeitreihe. Trends mit einer Signifikanz von < 90% sind aufgehellt. Grüne bis rote Farben zeigen eine Labilisierung, blaue eine Stabilisierung der Atmosphäre an. Die schwarzen Boxen zeigen exemplarisch den Zeitraum von 1978 bis 2009.

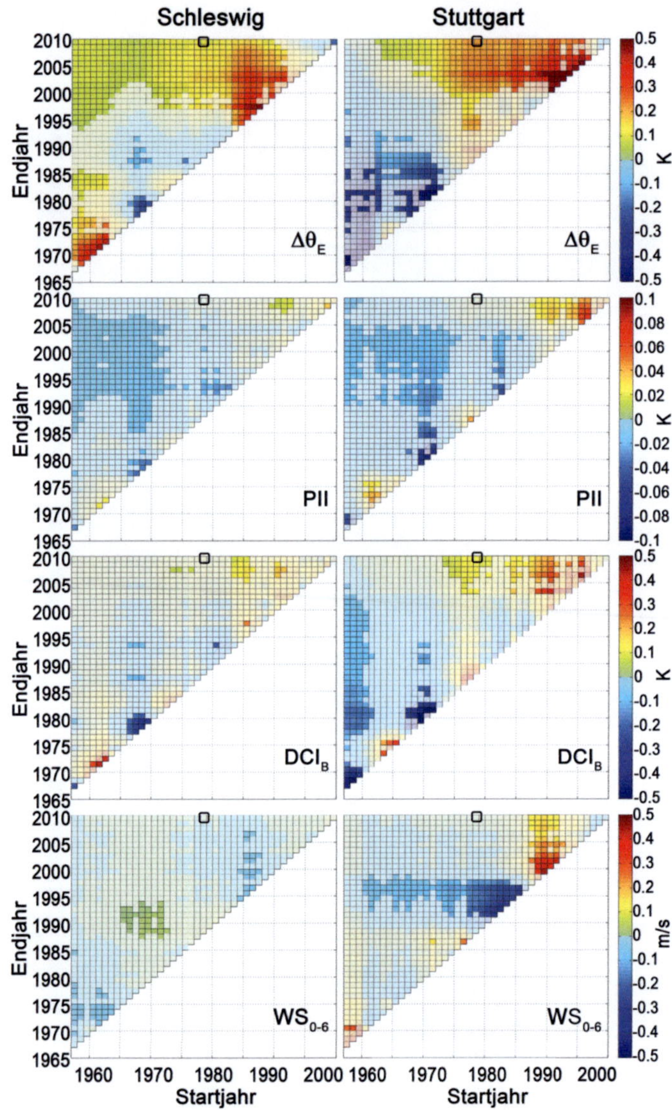

Abb. 5.10.: Wie Abb. 5.9, für weitere hagelrelevante KPs.

Ein weiterer Unterschied zwischen den beiden Stationen zeigt sich für die Trendrichtungen der ersten drei Dekaden. Während in der Nähe von Schleswig die meiste Zeit das Gewitterpotential zugenommen hat, wird die Atmosphäre an der Station Stuttgart erst ab etwa 1980 labiler ($CAPE_B$ und LI_B). Eine Ausnahme für letzteres ist ein kurzer Anstieg zwischen 1963 und 1975 aufgrund erhöhter bodennaher Feuchtewerte. Diese Ergebnisse können möglicherweise die hohe Zunahme am Ende der Messreihe an der Station Stuttgart erklären. Darüber hinaus sind die meisten negativen Trends für Schleswig statistisch nicht signifikant; wie beispielsweise die Zeitreihen, die zwischen 1965 und 1982 starten und zwischen 1975 und 1995 enden. Diese Beziehung zwischen Trendrichtung und Signifikanz gilt allerdings nicht für Stuttgart.

Werden anstelle der 90% (10%) Perzentile die 95% (5%) Perzentile der KPs betrachtet, so zeigt sich, dass die Ergebnisse sowohl für die Trendrichtung als auch für ihre Signifikanz sehr ähnliche Resultate liefern. Nur die Größenwerte der Trends ändern sich aufgrund der Perzentilwerte, die Tage mit höherem konvektivem Potential berücksichtigen.

5.3.3. Trendanalysen für Europa

Für alle europäischen Stationen, an denen Daten über einen Zeitraum von 30 Jahren vorliegen, wird ebenfalls der lineare Trend inklusive seiner Signifikanz ($\geq 90\%$) für die 90% (10%) Perzentile von verschiedenen KPs berechnet. Auf WSh_{0-6} muss verzichtet werden, da für die vertikale Interpolation der Beobachtungen zu wenige Windmessungen vorlagen. Aufgrund des hohen Datenausfalls von $9-20\%$ (siehe Diskussion Kap 5.1.2) müssen die Ergebnisse allerdings vorsichtig interpretiert werden. In Abbildung 5.11 werden Trends mit ihrer Signifikanz exemplarisch für $CAPE_B$ und $CAPE_{100}$ gezeigt (1978 – 2009, Abweichungen siehe Tabelle 3.1). Im Allgemeinen ähneln die Ergebnisse denen in Deutschland. Die meisten Stationen zeigen für die $CAPE_B$ einen signifikanten positiven Anstieg zwischen $145\,\mathrm{J\,kg^{-1}}$ und $1354\,\mathrm{J\,kg^{-1}}$. Vor allem signifikante Trends von etwa $500\,\mathrm{J\,kg^{-1}}$ werden bei mehreren Stationen in Europa beobachtet. Die höchsten signifikanten Änderungen von mehr als $1000\,\mathrm{J\,kg^{-1}}$ treten in Wien [Österreich (18)] und an zwei Stationen in Italien auf [Milano (24) und Trapani (26)]. Obwohl eine Zunahme der konvektiven Energie an den meisten mitteleuropäischen Stationen vorherrschend ist, zeigt sich kein charakteristisches regionales Muster.

Dagegen sind die Trends der $CAPE_{100}$ an fast allen Stationen negativ, aber auch statistisch nicht signifikant (Abb. 5.11). Nur die Profile an den bereits diskutierten Stationen

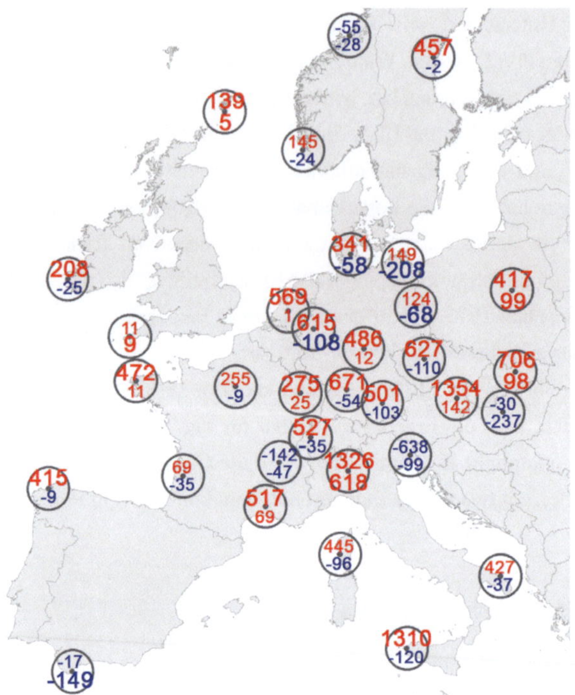

Abb. 5.11.: Lineare Trends (1978–2009) der 90% Perzentile der CAPE$_B$ (innerhalb des Kreises oben) und CAPE$_{100}$ (unten). Große fette Zahlen bedeuten eine Signifikanz von ≥ 90 %, kleine Zahlen stehen für nicht signifikante Änderungen.

in Nordostdeutschland und Gibraltar (17) weisen auf eine Stabilisierung in der Atmosphäre, die signifikant ist, hin. Im Gegensatz dazu zeigen die Daten an drei Stationen in Mitteleuropa beziehungsweise im östlichen Teil (20, 21, 24) eine Labilisierung (signifikant). Ähnlich wie bei CAPE$_B$ ist auch hier kein klares regionales Muster, das etwa durch die Klimatologie oder durch orografische Einflüsse geprägt ist, zu erkennen.

Bei der Betrachtung der Änderungen von weiteren KPs in Europa kristallisieren sich verschiedene Gemeinsamkeiten, aber auch einige Unterschiede heraus. Im Allgemeinen zeigen die KPs, die primär durch bodennahe Temperatur- und Feuchtewerte berechnet werden (CAPE$_B$, LI$_B$ und $\Delta\theta_E$), einen signifikanten positiven Trend hinsichtlich der Gewitteraktivität (obere Reihe in Abb. 5.12 und Abb. B.1 im Anhang). Nur ein paar vereinzelte Stationen zeigen eine leichte Abnahme, die jedoch in der Regel nicht signifikant

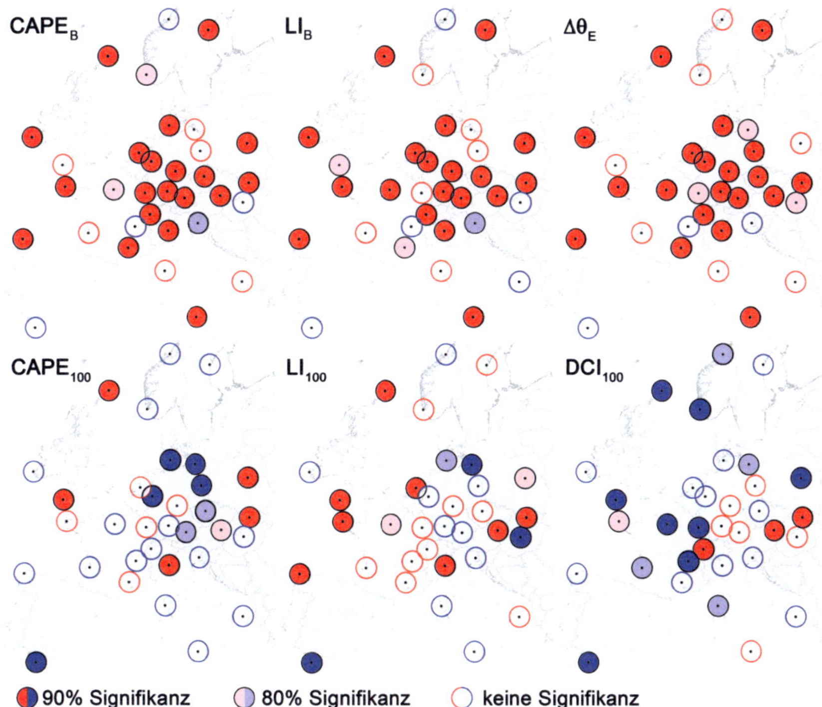

Abb. 5.12.: Lineare Trends der 90% (10%) Perzentile verschiedener KPs (1978–2009). Die Farbdefinition entspricht der in Abb. 5.7.

ist. Eine Ausnahme ist der LI$_B$ an der Station Udine (23) in Norditalien, die bereits als diejenige Radiosondenstation mit dem höchsten Konvektionspotential von allen europäischen aufgefallen ist (siehe Kap. 5.2). Aufgrund des hohen Datenausfalls von 19,4% an dieser Station ist diese Trendaussage allerdings nicht zuverlässig.

Im Gegensatz dazu zeigen KPs, die von einer gemittelten unteren Schicht abhängen (CAPE$_{100}$, LI$_{100}$ und DCI$_{100}$), ungleichmäßig verteilte Trendrichtungen, die vielerorts nicht signifikant sind (untere Reihe in Abb. 5.12). Insbesondere CAPE$_{100}$ weist nur an einem Drittel der Stationen eine signifikante Änderung auf. Wie bereits für die deutschen Radiosondenstationen diskutiert, wurden auch die europäischen Sonden etwa um das Jahr 1990 durch die Väisälä RS80 Sonde ersetzt (Gaffen et al., 2000). Daher kann davon ausgegangen werden, dass die ChPos im Zusammenhang mit dem Instrumentenwechsel in Europa ebenfalls verantwortlich für die unterschiedlichen Trendrichtungen und deren fehlende Signifikanz sind (vgl. Kap. 5.1.1).

Berücksichtigt man das physikalische Konzept, dem die verschiedenen KPs unterliegen, können einige Gemeinsamkeiten beobachtet werden. Beispielsweise existiert ein deutlicher Zusammenhang zwischen $\Delta\theta_E$ und $CAPE_B$, die beide auf der latenten Stabilität (ohne vertikales Mischen) basieren. Der Zusammenhang der Trends zwischen CAPE und LI verdeutlicht, dass die Vertikalprofile in Höhen von 500 hPa für die Stabilität eher von geringer Relevanz sind. Die Diskrepanz zwischen LI_{100} und DCI_{100}, insbesondere an einzelnen Stationen im Nordwesten, weist bei der Berechnung auf einen größeren Einfluss von Temperatur und Feuchte in den unteren Niveaus (hier in 850 hPa) hin. Diese Schlussfolgerungen wurden bereits zum einen durch die hohe Korrelationen zwischen den Parametern an den deutschen Radiosondenstationen (Kap. 4), zum anderen durch die Trendmatrizen in Abbildung 5.9 und 5.10 gezogen. Durch die hohe Anzahl weiterer Stationen kann dies somit zusätzlich bestätigt werden.

Die Trendmatrizen der KPs der europäischen Radiosondenstationen bestätigen in etwa die Ergebnisse für Deutschland. Der Zeitraum, für den die Daten statistisch analysiert werden, bestimmt die Magnitude der Trends und ihre Signifikanz. Beispielsweise weisen die Vertikalprofile an den Stationen Gibraltar (17) in Spanien und Bordeaux (13) und Nîmes (14) in Frankreich hohe positive Trends für den Zeitraum von 1977 beziehungsweise 1983 bis 1994 auf, während für die letzten drei Jahrzehnte ein negativer Trend berechnet wird (als Beispiel siehe die Trendmatrizen der $CAPE_B$, Abb. B.2 im Anhang). Zusammenfassend kann man sagen, dass die Trendmatrizen benachbarter Stationen sehr oft ähnliche Trends aufweisen. Daraus lässt sich der Schluss ziehen, dass die Ergebnisse der Trendanalysen an den meisten Radiosondenstationen als vertrauenswürdig betrachtet werden können.

5.4. Konvektionsparameter in Reanalysedaten

Zur Betrachtung der atmosphärischen Stabilität anhand von Reanalysedaten wird im folgenden Abschnitt sowohl der CCLM–IMK–ERA40 Lauf (nachfolgend als CE40 bezeichnet) als auch der CoastDatII–Datensatz, der durch den NCEP1 Lauf angetrieben wird, verwendet. Vorteil von den NCEP1–Daten ist, dass dabei die Datenassimilation konstant geblieben und der Datensatz für Langzeitanalysen besser geeignet ist. Die ERA40–Daten weisen dagegen aufgrund der zeitlichen Veränderungen der verfügbaren

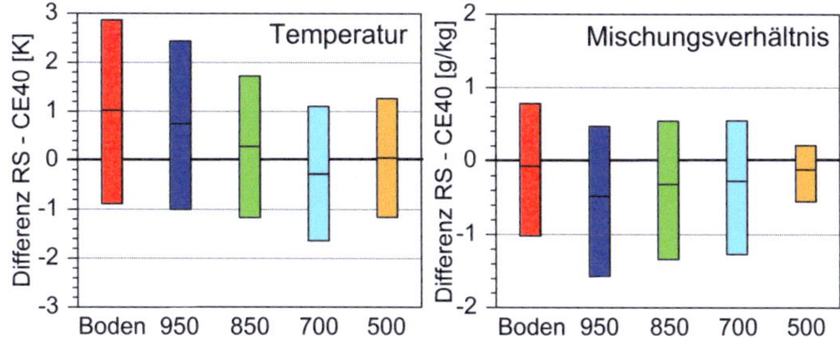

Abb. 5.13.: Median und oberes / unteres Quartil der Differenzen zwischen Radiosonde (RS) und CE40 für Temperatur und Mischungsverhältnis in verschiedenen Höhen [hPa] an den sieben Stationen (12 UTC, 1978 – 2000).

Beobachtungsdaten, insbesondere durch die Assimilation von Satellitenmessungen ab den 1970er Jahren, Trends und Artefakte auf (Bengtsson et al., 2004a,c). Diese wirken sich insbesondere auf den Wasserkreislauf (Verdunstung, Niederschlag etc.) aus (Bengtsson et al., 2004b; Uppala et al., 2005).

5.4.1. Validierung der Reanalysedaten durch Beobachtungen

Als erstes werden Temperatur- und Feuchtewerten in verschiedenen Höhen aus den Reanalysedaten validiert, da sie als Basis für die verwendeten Stabilitätsparameter dienen. Der Vergleich zwischen den sieben Radiosondenstationen in Deutschland und den zugehörigen Gebietsmitteln aus 3×3 Gitterpunkten (GP) in CE40[1] in verschiedenen Höhen zeigt, dass in den bodennahen Schichten die Temperaturwerte der Radiosonden etwas höher sind (Abb. 5.13). Am Boden ergibt sich im Mittel eine Differenz von $1{,}0 \pm 3{,}1$ K. Dieses Ergebnis, dass die Temperatur in den CCLM–IMK–Läufen im Sommer bodennah niedrigere Werte (engl. cold bias) gegenüber Beobachtungsdaten aufweist, ist bereits bekannt. So ist deutschlandweit beispielsweise die saisonale (JJA) mittlere Temperatur des CE40 im Vergleich zum E–OBS[2]–Datensatz um $-1{,}5$ K geringer (vgl. Berg et al., 2012b, Tabelle 1). Ursache ist sowohl das antreibende GCM als auch das verwendete RCM (Berg et al., 2012a,b). Ein weiterer Grund, insbesondere für die größeren Differenzen, ist die oft an der Radiosondenstation vorherrschende bodennahe überadiabatische

---

[1] Nur hier stehen dreidimensionale Variablen für T und r in verschiedenen Druckniveaus zur Verfügung.

[2] Europäischer hochaufgelöster Beobachtungsdatensatz für Niederschlag und Temperatur (tägliche Werte, 1950 – 2006), der im Rahmen des EU–Projekts ENSEMBLES erstellt wurde, um regionale Klimamodelle zu validieren (Haylock et al., 2008).

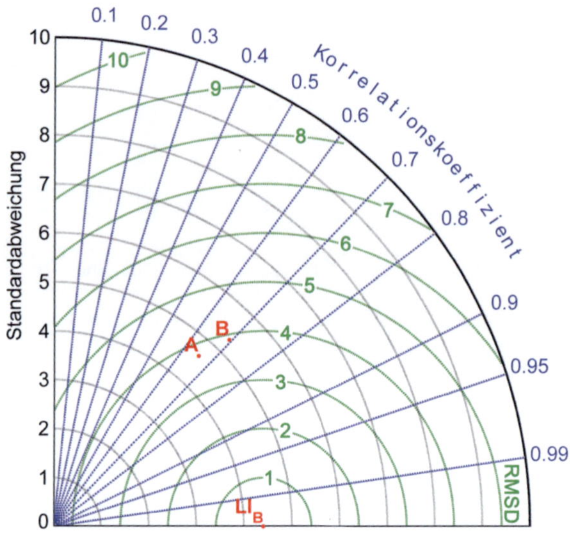

Abb. 5.14.: Taylordiagramm für den LI_B zwischen Radiosonden- und Modelldaten (A = CE40, B = CoastDatII) von 1978 – 2000, zusammengefasst für alle sieben Radiosondenstationen.

Schichtung, die von den Modelldaten nicht abgebildet wird. In den Schichten der unteren und mittleren Troposphäre gibt das Modell um 12 UTC dagegen im Mittel gut die atmosphärischen Bedingungen der Beobachtungen wieder (Median von ΔT_{850}, ΔT_{700} und $\Delta T_{500} \leq 0{,}28\,$K). Zusätzlich weist CE40 feuchtere Bedingungen als die Radiosondenwerte auf, die in 950 hPa am stärksten ausgeprägt sind (Median $-0{,}48\,$g kg^{-1}). Direkt am Boden ist dieser Einfluss jedoch kaum zu sehen.

Das Taylordiagramm (Taylor, 2001) ist eine grafische Darstellung verschiedener statischer Größen, die aufzeigen, wie gut ein Referenzdatensatz (z.B. Beobachtungen) durch Testdaten (z.B. Modelldaten) wiedergegeben wird. Mit dessen Hilfe wird das Stabilitätsverhalten zwischen verschiedenen Datensätzen überprüft (Abb. 5.14), indem die Korrelation der beiden Datensätze (blau), die Amplitude der Abweichung (dargestellt durch die Standardabweichung; grau) und die Differenz des quadratischen Mittelwerts (grün; engl. root–mean–square difference, RMSD) in einem zweidimensionalen Raum abgebildet werden. Als Referenzdatensatz dienen die täglichen 12 UTC–Werte des LI_B an allen sieben Radiosondenstationen (1978 – 2000) und als Testdatensätze die Daten der nächstgelegenen Gitterpunkte (Gebietsmittel aus 3×3 GP) in CE40 (A) und CoastDatII

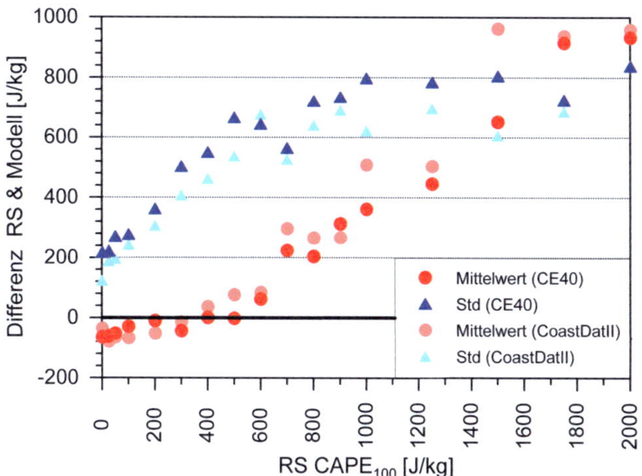

Abb. 5.15.: Die x–Achse zeigt verschiedene Intervalle der CAPE$_{100}$ nach Radiosondendaten (RS), die y–Achse beschreibt die zugehörige Differenz (RS–Modell) für die jeweiligen täglichen CAPE–Werte. Kreise (Dreiecke) stehen für den Mittelwert (Standardabweichung, Std) der Differenz der CAPE zwischen Radiosonden- und Modelldaten für CE40 und CoastDatII (1978 – 2000).

(B). Die strukturelle Variation (engl. pattern variation), abzulesen an der Standardabweichung, stimmt zwischen den Modellen und den Beobachtungen (RS$_{Std}$: 4,4 K) relativ gut überein, wobei das CE40 näher am Referenzdatensatz ist (CE40$_{Std}$: 4,6 K; CoastDatII$_{Std}$: 5,3 K). Allerdings liegt die Korrelation zwischen den Radiosondendaten und CE40 (CoastDatII) nur bei 0,66 (0,69). Somit resultiert eine RMSD von $\sim$ 3,8 K. Eine Ursache für den doch recht geringen Zusammenhang zwischen den Datensätzen ist die Unterschätzung vor allem von hohen Instabilitäten in den Modelldaten (siehe unten). Das Taylordiagramm für die CAPE zeigt noch niedrigere Korrelationen um die 0,3. Der Hauptgrund hierfür ist die unterschiedliche Art der Berechnung.

Abbildung 5.15 verdeutlicht, dass die beiden RCM hohe Instabilität in der Atmosphäre nicht richtig wiedergeben können. Hierzu wird die Differenz zwischen den täglichen Radiosonden- und Modelldaten (CE40 und CoastDatII) der CAPE gegenüber dem zugehörigen Intervallbereich aus den Radiosondendaten (z.B. alle Werte, die zwischen 100 – 200 J kg^{-1} liegen) dargestellt. Die Breite der Intervalle nimmt dabei mit zunehmenden Werten der CAPE zu. Dargestellt ist sowohl der Mittelwert als auch die Standardabweichung (Std) aus dem jeweiligen Differenzdatensatz. Beide Modelle zeigen, dass die

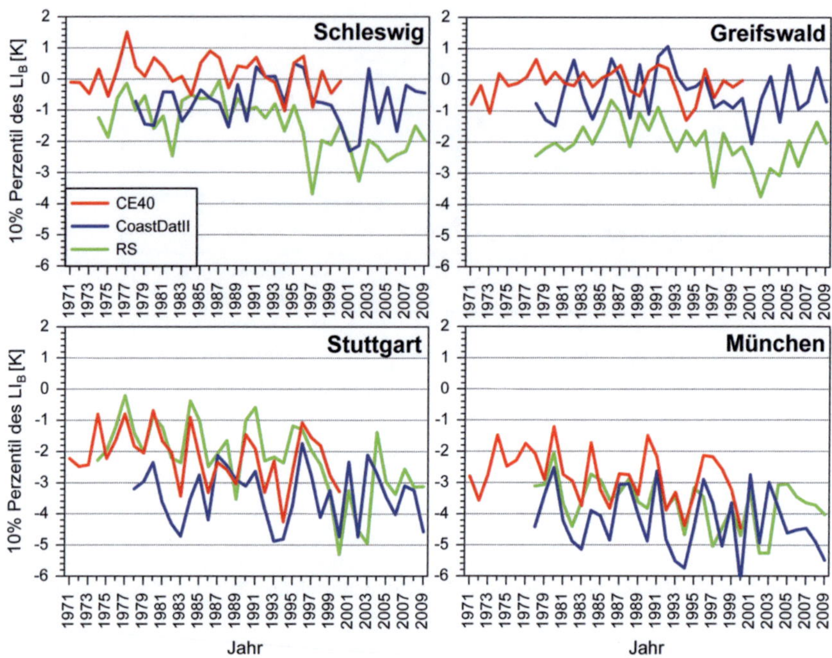

Abb. 5.16.: Zeitreihen des 10% Perzentils des LI_B an der Station Schleswig, Greifswald, Stuttgart und München für die Radiosonde (1973/1978 – 2009), CE40 (1971 – 2000) und CoastDatII (1978 – 2009).

Differenz annähernd linear mit höheren CAPE–Werten zunimmt. Ähnliche Ergebnisse finden sich auch bei Graf (2008), der Analysedaten des ECMWF mit Radiosondendaten vergleicht. Diese Differenz kann durch die nicht vorhandene überadiabatische Schichtung im Modell erklärt werden, wodurch die Hebungskurve ein LCL mit niedrigeren Temperaturwerten und damit eine geringere Temperaturdifferenz zur Umgebungstemperatur in der jeweiligen Höhe aufweist. Auch Untersuchungen von Zeitreihen der Tageswerte um 12 UTC zeigen, dass das Auftreten von CAPE–Werten $> 500\,\mathrm{J\,kg^{-1}}$ in Radiosondendaten mit hohen CAPE–Werten in den Reanalysedaten einhergehen (82 – 90%), wobei die Reanalysedaten jedoch in der Regel geringere Werte aufweisen. Dagegen entstehen die negativen Differenzen für Werte $< 400\,\mathrm{J\,kg^{-1}}$ vor allem aufgrund der unterschiedlichen Berechnung. So sind durch die Mittelung der Startwerte die $CAPE_{100}$–Werte immer kleiner als die der $CAPE_{ML}$.

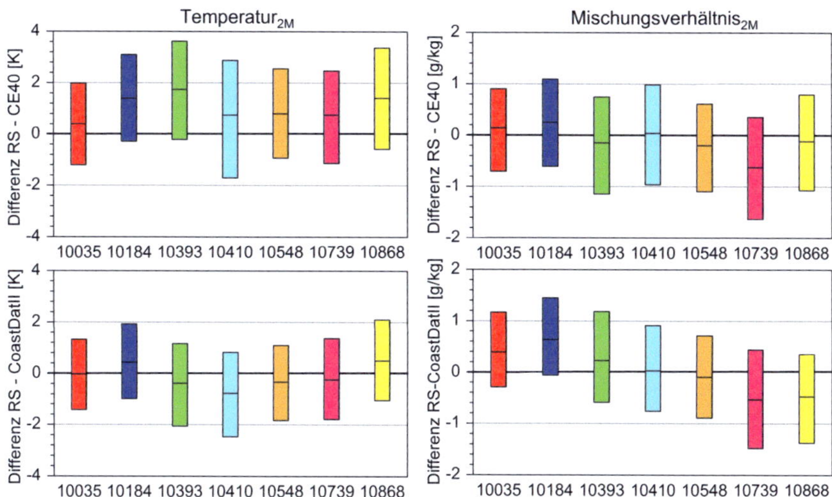

Abb. 5.17.: Median und oberes/unteres Quartil für die Differenz aus Radiosonde (RS) und CE40 (oben) bzw. CoastDatII (unten) für die bodennahe Temperatur und das bodennahe Mischungsverhältnis an den sieben Radiosondenstationen (1978 – 2000).

In Abbildung 5.16, in der die Zeitreihen der jährlichen 10% Perzentile des LI_B für die drei Datensätze dargestellt sind[3], geben die beiden oberen Abbildungen das Klima für Extreme für Norddeutschland wieder, während die beiden unteren Abbildungen das Potential für Extreme in Süddeutschland repräsentieren. Auch hier wird deutlich, dass im Süden mit größeren Instabilitäten zu rechnen ist (vgl. Kap. 5.2). Die Struktur der jährlichen 10% Perzentile wird in den Reanalysedaten relativ gut erfasst, insbesondere die hohe jährliche Variabilität ist auch hier zu erkennen. Allerdings zeigen die Modelle an den beiden nördlichen Stationen höhere Perzentilwerte des LI_B. Dies betrifft vor allem den CE40–Lauf. So ist an der Station Schleswig von 1973 bis 2000 der mittlere jährliche Perzentilwert 0,16 K (CE40), während die Radiosonde im Mittel mit $-1,21$ K eine wesentlich labilere Schichtung zeigt. Im Süden dagegen decken sich die Modellläufe eher mit den Radiosondendaten, wobei der CoastDatII–Datensatz sogar eine noch labilere Schichtung aufweist. Dies trifft insbesondere auf die Station Stuttgart zu, wo sich für CoastDatII ein Mittelwert des 10% Perzentils von $-3,41$ K ergibt, während der Mittelwert in den Radiosondendaten bei $-2,33$ K liegt (1978 – 2009). In Abbildung 5.17,

---

[3]   Da T_{500} in den CoastDatII–Daten erst ab 1978 zur Verfügung steht, wird der LI_B nur für den Zeitraum von 1978 – 2009 berechnet.

in der die einzelnen Abweichungen zwischen den Radiosonden- und den Modelldaten für die bodennahe Temperatur und Feuchte an den sieben deutschen Stationen dargestellt sind, zeigt sich, dass die bodennahe Temperatur nicht allein verantwortlich für diese Diskrepanz bei den Extrema ist[4]. Während in Schleswig und Greifswald an beiden Radiosondenstationen feuchtere Umgebungsbedingungen gemessen werden, und dies zu labileren Bedingungen in den Radiosondendaten gegenüber den Modelldaten führt, gleicht eine trockenere Umgebung um die Radiosondenstationen Stuttgart und München den Unterschied zu den CE40–Daten wieder aus.

Zusammenfassend kann man festhalten, dass die hochaufgelösten regionalen Reanalysedaten durchaus in der Lage sind, die Stabilitätsbedingungen der Atmosphäre reproduzieren. Sie bilden auch die jährliche Variabilität ab und können beobachtete Tage mit hoher Labilität wiedergeben. Allerdings werden hohe Instabilitäten unterschätzt. Außerdem lassen sich weitere Differenzen durch abweichende Feuchtefelder oder durch eine andere Temperaturverteilung in der bodennahen Schicht in den Modelldaten erklären (z.B. Bias zu niedrigeren Temperaturen in CE40). Zusätzlich sollte berücksichtigt werden, dass Radiosondendaten, insbesondere in Bodennähe, reine Punktmessungen sind, während die Modelldaten ein Gebietsmittel (3×3 GP) und somit für ein etwa $440\,\mathrm{km}^2$ großes Gebiet repräsentativ sind.

Auch andere Arbeiten zeigen, dass Konvektionsparameter aus globalen Reanalysedaten in guter Näherung die Stabilitätsbedingungen wiedergeben, beispielsweise in den USA (Lee, 2002; Brooks et al., 2003). Manzato (2008) verglich im Norden von Italien 40 verschiedene KPs an der Station Udine (vgl. Tabelle 3.1, 23) mit Analysedaten des ECMWF. Er stellte die besten Übereinstimmungen für die 12 UTC–Aufstiege fest – vor allem für KPs, die nur von Temperatur und Feuchte abhängig sind. Die größten Abweichungen beobachtete er für KPs, die zusätzlich Windfelder berücksichtigen. Die Ursache hierfür führte er vor allem auf die Orografie zurück. Sander (2011) berechnete ebenfalls hohe Korrelationen zwischen Radiosonden- und ERA40–Daten, auch wenn die CAPE–Werte der Reanalysen aufgrund der groben Auflösung geringer als in den Beobachtungsdaten waren.

---

[4] Ein Vergleich der bodennahen Temperaturwerte zwischen CoastDatII und E–OBS zeigt, dass im SHJ in Deutschland geringe Unterschiede von ± 1 K beobachtet werden (Geyer, 2012, persönliche Kommunikation).

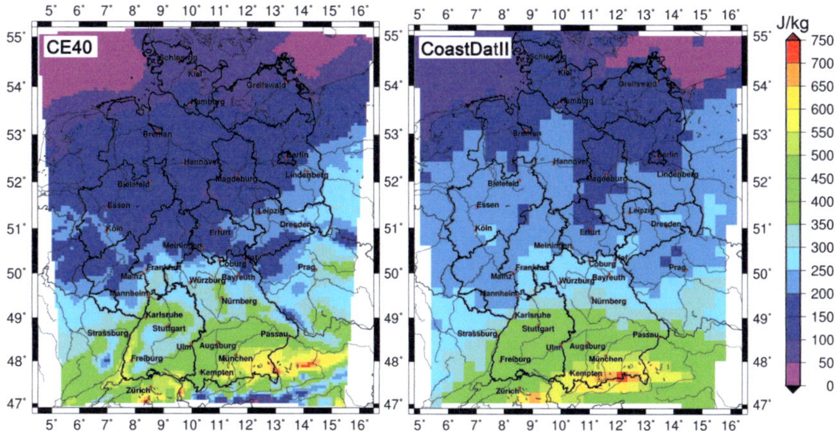

Abb. 5.18.: Mittelwerte der jährlichen 90% Perzentile der $CAPE_{ML}$ für CE40 (links) und $CAPE_{CON}$ für CoastDatII (rechts) von 1971 – 2000.

5.4.2. Klimatologie der Konvektionsparameter in Reanalysedaten

Die klimatologischen Merkmale der CAPE (jährliche 90% Perzentile) in den Reanalysedaten bestätigten die räumliche Verteilung des Konvektionspotentials der Radiosonden über Deutschland (vgl. Kap. 5.2). So ist in Abbildung 5.18 ebenfalls ein deutlicher Nord–Süd–Gradient sowohl in CE40 als auch in CoastDatII für den Mittelwert über 30 Jahren auszumachen, wobei die höchsten Werte im Süden auftreten. Ähnliche Ergebnisse zeigen auch andere Konvektionsparameter wie beispielsweise der LI_B. Interessant ist, dass der Schwellenwert für potentielle Hagelereignisse aus Kapitel 4 (vgl. Tabelle 4.1) mit $440\,\mathrm{J\,kg^{-1}}$ für weite Gebiete im Süden von Süddeutschland im Mittel bereits an 18 Tagen überschritten wird. Des Weiteren wird deutlich, dass Radiosonden für ein größeres Gebiet repräsentativ sind.

Unterschiede zwischen CE40 und CoastDatII sind vor allem im mittleren Teil von Deutschland zu beobachten. Während im Norden an der Küste und im Alpenvorland quantitativ die 90% Perzentile der CAPE ähnlich sind, sind sie insbesondere in den Bundesländer nördlich von Baden–Württemberg und Bayern in CoastDatII im Mittel um $50 - 100\,\mathrm{J\,kg^{-1}}$ größer. Dies ist insbesondere ein Resultat aus einer wärmeren und trockeneren bodennahen Umgebung. Sowohl für die Mittelwerte der jährlichen 90% Perzentile als auch für die mittleren Werte (siehe Abb. 5.19) von T_{2m} und r_{2m} kann ein Einfluss auf die Stabilitätsbedingungen beobachtet werden (SHJ, 1971 – 2000). Obwohl

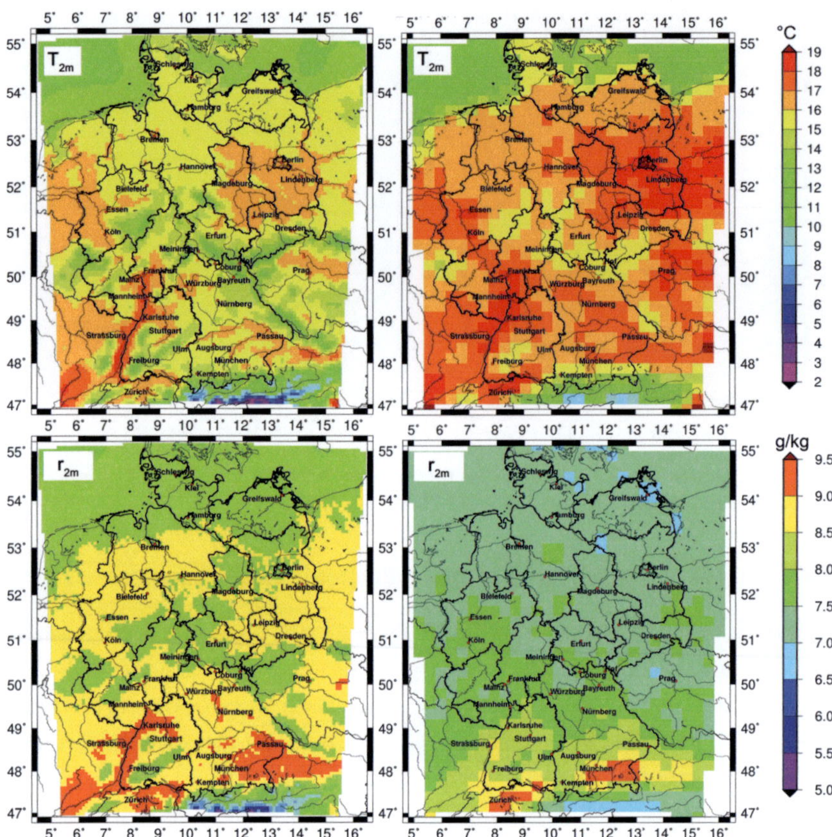

Abb. 5.19.: Mittelwerte von T_{2m} (oben) und r_{2m} (unten) für CE40 (links) und CoastDatII (rechts, SHJ, 1971–2000

geringere Feuchtewerte ($\sim 0{,}5 - 1{,}5\,\mathrm{g\,kg^{-1}}$) hohen Instabilitäten entgegenwirken, verursachen die höheren Temperaturen von $1 - 2\,\mathrm{K}$ eine Verschiebung der Hebungskurve zu höheren Temperaturwerten, sodass größere Differenzen zwischen dem aufsteigenden Luftpaket und der Umgebungstemperatur entstehen. So erklären sich auch die niedrigeren 10% Perzentilwerte des LI_B in Abbildung 5.16 im Vergleich zu CE40. Die Werte des LI_B der CoastDatII im Süden am Rand der Alpen ($\sim 1000 - 1600\,\mathrm{m}$) sind dagegen unrealistisch und können auf zu hohe Feuchtewerte in diesem Bereich zurückgeführt werden (vgl. Orografie in Abb. 3.8b).

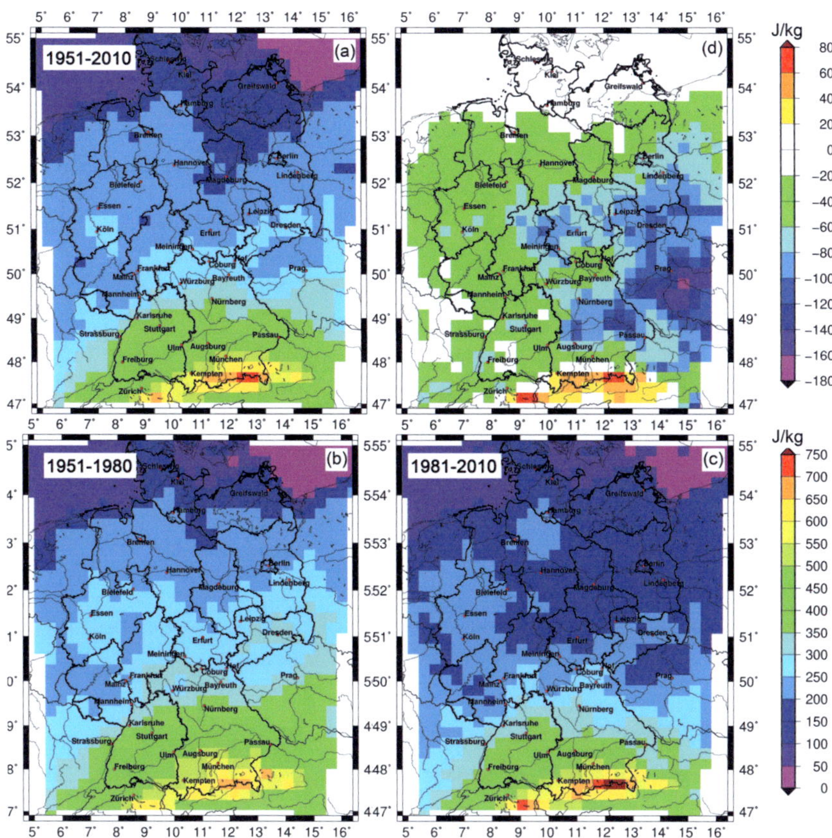

Abb. 5.20.: Mittelwerte der jährlichen 90% Perzentile der $CAPE_{CON}$ für CoastDatII von (a) 1951–2010, (b) 1951–1980 und (c) 1981–2010 (gleiche Farbskala). (d) ist die Differenz aus (c) minus (b).

Da für CoastDatII ein Zeitraum von 60 Jahren zur Verfügung steht, werden die klimatologischen Merkmale der CAPE für unterschiedliche Perioden betrachtet. Der Unterschied zwischen 1971–2000 (Abb. 5.18, rechts) und dem gesamten Zeitraum von 1951–2010 (Abb. 5.20a) ist jedoch nicht sehr groß. Es treten innerhalb von Deutschland nur geringfügige Unterschiede zwischen den beiden Zeiträumen von $-40\,\mathrm{J\,kg^{-1}}$ bis $10\,\mathrm{J\,kg^{-1}}$ auf, die kleiner sind als die angegebene Farbskala. Im Mittel liegt die Differenz bei $-10\,\mathrm{J\,kg^{-1}}$ für die kürzere Periode. Dagegen sind die Unterschiede zwischen

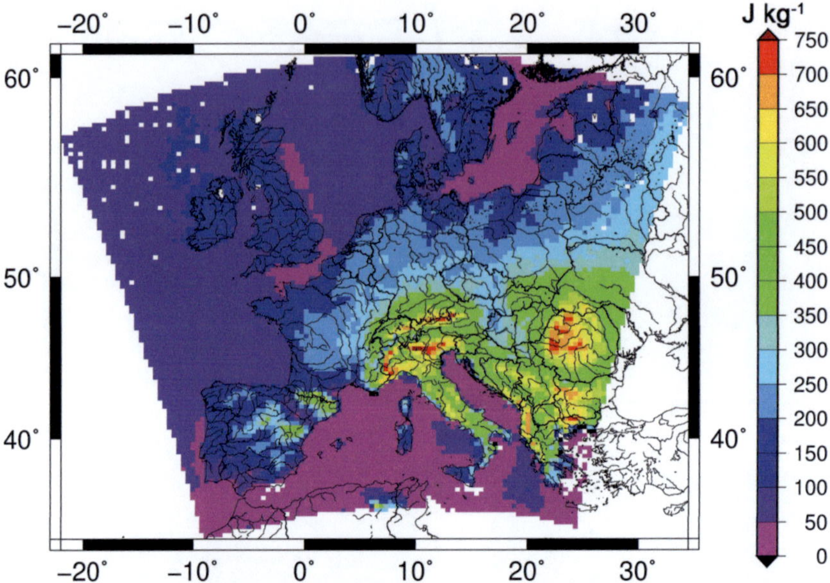

Abb. 5.21.: Mittelwerte der jährlichen 90% Perzentile der CAPE$_{CON}$ für CoastDatII (1951 – 2010).

dem Zeitraum von 1951 – 1980 (Abb. 5.20b) und 1981 – 2010 (Abb. 5.20c) deutlich größer (vgl. Differenz, Abb. 5.20d). In den meisten Gebieten hat in den letzten 30 Jahren die CAPE bezogen auf den Zeitraum von 1951 bis 1980 abgenommen, wobei die größten Abnahmen im Bereich südlich von Prag mit $140 - 180 \, \mathrm{J \, kg^{-1}}$ zu beobachten sind. Deutschlandweit liegen die Änderungen zwischen -20 und $-100 \, \mathrm{J \, kg^{-1}}$. Nur der Bereich am Rande der Alpen verzeichnet eine Zunahme. Wie bereits oben angesprochen, sind die hohen Werte der 90% Perzentile in diesem Bereich jedoch nicht repräsentativ.

Die räumliche Verteilung der mittleren jährlichen 90% Perzentile der CAPE ist europaweit durch die sommerliche Tagestemperatur geprägt (Abb. 5.21, 1951 – 2010). Des Weiteren wird deutlich, dass in einer Region die höchsten Werte am Rand der dortigen Gebirge auftreten (siehe Modellorografie und Gebirgsnamen in Abb. B.3 im Anhang). So sind die größten Werte am Rand der Pyrenäen, südlich und nördlich der Alpen, innerhalb des offenen Bogens der rumänischen Karpaten, nördlich des Balkangebirges, südlich der Rhodopen und westlich des Pindus zu beobachten. Auffallend ist, dass auch hier Gebiete mit hohen Werten der CAPE oberhalb von 1000 m beobachten werden.

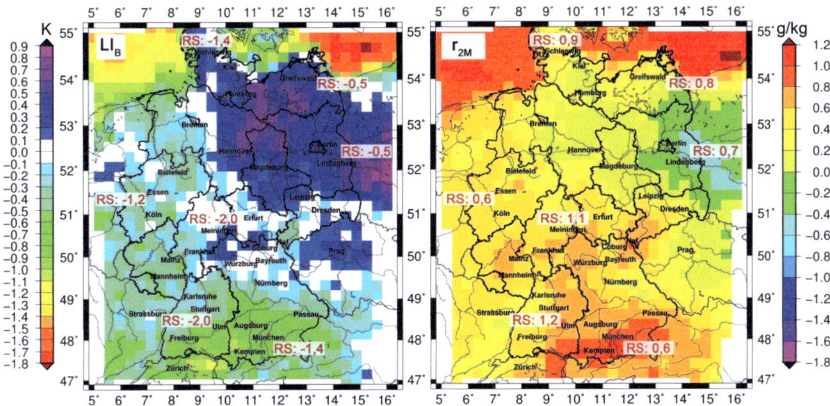

Abb. 5.22.: Lineare Trends der jährlichen 10% Perzentile des LI_B (links) und der 90% Perzentile des r_{2m} (rechts) zwischen 1978 – 2009 in CoastDatII. Zum Vergleich sind die Trends der Radiosonde (RS) an den sieben deutschen Stationen angegeben (bordeaux).

5.4.3. Trendanalysen in Reanalysedaten

Da für den CoastDatII–Lauf Daten auch nach 2000 zur Verfügung stehen, kann dieser mit den Ergebnissen der Analysen der Radiosondendaten für den gesamten 32–jährigen Zeitraum verglichen werden. Generell weisen die CoastDatII–Daten eine Zunahme des Gewitterpotentials, ausgedrückt durch LI_B, im Nordosten und Süden von Deutschland auf (Abb. 5.22, links). Die größten Änderungen in Süddeutschland beispielsweise von bis zu $-1{,}2\,K$, stimmen gut mit dem Gebiet der größten Zunahme der bodennahen Feuchte r_{2m} überein (Abb. 5.22, rechts)[5]. Im Nordosten von Deutschland dagegen wird die Atmosphäre den CoastDatII–Daten zufolge in den letzten 30 Jahren wieder stabiler. Ein Vergleich mit dem Mischungsverhältnis zeigt, dass in diesem Gebiet nur kleine Änderungen beziehungsweise eine Abnahme der Feuchte vorliegen. Die Ergebnisse sind nicht völlig identisch mit den Auswertungen der Radiosondendaten (Kap. 5.3.1). Während die Abnahme um Essen, Stuttgart und München von den CoastDatII–Daten zwar wiedergegeben aber unterschätzt wird, unterscheidet sich an den Stationen Schleswig, Greifswald und Lindenberg jedoch die Trendrichtung. Dagegen decken sich die Trendrichtungen für das Mischungsverhältnis an den einzelnen Stationen (außer Lindenberg), wobei der lineare Trend teilweise unterschätzt wird. Auch hier muss wieder berücksich-

---

[5] Gleichzeitig herrscht eine Temperaturzunahme von 1,5 bis 3,0 °C im gesamten Untersuchungsgebiet (größtenteils signifikant).

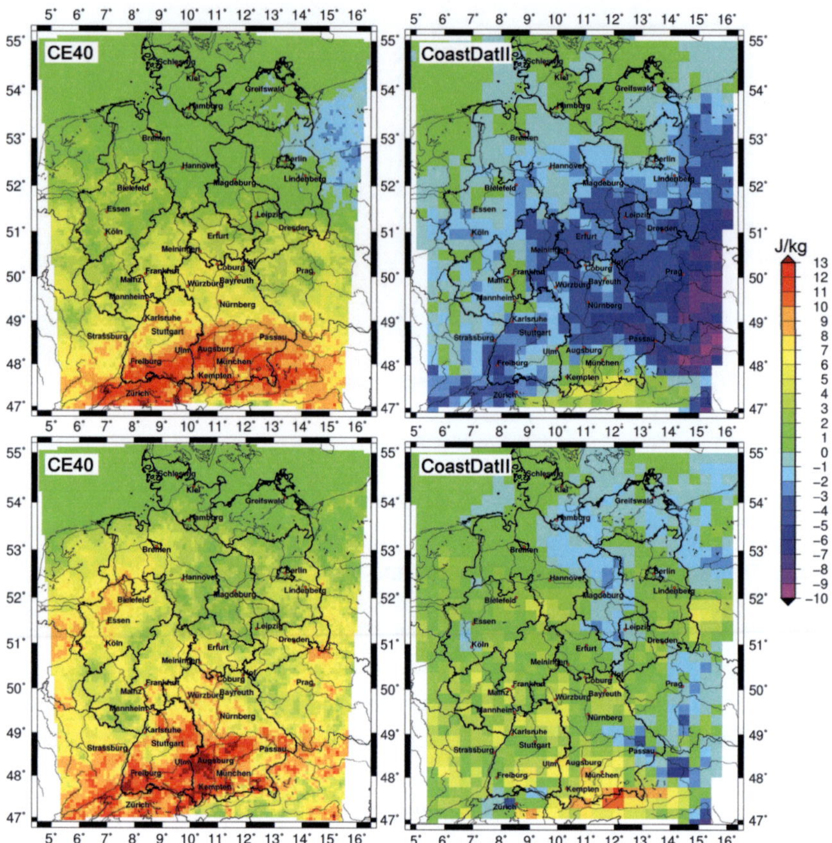

Abb. 5.23.: Lineare Trends (pro Jahr) der 90% Perzentile der CAPE$_{ML}$ (CE40, links) und CAPE$_{CON}$ (CoastDatII, rechts) zwischen 1971 – 2000 (oben) und 1979 – 2000 (unten).

tigt werden, dass die Radiosondendaten – insbesondere das r_{2m} – eine Punktmessung ist, während die Werte im RCM ein Gebietsmittel repräsentieren.

Um die Änderung der Datenassimilation in den ERA40–Daten infolge eines erhöhten Aufkommens von Satellitenmessungen zu berücksichtigen, sind in Abbildung 5.23 die Trends für den gesamten Zeitraum der CE40–Daten (1971 – 2000) und einen Zeitraum ab 1979(– 2000) dargestellt. Um die Zeiträume besser miteinander vergleichen zu können, werden die linearen Trends der 90% Perzentilwerte der CAPE pro Jahr abgebildet. Dieser zeigt in CE40 generell eine Zunahme des Gewitterpotentials in Deutschland –

bis auf eine kleine Ausnahme im Nordosten (1971 – 2000), wobei die größten Änderungen von bis zu $13\,\mathrm{J\,kg^{-1}}$ pro Jahr im Süden auftreten. Dies wird insbesondere durch die Zunahme des bodennahen Mischungsverhältnisses bestimmt. Der Trend der CAPE$_{CON}$ in den CoastDatII–Daten ist dagegen im Zeitraum von 1971 bis 2000 größtenteils negativ. Im Gegensatz dazu sind von 1979 bis 2000 nur noch wenige Bereiche, etwa der Nordosten und die Gegend um Passau, davon betroffen, sodass im Vergleich zu CE40 mehr Gemeinsamkeiten auftreten. Ursache für diese Unterschiede ist, dass insbesondere von 1971 bis 2000 weite Gebiete in Deutschland eher eine Abnahme des Mischungsverhältnisses verzeichnen, während der Trend sich später umkehrt beziehungsweise geringer ausfällt. Zusammenfassend kann man sagen, dass der Unterschied zwischen den beiden Reanalyseläufen vorwiegend auf eine unterschiedliche Entwicklung der bodennahen Feuchtefelder in den antreibenden Modelldaten zurückzuführen ist.

Abschließend wird der Trend über den gesamten vorhandenen Zeitraum der CoastDatII–Daten für Deutschland und Europa untersucht (1951 – 2010). Dabei zeigt sich, dass in Deutschland die CAPE$_{CON}$ in der Atmosphäre abgenommen hat. Die größten Änderungen sind dabei südöstlich von Prag zu beobachten (Abb. 5.24, oben). In Abbildung 5.20 wurde dies bereits beim Vergleich der Mittel zwischen 1951 – 1980 und 1981 – 2010 deutlich. Nur über dem Meer und am Rande der Alpen hat der CAPE zufolge das Gewitterpotential zugenommen. Die Temperatur dagegen ist über dem gesamten Zeitraum im Mittel um $3{,}0\,\mathrm{K}$ angestiegen, während weite Teile Deutschlands, insbesondere der Nordosten, einer Feuchteabnahme unterliegen. Die größte Veränderung ist an der Grenze zu Polen mit $-1{,}1\,\mathrm{g\,kg^{-1}}$ zu beobachten. Ähnliche Ergebnisse zeigen sich auch, wenn man den Untersuchungszeitraum auf die drei Sommermonate (JJA) beschränkt. Hinsichtlich der Signifikanz der bisherigen Trendänderungen in CE40 und CoastDatII zeigt sich, dass allein die Temperatur eine signifikante Änderung aufweist ($\alpha = 90\%$). Die Zeitreihen anderer Parameter (z.B. LI, CAPE, r_{2m}) weisen eine so hohe jährliche Variabilität auf (siehe beispielsweise CAPE$_{CON}$ in Abb. 5.25), dass sich keine signifikanten Änderungen ergeben. Zusätzlich wird anhand von Abbildung 5.25 deutlich, dass mit Zunahme der CAPE im Süden von Deutschland auch die jährliche Variabilität der Extremwerte zunimmt. Zu einem ähnlichen Ergebnis kamen in den USA auch Trapp et al. (2009) und Brooks (2012). Sie beobachteten, dass aufgrund der großen jährlichen Schwankungen der Anzahl der Tage mit günstigen Umgebungsbedingungen für konvektive Ereignisse die statistische Signifikanz beeinträchtigt wird.

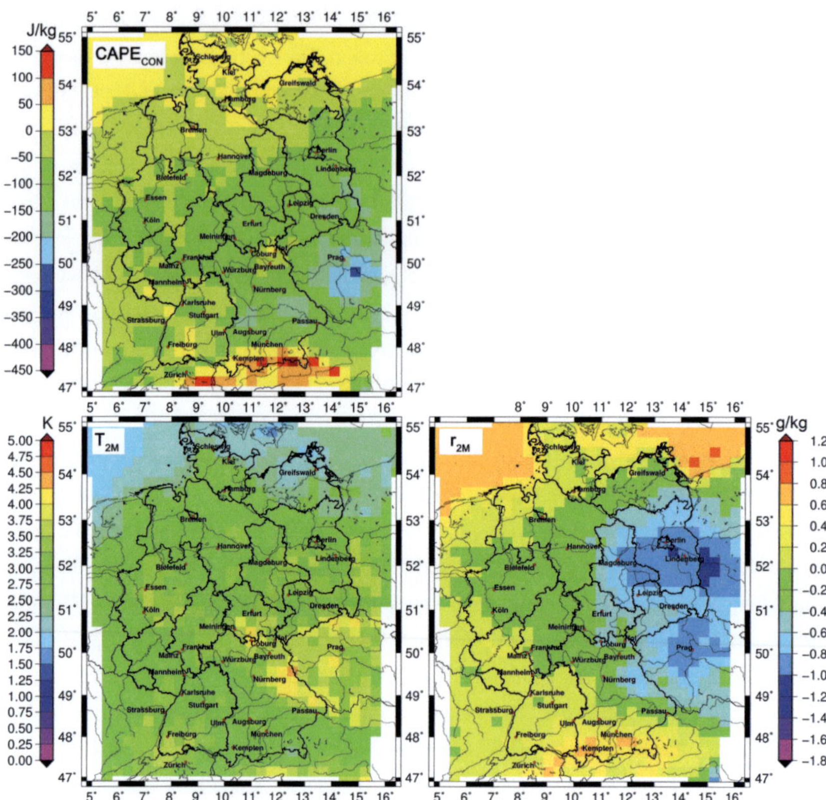

Abb. 5.24.: Lineare Trends der 90% Perzentile der CAPE$_{CON}$, T_{2m} und r_{2m} für den gesamten Zeitraum der CoastDatII (1951 – 2010).

Europaweit zeigen sich Trends des 90% Perzentils der CAPE$_{CON}$ für die meisten Gebiete mit Werten um die $\pm 50\,\mathrm{J\,kg^{-1}}$ (Abb. 5.26), die jedoch meistens nicht signifikant sind (aufgehellt dargestellt). Die größten positiven Änderungen sind über den Alpen, dem Zentralmassiv in Frankreich, den Pyrenäen und im Norden des kastilischen Hochlands in Spanien zu beobachten (ebenfalls nicht signifikant). Die größten Trends der CAPE sind dagegen im Flachland in Norditalien, an der italienischen Adriaküste und in weiten Gebieten im Flachland von Südosteuropa zu finden. Hier reichen die Änderungen ΔCAPE von -250 bis $-450\,\mathrm{J\,kg^{-1}}$. Vergleicht man die größten Änderungen mit Abbildung 5.27 und B.4 im Anhang, wird auch hier der Zusammenhang zum bodennahen

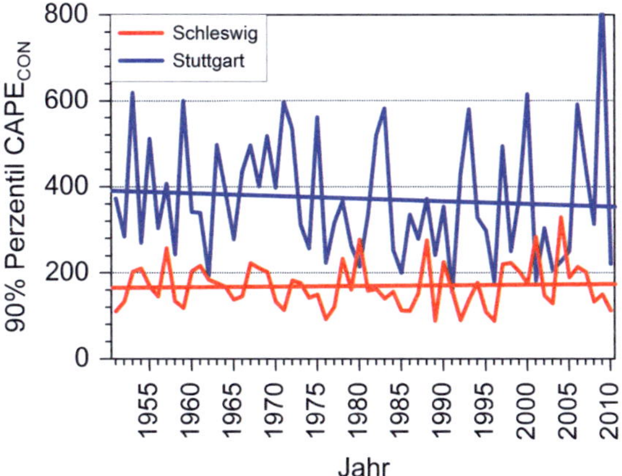

Abb. 5.25.: Zeitreihe der 90% Perzentile der CAPE$_{CON}$ in der Nähe von Schleswig und Stuttgart inklusive ihrer linearen Trends (1951–2010).

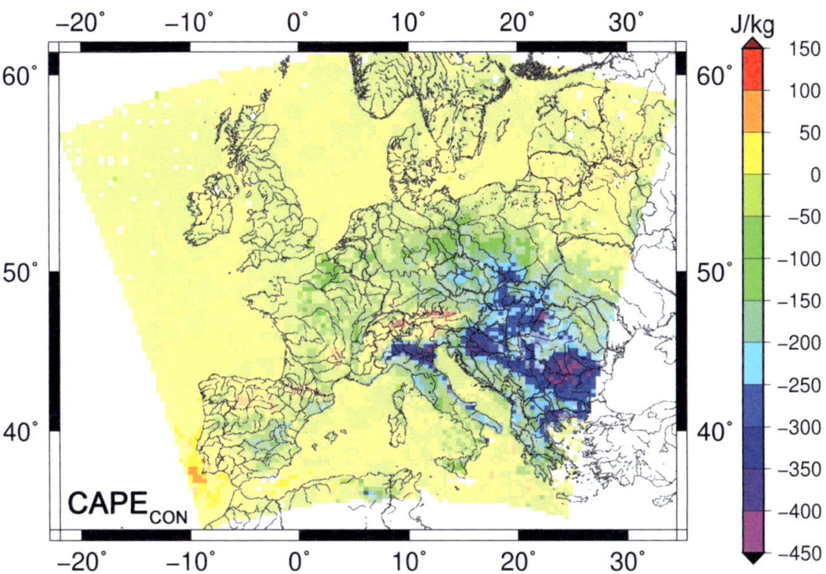

Abb. 5.26.: Lineare Trends der 90% Perzentile der CAPE$_{CON}$ für den gesamten Zeitraum der CoastDatII (1951–2010) für Europa. Trends mit einer Signifikanz von < 90% sind aufgehellt.

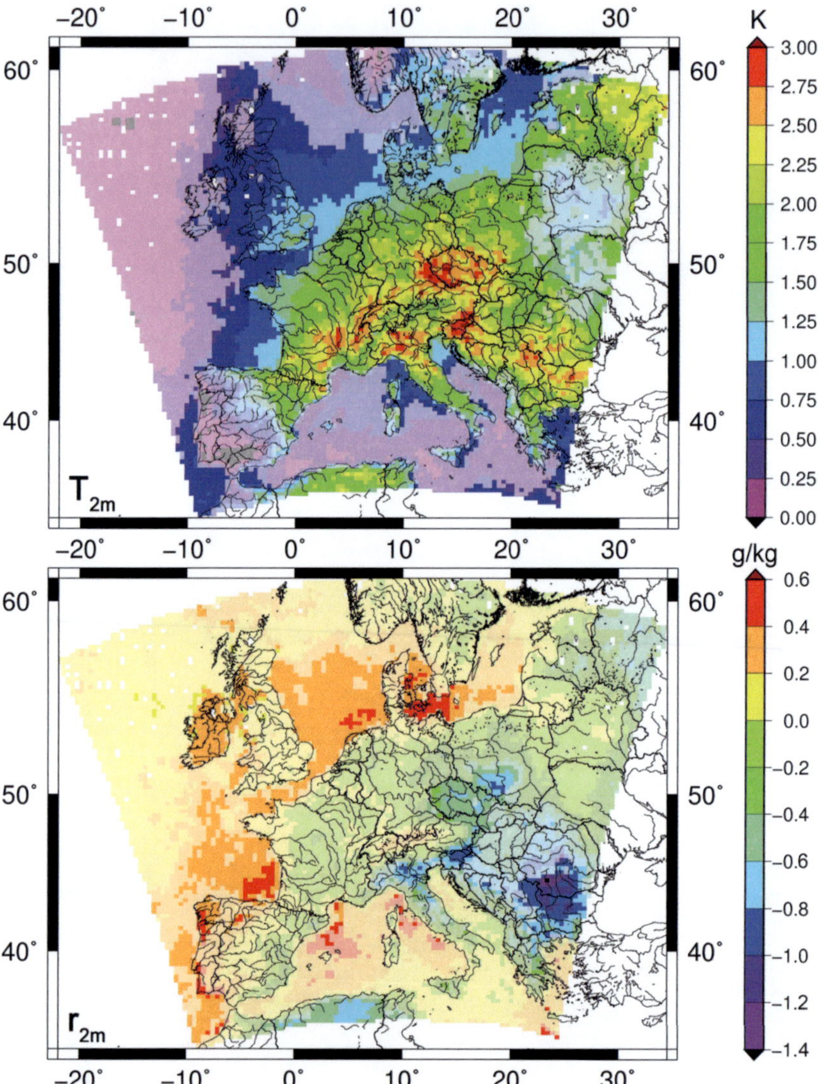

Abb. 5.27.: Lineare Trends der 50% Perzentile der T_{2m} und r_{2m} für den gesamten Zeitraum der CoastDatII (1951 – 2010) für Europa. Trends mit einer Signifikanz von < 90% sind aufgehellt.

Mischungsverhältnis deutlich. Aber auch die Temperaturänderung scheint eine Rolle zu spielen: so decken sich viele Gebiete mit der größten Abnahme der CAPE, auch mit dem größten Anstieg in der Temperatur. Durch die Kombination von höherer Temperatur und niedrigerem Mischungsverhältnis kommt es zu höheren und kälteren LCLs. Zusätzlich scheint auch die Temperaturentwicklung mit der Höhe wichtig zu sein, die aufgrund der nicht vorliegenden Daten nicht genauer untersucht werden kann.

Da bisher nur feste Zeiträume diskutiert wurden, Kapitel 5.3.2 jedoch gezeigt hat, dass die Trends je nach betrachteter Zeitperiode sehr variabel sein können, werden im Folgenden Blöcke von Trends aus 20 Jahren ($CAPE_{CON}$), die jeweils um 10 Jahre verschoben sind, diskutiert (Abb. 5.28a – e). Wegen der hohen jährlichen Variabilität sind die Änderungen meistens gering ($\pm 50\,J\,kg^{-1}$) und in der Regel nicht signifikant. Allerdings wird deutlich, dass die Abnahme über den gesamten Zeitraum im Südosten des Untersuchungsgebiets vor allem durch die Abnahme ($\Delta CAPE\ 200 - 800\,J\,kg^{-1}$) in den 1980er Jahren geprägt ist. Des Weiteren wird deutlich, dass bereits in den 1950 / 1960er Jahren ein ähnlich hohes Konvektionspotential vorherrschend war wie heute.

Entsprechend der Clausius–Clapeyron–Gleichung würde sich als Folge der Temperaturzunahme durch den globalen Klimawandel die Verdunstung erhöhen, womit sich ein erhöhter Wasserdampfgehalt in der bodennahen Atmosphäre ergäbe. Dieser theoretische Ansatz kann allerdings nicht eindeutig bestätigt werden, da nicht immer – hier beispielsweise in den CoastDatII–Daten – eine positive Temperaturänderung mit einer positiven Feuchteänderung verbunden ist, sodass auch noch andere Faktoren (z.B. Advektion von Luftmassen) eine Rolle spielen müssen. Andere Studien zeigen allerdings, dass die bodennahe Feuchte – global betrachtet – zugenommen hat (Dai, 2006; Willett et al., 2008). Held und Soden (2006) beobachteten für die Zukunft in globalen Klimamodellen ebenfalls einen Anstieg des Wasserdampfgehalts in der unteren Troposphäre, wodurch sich das Potential für konvektive Ereignisse erhöht haben könnte.

Zusammenfassend lassen sich aus den bisherigen Ergebnissen folgende Kernpunkte festhalten:

1. In Deutschland und in Teilen Mitteleuropas hat in den letzten 20 – 30 Jahren das Gewitterpotential anhand von Beobachtungensdaten statistisch signifikant zugenommen. Diese Zunahme zeigt sich sowohl bei den jährlichen Verteilungen der 90% (10%) Perzentilwerte als auch bei der Anzahl der Tage über bestimmten Schwellenwerten, ab denen Hagel den Analysen zufolge wahrscheinlich ist.

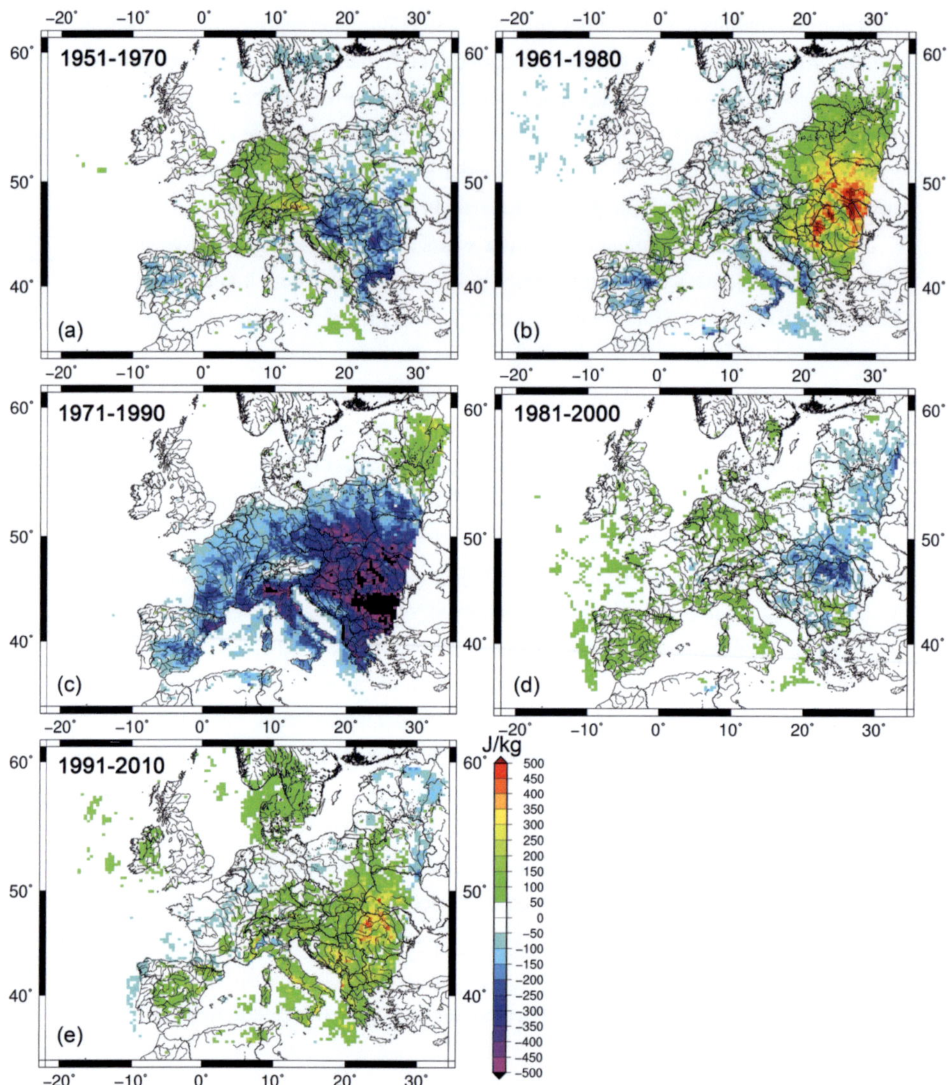

Abb. 5.28.: wie Abb. 5.26 nur für variierende Zeiträume: (a) 1951 – 1970, (b) 1961 – 1980, (c) 1971 – 1990, (d) 1981 – 2000 und (e) 1991-2010.

2. Reanalysedaten, die in der Lage sind, die atmosphärischen Stabilitätsbedingungen wiederzugeben, bestätigen größtenteils diese Ergebnisse, wobei hier die Änderungen kaum signifikant sind.

3. Längere Zeitreihen aus Reanalysedaten zeigen, dass in Deutschland bereits in den 1950er Jahren in der Atmosphäre ein ähnlich hohes Konvektionspotential wie derzeit vorhanden war. Dies bewirkt insgesamt über den gesamten Zeitraum von 60 Jahren einen negativen Trend des Gewitterpotentials (kaum signifikant) und betrifft vor allem den östlichen Teil Deutschlands.

4. Neben einer durchwegs positiven bodennahen Temperaturänderung (und damit einer möglichen Zunahme des vertikalen Temperaturgradienten) ist der Haupttreiber für die Abnahme der Stabilität die Zunahme der bodennahen Feuchte.

6. Änderungen der atmosphärischen Stabilitätsparameter in verschiedenen Klimasimulationen

In diesem Kapitel wird untersucht, welche Änderungen der atmosphärischen Stabilität in der Zukunft (2021 – 2050, nachfolgend als PRO bezeichnet) auf der Grundlage eines Ensembles regionaler Klimasimulationen zu erwarten sind. Wie in Kapitel 5 beziehen sich auch hier die Untersuchungen auf das gesamte Sommerhalbjahr (SHJ).

6.1. Evaluierung der verwendeten Simulationen im Kontrollzeitraum

Bevor die zukünftigen Änderungen der atmosphärischen Stabilität in verschiedenen Klimaprojektionen untersucht werden, werden die verwendeten Realisierungen für den Kontrollzeitraum von 1971 bis 2000 (nachfolgend als C20 bezeichnet) mit Reanalysedaten als Referenz validiert. Ziel ist es dabei, Besonderheiten und Abweichungen zwischen den Ergebnissen der verschiedenen Modellläufe durch das antreibende globale und regionale Modell zu diagnostizieren.

Atmosphärische Stabilität in den CCLM–IMK–Läufen

Als erstes werden die einzelnen Kontrollläufe der CCLM–IMK–Simulationen (Abk.: C) untersucht, die durch drei Läufe (Abk.: R) des globalen Modells ECHAM5 (E5) und einem Lauf des globalen Modells CCCma3 (C3) angetrieben worden sind (siehe Tabelle 6.1). In Abbildung 6.1 wird der Mittelwert der jährlichen 90% Perzentile der

Tab. 6.1.: Übersicht der verwendeten Modelldatensätze und ihrer Bezeichnungen.

Modell	GCM	Lauf	Szenario	Bezeichnung
CCLM–IMK	E40	–	–	CE40
	E5	R1 – R3	A1B	CE5R1, CE5R2, CE5R3
	CC3	–	A1B	CC3
CCLM–KL	E5	R1 + R2	A1B, B1	CKE5R1, CKE5R2

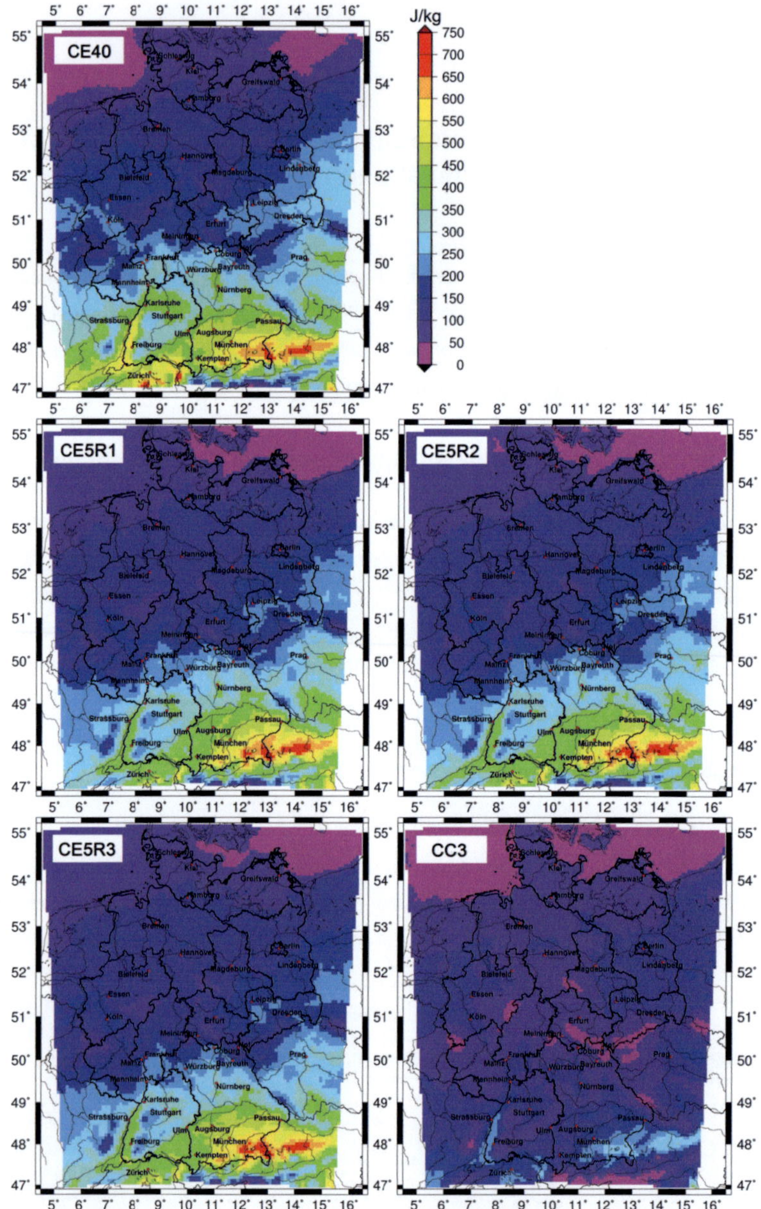

Abb. 6.1.: Mittelwerte der jährlichen 90% Perzentile der CAPE_{ML} für die fünf CCLM–IMK–Läufe: CE40, CE5R1, CE5R2, CE5R3 und CC3 (1971 – 2000).

CAPE$_{ML}$ (CE40) mit dem in den drei durch CCLM regionalisierten ECHAM5–Läufen verglichen (nachfolgend als CE5R1 – 3 bezeichnet). Es zeigt sich, dass fast alle C20–Läufe sehr gut die räumliche Verteilung sowohl qualitativ als auch quantitativ reproduzieren. Insbesondere der Nord–Süd–Gradient wird abgebildet. Dagegen geben die CC3–Simulationen nur die räumliche Verteilung wieder, während die Werte insgesamt deutlich niedriger sind. Die Differenz im Norden liegt ungefähr bei 75 J kg^{-1} und im Süden bei 300 J kg^{-1}. Ähnliche Ergebnisse zeigen sich auch für andere konvektive Parameter des CC3 (siehe LI$_B$, Abb. B.5 im Anhang).

Grund für die erheblichen Differenzen der CC3–Simulationen zu der Referenz liegt darin, dass die Simulationen im Mittel niedrigere Temperaturwerte und damit auch geringere Feuchtewerte gegenüber CE40 bodennah aufweisen (siehe Abb. 6.2). In Abbildung B.6 im Anhang wird deutlich, dass sich die niedrigeren Temperaturwerte von CC3 gegenüber CE40 auch bis in die mittlere Troposphäre fortsetzen.

Ähnliche Schlüsse wurden bereits bei der Validierung der CCLM–IMK–Läufe gezogen. Durch einen Vergleich mit Beobachtungsdaten (E–OBS) zeigten Berg et al. (2012b), dass bereits aus dem GCM ein Temperaturbias[1] übertragen wird, der sich durch das RCM sowohl aufheben als auch verstärken kann. In den vorliegenden Simulationen bewirkt COSMO einen zusätzlichen Bias zu niedrigeren Temperaturwerten, der insbesondere im Sommer am ausgeprägtesten ist. Die Autoren vermuteten, dass dies ein Ergebnis durch einen positiven Bias im Bewölkungsgrad und einer daraus resultierenden Unterschätzung der einfallenden kurzwelligen Solarstrahlung ist. Im Fall des GCM C3 bedeutet dies, dass die Temperaturwerte des GCM in Europa im Vergleich zum E–OBS–Datensatz im Jahresmittel bereits um etwa -5 K niedriger sind. Nach dem Regionalisieren ergibt sich im Sommer (JJA) im Mittel eine Abweichung von $-4{,}3$ K gegenüber E–OBS. Auch die anderen Kontrollsimulationen zeigen ähnliche Effekte, wobei die Differenzen zum Beobachtungsdatensatz allerdings geringer sind. Beispielsweise sind die Temperaturwerte der drei GCM E5–Läufe über dem größten Teil von Europa im Jahresmittel um $1 - 2$ K niedriger gegenüber dem E–OBS–Datensatz. Die Unterschiede zwischen den einzelnen Realisierungen fallen dabei eher gering aus. Das Regionalisieren wiederum bewirkt im Sommer (JJA) eine mittlere Abweichung von etwa $-2{,}3$ K (Berg et al., 2012b, vgl. Tabelle 1).

---

[1] Ähnliche Ergebnisse zeigen sich auch für den Niederschlag.

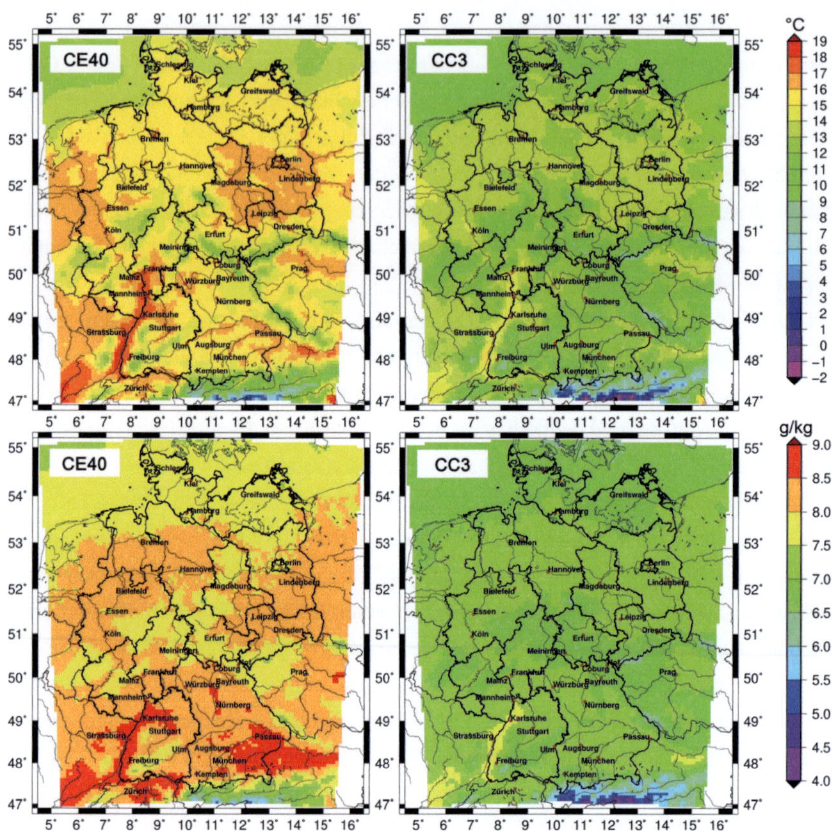

Abb. 6.2.: Mittlere Sommerhalbjahreswerte der bodennahen Temperatur T_{2m} (oben) und des Mischungsverhältnisses r_{2m} (unten) für CE40 (links) und CC3 (rechts) zwischen 1971–2000.

Atmosphärische Stabilität in den CCLM–KL–Läufen

Während die mittleren jährlichen 90% Perzentile der $CAPE_{CON}$ in den Konsortialläufen (Abk.: CK) zwischen den beiden Simulationen sehr ähnlich sind (Abb. 6.3)[2], ergeben sich deutlich größere Unterschiede zu CE40 und CoastDatII (vgl. Abb. 5.18). Abbildung 6.4 zeigt exemplarisch für den CKE5R2 die Differenz der CAPE zwischen CE40 und CoastDatII. Dabei wurde der höher aufgelöste Datensatz auf das je-

---

[2]   Ähnlich wie bei den CoastDatII–Daten dürfen die hohen Werte über dem Alpenrand ($> 1000\,$m, vgl. Abb. 3.8c) nicht überinterpretiert werden.

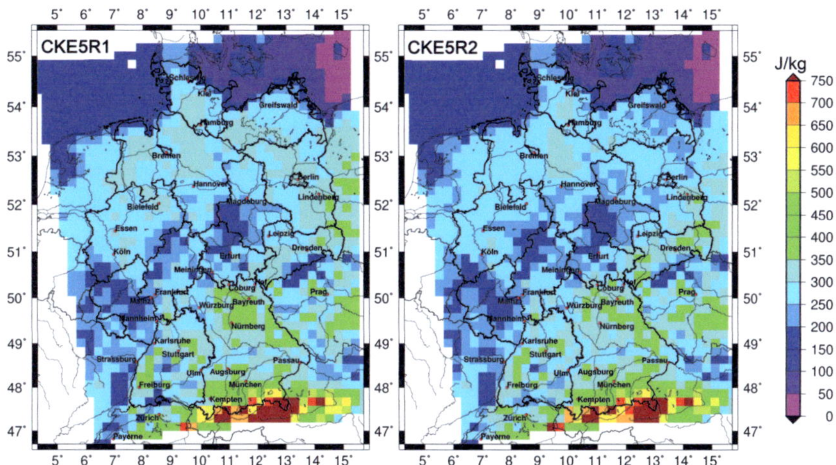

Abb. 6.3.: Mittelwerte der jährlichen 90% Perzentile der CAPE$_{CON}$ für die beiden CCLM–KL–Läufe: CKE5R1 (links) und CKE5R2 (rechts, 1971 – 2000).

weilige gröbere Gitter bilinear interpoliert. Im Vergleich zum CE40–Datensatz weisen die beiden CKE5–Kontrollläufe flächendeckend deutlich höhere Werte der CAPE auf ($\sim 260\,\mathrm{J\,kg^{-1}}$). Des Weiteren wird der ausgeprägte Nord–Süd–Gradient der bei-

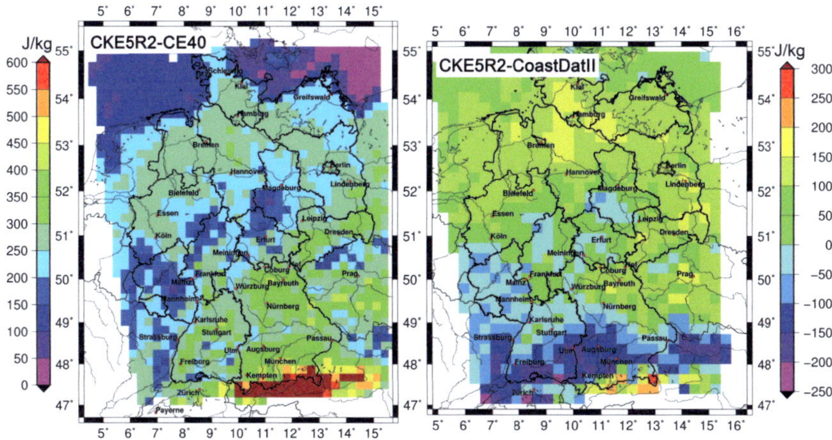

Abb. 6.4.: Differenz der jährlichen 90% Perzentile der CAPE für CKE5R2 minus CE40 (links) und CKE5R2 minus CoastDatII (rechts) zwischen 1971 – 2000.

den Reanalyseläufe nicht wiedergegeben. Es wird hier zwar die $CAPE_{CON}$ (CK) mit der $CAPE_{ML}$ (CE40) verglichen, jedoch kann dieser Unterschied nicht die hohen Abweichungen erklären. Die Differenz zwischen den beiden gröber aufgelösten Läufen fällt dagegen geringer aus. Während im Süden die Werte in CoastDatII höher sind (~ 50 bis $150\,\mathrm{J\,kg^{-1}}$), weisen die beiden CK–C20–Läufe im Norden das größere Potential für konvektive Ereignisse auf (~ 50 bis $150\,\mathrm{J\,kg^{-1}}$). Ein möglicher Grund für die Unterschiede in den drei Versionen, die alle mit COSMO regionalisiert wurden, liegt in der unterschiedlichen Modellversion. Während für die Konsortialläufe noch die ältere Version COSMO 3.8 benützt wurde, verwendete man für die beiden anderen Datensätze COSMO 4.2. Das antreibende GCM (E5 anstatt ERA40) kann dagegen als Ursache ausgeschlossen werden, da dies ansonsten bereits in den CE5–C20–Läufen (Abb. 6.2) deutlich geworden wäre. Vermutlich ergeben sich die höheren Werte der Instabilität bei CCLM–KL durch ein Zusammenspiel aus der erhöhten bodennahen Temperatur und der höheren Feuchte. Während die Konsortialläufe auch im Sommer durchschnittlich um etwa $-0{,}5$ bis -1 K niedrigere Temperaturwerte im Vergleich zu Messdaten haben, zeigen diese im Vergleich allerdings höhere Feuchtewerte (Hollweg et al., 2008).

Ähnliche Ergebnisse ergeben sich auch für die mittleren jährlichen 10% Perzentile des LI_B beobachten. Während der LI im CCLM–KL zwar eher den Nord–Süd–Gradienten aus CE40 wiedergibt (siehe Abb. B.9 oben im Anhang), sind die Werte im Vergleich zu CE40 und CoastDatII deutlich niedriger (siehe Abb. 6.5) und weisen damit wie im Fall der CAPE auf ein höheres Gewitterpotential hin. Neben der Modellphysik der einzelnen Modelle und den damit verbundenen unterschiedlichen Temperatur- und Feuchtefeldern entsteht ein Beitrag der Differenz zwischen Referenz- und CCLM–KL–Lauf auch durch die unterschiedliche Berechnung der Variablen.

Abschließend lässt sich sagen, dass die meisten der hier beschriebenen Simulationen geeignet sind, um die Stabilität in der Atmosphäre und ihre Änderungen zu untersuchen. Nur der CC3–Lauf wird im Folgenden nicht weiter berücksichtigt, da die Abweichungen der KPs durch den Einfluss der Temperaturabweichungen zu den Beobachtungsdaten zu groß sind. Um eine Vergleichbarkeit zwischen den Modellen zu gewährleisten, wird die relative Änderung zwischen Vergangenheit (C20) und Zukunft (PRO) betrachtet. Dabei wird angenommen, dass innerhalb des Laufs Abweichungen durch Modellphysik und antreibendes Modell konsistent bleiben. Allerdings muss in Kapitel 7.3 die Differenz der Größenbereiche zwischen den verschiedenen RCMs berücksichtigt werden.

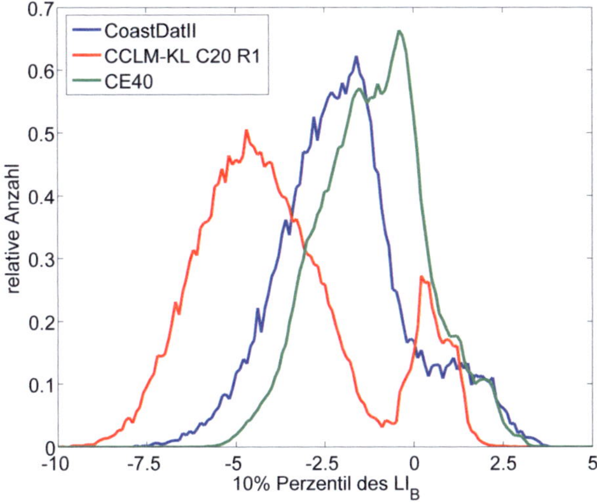

Abb. 6.5.: Histogramm aller jährlichen 10% Perzentile des LI$_B$ in CE40, CKE5R1 und Coast-DatII (1978 – 2000).

6.2. Änderungen der atmosphärischen Stabilität in der Zukunft

Studien in den USA zeigen, dass bei einem Vergleich zwischen dem späten 20. und späten 21. Jahrhundert die CAPE–Werte über einem großen Gebiet östlich der Rocky Mountains zunehmen werden (Del Genio et al., 2007; Trapp et al., 2007; van Klooster und Roebber, 2009). Diese Zunahme führten die Autoren auf einen Anstieg der bodennahen Feuchte aufgrund der Oberflächenerwärmung zurück, was in Übereinstimmung zu bisherigen Beobachtungen zwischen 1973 – 2003 in diesem Gebiet ist (Peterson et al., 2011). Erste Arbeiten für Europa zeigen, dass eher mit einer Stabilisierung in der Atmosphäre zu rechnen ist. Marsh et al. (2009) untersuchten die Änderungen der mittleren CAPE in den Sommermonaten (JJA) zwischen dem gesamten 20. und 21. Jahrhundert. Die Autoren zeigten eine nahezu einheitliche Abnahme des Gewitterpotentials über ganz Mitteleuropa. Jedoch berücksichtigen die Autoren in ihrer Studie nur ein einziges GCM (Szenario A2). In der vorliegenden Arbeit wird dagegen ein regionales Klimaensemble aus sieben verschiedenen Projektionen untersucht (siehe Tabelle 6.2).

Die Klimatologie der jährlichen 90% Perzentile der CAPE in der Zukunft (PRO) zeigt sowohl in den CCLM–IMK- als auch in den CCLM–KL–Läufen eine ähnliche räumliche Verteilung wie im Kontrollzeitraum (siehe in Abb. B.7 im Anhang). Quantitativ können allerdings einige Unterschiede zwischen den Stabilitätsbedingungen im C20- und PRO–Zeitraum für die sieben Klimasimulationen beobachtet werden, die jedoch kein einheitliches Bild ergeben (Abb. 6.6). Während das Gewitterpotential in CE5R1 und CKE5R2 in der Zukunft im Mittel in Deutschland leicht zunimmt (grüne bis rote Farben), zeigt sich für die anderen fünf Läufe vorwiegend eine Zunahme der atmosphärischen Stabilität (blaue bis lila Farben). Interessant ist, dass das Änderungssignal der beiden Simulationen, die mit dem gleichen GCM E5 (A1B, R1 und R2) angetrieben wurden, nicht einheitlich ist. Ebenfalls ist in den Konsortialläufen zwischen den beiden verwendeten Szenarien kein direkter Zusammenhang der Ergebnisse, die als Basis die gleiche Realisierung (R1 oder R2) haben, zu erkennen. Die größten Änderungen im Bereich $100 - 200\,\mathrm{J\,kg^{-1}}$ sind im südöstlichsten Teil Bayerns und im angrenzenden Österreich zu beobachten (CE5R1).

Insgesamt sind die Änderungen der mittleren jährlichen Perzentile der CAPE in allen Modellläufen eher gering ($\pm 25\,\mathrm{J\,kg^{-1}}$). Auch das Flächenmittel über das Untersuchungsgebiet verdeutlicht dies (Tabelle 6.2, links). Beispielsweise zeigt der CE5R1–Lauf im Mittel in Deutschland die größte positive Änderung der CAPE um $30\,\mathrm{J\,kg^{-1}}$, während der Konsortiallauf mit dem gleichen globalen Antrieb eine Abnahme von $31\,\mathrm{J\,kg^{-1}}$ berechnet. Anders als in der Vergangenheit sind die Änderungen der CAPE nicht nur auf eine rein bodennahe Feuchteänderung zurückzuführen. So werden die projizierten Erwärmungen der GCM in die RCM übertragen und führen im Mittel für die drei CCLM–IMK–Läufe in Deutschland im Sommer (JJA) zu einer Erwärmung zwischen 0,8 K und 1,1 K (2021 – 2050; siehe Wagner et al., 2012, Tabelle 1). Aber auch das bodennahe Mischungsverhältnis zeigt im gesamten Untersuchungsgebiet eine Zunahme in PRO im Vergleich zu C20 (siehe Abb. B.8 im Anhang), während die Läufe 2 und 3 (CE5) allerdings vorwiegend eine Abnahme der Stabilitätsbedingungen berechnen. Somit müssen auch andere Faktoren wie beispielsweise eine Änderung des vertikalen Temperaturgradienten eine Rolle spielen.

Fasst man die Ergebnisse der verschiedenen RCM–Läufe zusammen, indem an jedem einzelnen Gitterpunkt bestimmt wird, wie viele Klimasimulationen eine positive Änderung der CAPE in der Zukunft zeigen, wird deutlich, dass für etwa die Hälfte der Gitterpunkte im Untersuchungsgebiet die Modelle kein eindeutiges Signal projizieren (Abb. 6.7a)[3]. Das bedeutet, dass etwa 3 bis 4 Läufe eine Zunahme des Gewitterpotenti-

---

[3]   Hierzu werden die Ergebnisse der CCLM–IMK–Läufe per bilinearer Interpolation auf das gröbere Gitter der Konsortialläufe gebracht.

Tab. 6.2.: Räumlicher Mittelwert und Standardabweichung der Differenz der mittleren jährlichen 90% Perzentile der CAPE und 10% Perzentile des LI zwischen PRO und C20 für die CCLM–IMK- und CCLM–KL–Läufe.

Lauf	CAPE [$J\,kg^{-1}$]	LI_B [K]
CE5R1 A1B	$30,1 \pm 28,2$	$-0,09 \pm 0,10$
CE5R2 A1B	$-4,9 \pm 15,2$	$-0,01 \pm 0,07$
CE5R3 A1B	$-7,3 \pm 17,7$	$0,20 \pm 0,10$
CKE5R1 A1B	$-31,4 \pm 27,3$	$0,26 \pm 0,15$
CKE5R2 A1B	$27,5 \pm 24,9$	$0,02 \pm 0,12$
CKE5R1 B1	$-0,6 \pm 22,5$	$0,17 \pm 0,16$
CKE5R2 B1	$-11,5 \pm 25,8$	$0,03 \pm 0,14$

als zeigen, während durch die anderen eine Abnahme berechnet wird. Zur Veranschaulichung werden in Abbildung 6.7b die Ergebnisse aus Abbildung 6.7a auf drei Änderungssignale zusammengefasst. Rot bedeutet, dass für 5 bis 7 Modelle eine Zunahme des Gewitterpotentials berechnet wird, während blau eine Abnahme in 5 bis 7 Modellen bedeutet. Weiß steht für keine Änderung der Stabilitätsbedingungen in der Zukunft. Über der Nord- und Ostsee und über den Alpen zeigen die Klimasimulationen eine Abnahme der Stabilität. Insbesondere über dem Meer sind die Änderungen jedoch sehr klein und statistisch unsicher. Weiterhin können in der Abbildung vereinzelt Gebiete beobachtet werden, die eine Zunahme der Stabilität zeigen. Schließt man jedoch Änderungen aus, die kleiner als 10% der Klimatologie in C20 sind, wird wiederum deutlich, dass die Unterschiede zwischen Zukunft und Vergangenheit so gering sind, dass das Ensemble aus sieben Klimasimulationen für die CAPE keine eindeutige Änderung zeigt (Abb. 6.7c).

Überträgt man die Methoden auf den LI, zeigen sich ähnliche und ebenfalls nicht eindeutige Ergebnisse (Tabelle 6.2, rechts, Abb. 6.8 und Abb. 6.9). Für die meisten Gitterpunkte des gleichen Laufs zwischen Abbildung 6.6 und 6.8 ist die gleiche Trendrichtung zu beobachten ($71-91\%$), während dies bei CKE5R2 ($A1B-C20$) nur für 54% und bei CKE5R1 ($B1-C20$) nur für 66% der Gitterpunkte zutrifft. Dementsprechend ergibt sich für die Zusammenfassung in Abbildung 6.9 ein ähnliches, aber nicht einheitliches Ergebnis. So zeigt die Änderung der Stabilitätsbedingungen anhand des LI_B (Abb. 6.9b) in weiten Teilen Deutschlands mehr Gitterpunkte (55%) mit einer Abnahme gegenüber dem Ergebnis für die CAPE (25%). Des Weiteren sind weniger Gitter-

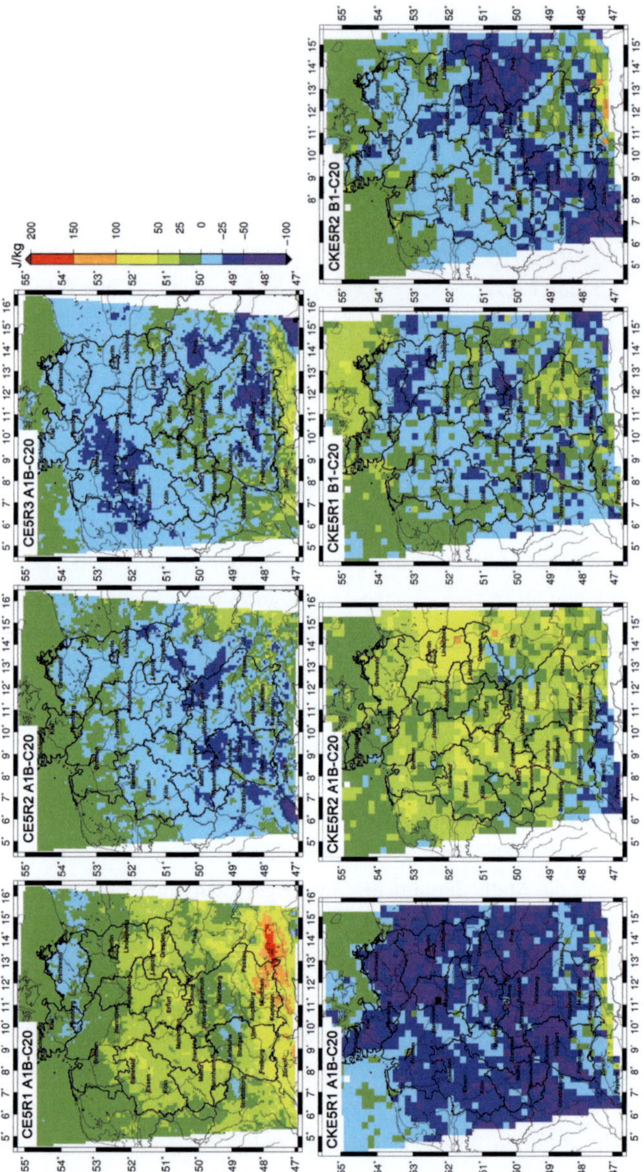

Abb. 6.6.: Differenz der Mittelwerte der jährlichen 90% Perzentile der CAPE für die CCLM–IMK- und CCLM–KL–Läufe zwischen Zukunft und Vergangenheit (PRO – C20).

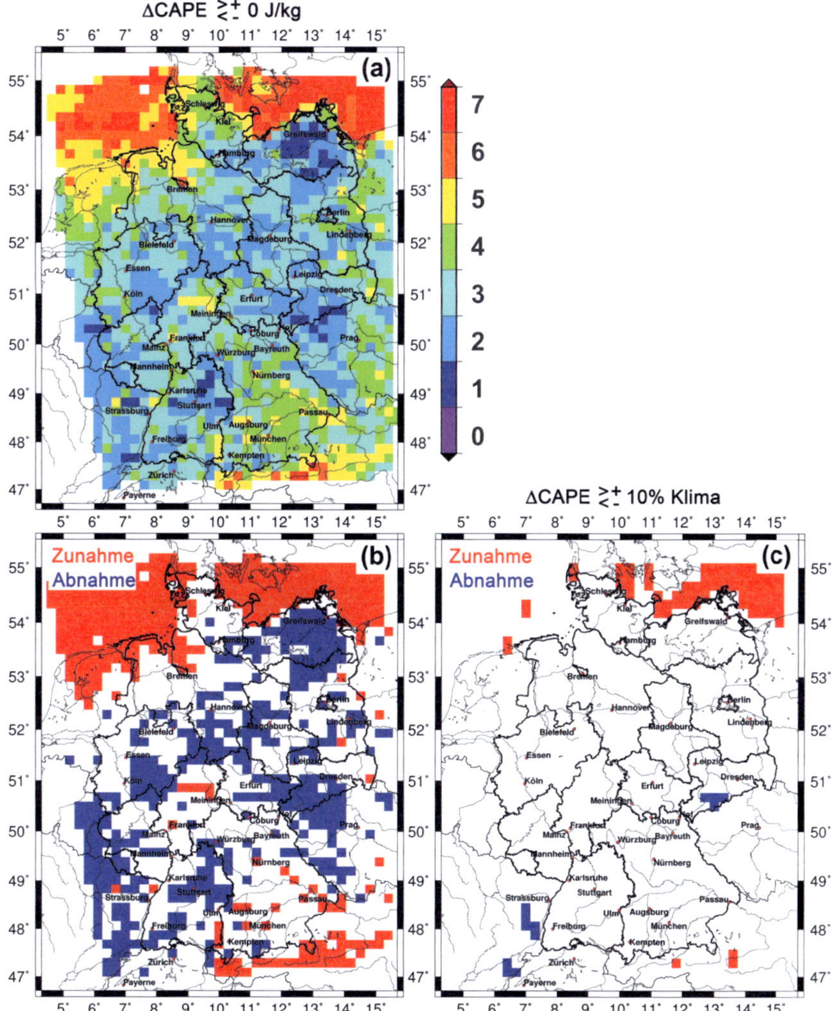

Abb. 6.7.: Zusammenfassende Darstellung für die Änderung der CAPE zwischen PRO und C20 anhand eines Ensembles aus sieben Klimasimulationen: (a) Anzahl der Läufe, die eine Zunahme zeigen, (b) nur Zu- oder Abnahme, wobei rot bedeutet, dass 5 bis 7 Modelle eine Zunahme bzw. 0 bis 2 Modelle eine Abnahme zeigen (blau invers) und (c) wie (b), wobei nur Änderungen gezählt werden, die größer als 10% der Klimatologie (C20) des jeweiligen Laufs sind.

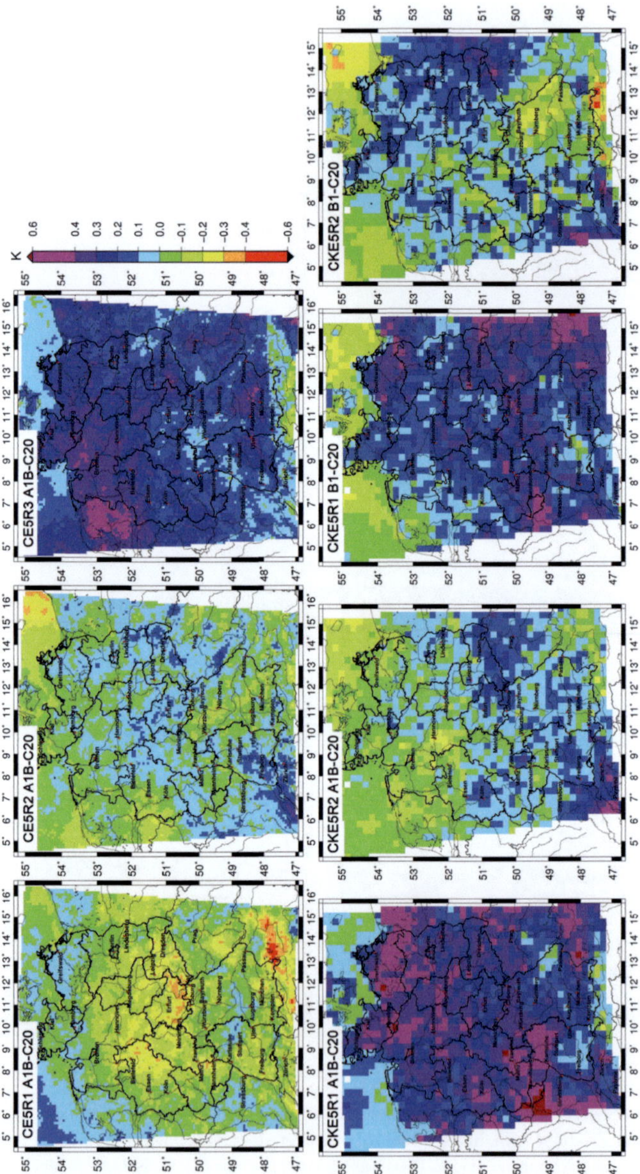

Abb. 6.8.: Wie Abb. 6.6, nur für die jährlichen 10% Perzentile des LI$_B$.

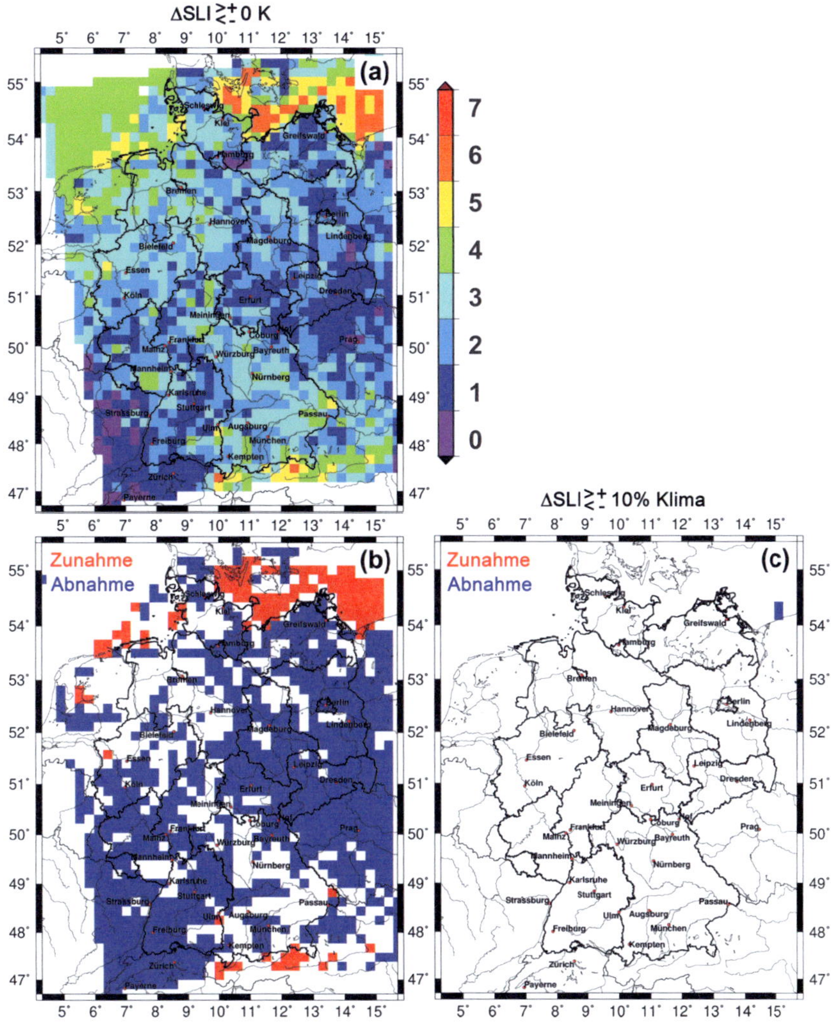

Abb. 6.9.: Wie Abb. 6.7, nur für die Änderung des LI_B.

punkte mit einer Zunahme des Gewitterpotentials zu beobachten. Beschränken sich die Untersuchungen allerdings auch auf Änderungen des jährlichen 10% Perzentils, die kleiner als 10% der Klimatologie des LI_B sind, zeigt sich auch hier, dass die Abweichungen so gering sind, dass keine Änderungen für die Zukunft abgeleitet werden können. Somit sind die zukünftigen Stabilitätsbedingungen ähnlich wie in C20 nicht eindeutig. Zudem ist für den LI kein einheitliches Muster einer Zu- oder Abnahme der jährlichen Perzentilwerte zu beobachten, sondern die Ergebnisse variieren sehr mit dem verwendeten Modell und dem betrachteten Gebiet.

Wichtig ist, dass die diskutierten Ergebnisse nur einer Änderung des Gewitterpotentials entsprechen und keine direkten Rückschlüsse auf die Änderungen der Auftretenswahrscheinlichkeit von schweren konvektiven Ereignissen (wie Gewitter, Hagel) zulassen. Im nächsten Kapitel soll dies durch die Kombination aus mehreren meteorologischen Parametern mit Hilfe geeigneter statistischer Verfahren spezifischer quantifiziert werden.

7. Hagelpotential in der Vergangenheit und Zukunft

Im Folgenden wird ein multivariates Analysemodell angewendet, um die Wahrscheinlichkeit für das Auftreten eines binär „klassifizierten" Ereignisses – hier das Auftreten / Nicht–Auftreten von Hagel – zu berechnen. Wichtig ist vor allem, dass das Modell
nicht nur wie bisher auf einzelne KPs, sondern auch auf weiteren meteorologischen Variablen basieren soll, um somit eine bessere Diagnostik zu erreichen. Wie bereits in den
statistischen Analysen in den vorherigen Kapiteln verwendet auch das mathematische
Modell primär Klimamodelldaten um 12 UTC. Allerdings liegt der Fokus hier auf den
drei Sommermonaten Juni, Juli und August (JJA). Der Grund hierfür ist, dass die Schadendaten der SV, die zur Kalibrierung des Modells verwendet werden, in diesen drei
Monaten die meisten Hagelschadentage (siehe Abb. 3.14 und Abb. 7.1) aufweisen. Dies
stimmt auch gut mit Beobachtungen aus Radardaten (2005 – 2011) überein. Auch hier
treten bei den verwendeten Hagelkriterien die meisten Ereignisse im Juni und Juli auf
(Kugel, 2012; Puskeiler, 2012, persönliche Kommunikation).

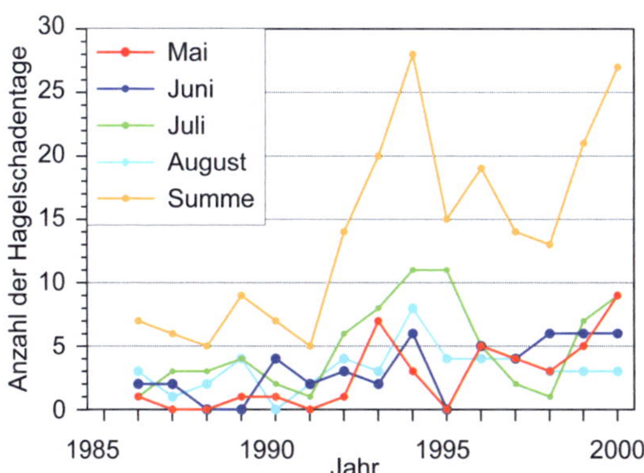

Abb. 7.1.: Anzahl der Hagelschadentage pro Jahr und pro Monat nach den SV Daten in Baden–
Württemberg (1986 – 2000).

7.1. Hagelmodell mittels logistischer Regression

Als mathematisches Modell wird die (multiple) logistische Regression (siehe Kap. 2.2.3) verwendet, die bereits in vielen Studien zur binären Diagnostik von Gewitter- oder Hagelereignissen verwendet wurde (Angus et al., 1988; Dubrovsky, 1994; Billet et al., 1997; Sánchez et al., 1998b, 2009; Schmeits et al., 2005; López et al., 2007; Mahlke, 2012). Nach Applequist et al. (2002) ist die logistische Regression die zu bevorzugende Methode unter den linearen und nicht–linearen Regressionsmodellen (z.B. lineare Regression, Diskriminanzanalyse, neuronale Netze) für die Wahrscheinlichkeitsbestimmung. Auch Sánchez et al. (2009) beurteilen die logistische Regression als eine robustere Methode zur Identifikation von Hagelereignissen als beispielsweise die Diskriminanzfunktion. Ähnliches wurde auch in den Arbeiten von Dubrovsky (1994) festgestellt.

Durch einen Vergleich zwischen den verwendeten meteorologischen Variablen x_n und Beobachtungsdaten von Hagelereignissen werden anhand der Maximum–Likelihood Methode die verschiedenen Regressionskoeffizienten β_n in dem logistischen Modellansatz (Gl. 2.62) geschätzt (Abb. 7.2). Die einzelnen β_n sind dabei Gewichtszahlen und geben an, mit welchem Gewicht der jeweilige Prädiktor in die Bestimmung der Wahrscheinlichkeit eines Ereignisses eingeht. Anschließend kann mit dem bestimmten logistischen Modell die Wahrscheinlichkeit p für das Auftreten von Hagel berechnet werden. Durch ein stufenweises Aufwärtsverfahren wird mit Hilfe des LQT (siehe Gl. 2.72) getestet, welche neue Variable x in das Modell integriert werden soll[1]. Anschließend wird mit Hilfe der Log–Likelihood LL die Erklärungskraft des Gesamtmodells an den Ereignissen überprüft (LVT, Gl. 2.67). Um eine quantitative Aussage der Diagnostik des Hagelmodells zu erhalten, werden anhand der Kontingenztabelle die Genauigkeitsmaße POD und FAR und das Qualitätsmaß HSS (siehe Kap. 2.2.1) zwischen den Ergebnissen des logistischen Modells (hier Ereignis für $p \geq 0{,}4$) und den Beobachtungsdaten berechnet.

Das logistische Hagelmodell wird in Baden–Württemberg zwischen jedem Gitterpunkt im Reanalyselauf CE40 und den Hagelereignissen im Umkreis von 100 km anhand der Daten der SV bestimmt. Ein Ereignis wird dann definiert, wenn an diesem Tag mindestens 10 Schadenmeldungen eingegangen sind und das betrachtete PLZ–Gebiet mindestens eine Schadenfrequenz von 0,1‰ aufweist. Des Weiteren werden die Schadendaten durch die Blitzdaten der Siemens AG (BLIDS) gefiltert. Berücksichtigt werden nur Ereignisse, in deren Umkreis von 40 km an dem Tag mindestens 5 Blitze registriert

---

[1] Als erster Parameter wird die Größe mit der größten Korrelation – hier die CAPE – verwendet.

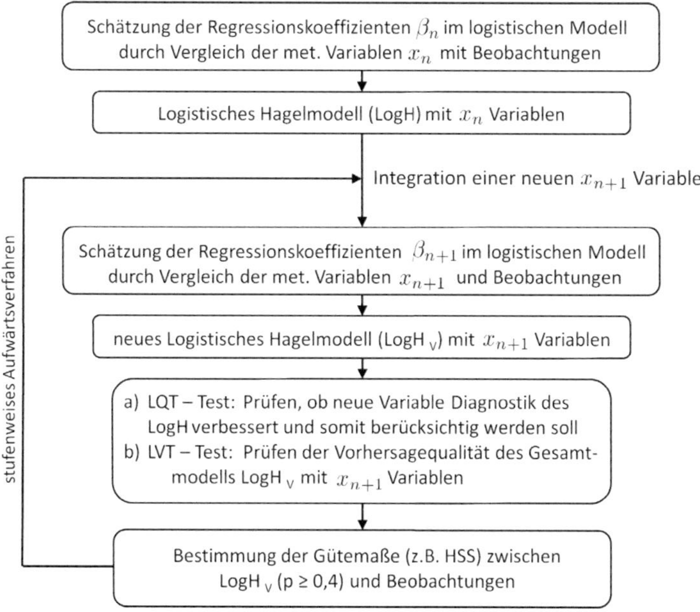

Abb. 7.2.: Vorgehen bei der Entwicklung des logistischen Hagelmodells.

worden sind. Da die Blitzdaten erst ab 1992 vorliegen, erfolgt die Kalibrierung des Modells zwischen 1992 und 2000. Insgesamt werden in den 9 Jahren (JJA) 115 Hagelschadentage berücksichtigt.

Insgesamt werden 36 verschiedene KPs und meteorologische Parameter als Variablen x_n in Betracht gezogen. Diese Variablen haben sich auch teilweise in anderen Studien und in anderen Gebieten als hagelrelevante Parameter gezeigt (siehe Tabelle 7.1). Auch die von K12 bestimmten hagelrelevanten (und nicht–hagelrelevanten) Wetterlagen nach der oWLK (Kap. 2.1.4) werden hier verwendet. Da diese allerdings für Hagelereignisse in Baden–Württemberg kalibriert wurden, werden die objektiven Wetterlagen (nachfolgend als oWL bezeichnet) gegenüber Hagelereignissen in ganz Deutschland evaluiert. Hierzu werden die vom DWD täglich berechneten oWL mit Hagelschadenereignissen verglichen. Anders als bei K12, wo Schadendaten in Baden–Württemberg verwendet wurden, wird der Zusammenhang zwischen den Schadendaten der VH, die für ganz Deutschland vorliegen, und den oWL zwischen 2001 – 2009 (SHJ) bestimmt (Abb. 7.3 und Abb. B.10 im Anhang). Um abhängig vom Gebiet genauer zu verifizieren, welche großräumigen atmosphärischen Strömungsbedingungen bei Hagel relevant sind, werden die Daten der VH in fünf Regionen unterteilt:

(a) Baden–Württemberg,

(b) Bayern,

(c) Nordrhein–Westfalen, Rheinland–Pfalz, Saarland und Hessen,

(d) Brandenburg, Berlin, Sachsen–Anhalt, Thüringen und Sachsen,

(e) Schleswig–Holstein, Niedersachsen, Bremen, Hamburg und Mecklenburg–Vorpommern.

Tab. 7.1.: KPs und meteorologische Parameter, deren Qualität im logistischen Hagelmodell untersucht wird.

	Variable	Bedeutung	Hagelrelevanz in anderen Arbeiten	Gebiete
Konvektionsparameter:				
1	CAPE	Convective available potential energy	z.B. Niall und Walsh (2005); Kunz (2007); Groenemeijer und van Delden (2007); Sánchez et al. (2008); Xie et al. (2008); Hand und Cappelluti (2010)	Australien, Baden–Württemberg, Niederlande, Argentinien, China, England
2	LI_B	Lifted Index	Manzato (2003); Kunz (2007)	Italien, Baden–Württemberg
3	CIN	Convective Inhibition		
4	DCI_B	Deep Convective Index	Kunz (2007)	Baden–Württemberg
5	$\Delta\theta_E$	Delta–θ_e	Kunz (2007)	Baden–Württemberg
6	K	K–Index	Sánchez et al. (2008)	Argentinien
7	KO	KO–Index	Sánchez et al. (2009)	Frankreich
8	PII	Potential Instability Index	Kunz (2007)	Baden–Württemberg
9	TT	Total Totals	Niall und Walsh (2005); López et al. (2007)	Australien, Spanien
10	VT	Vertical Totals	Piani et al. (2005)	Türkei
Bedingungen für Feuchtigkeit in den untersten Schichten:				
11	TQV^2	niederschlagfähiges Wasser	Greene und Clark (1972); Billet et al. (1997); Piani et al. (2005); Cao (2008)	USA, Türkei, Kanada
12	T_{min}	Minimumtemperatur am Morgen	Willemse (1995); Dessens (1995); Sánchez et al. (1998a, 2008); Berthet et al. (2011); Saa Requejo et al. (2011)	Frankreich, Spanien, Argentinien
13	T_{wet}	potentielle Feuchttemperatur		
14	r_{2m}	Mischungsverhältnis in 2 m		
15	$T_{d,2m}$	Taupunkt in 2 m		
16	$T_{d,750}$	Taupunkt in 750 hPa		
17	$T_{d,850}$	Taupunkt in 850 hPa	López et al. (2007); Sánchez et al. (2009)	Spanien, Frankreich
18	θ_{e850}	pseudopotentielle Temperatur in 850 hPa		

---

[2] Im COSMO wird TQV über die gesamte Modellsäule integriert (Baldauf et al., 2011, S. 47)

19	MFC	bodennahe Feuchtefluss-konvergenz	Banacos und Schultz (2005); van Zomeren und van Delden (2007)	USA, Westeuropa
Kinematische Bedingungen:				
20	WSh_{0-6}	Windscherung zwischen dem 10 m–Wind und dem Wind in 500 hPa	Brooks et al. (2003); Groenemeijer und van Delden (2007)	USA, Niederlande
21	WSh_{9-5}	Windscherung wie (20) nur zwischen 950 hPa und 500 hPa		
22	WSh_{8-5}	Windscherung wie (20) nur zwischen 850 hPa und 500 hPa		
23	w_{max}	maximale vertikale Windgeschwindigkeit		
24	w_{500}	vertikale Windgeschwindigkeit in 500 hPa		
25	w_{700}	vertikale Windgeschwindigkeit in 700 hPa	Kagermazov (2012)	Kaukasus
26	v_{H850}	horizontale Windgeschwindigkeit in 850 hPa	López et al. (2007)	Spanien
27	v_{H500}	horizontale Windgeschwindigkeit in 500 hPa	López et al. (2007)	Spanien
Großräumige Bedingungen:				
28	oWL	Wetterlagen	Aran et al. (2010); García-Ortega et al. (2011); K12	Spanien, Baden–Württemberg
29	ζ_{500}	relative Vorticity in 500 hPa		
30	NGH	Nullgradhöhe, Schmelzhöhe	Kitzmiller und Breidenbach (1993); Billet et al. (1997); Xie et al. (2008); Sánchez et al. (2009)	USA, China, Frankreich
31	PS	Bodendruck	Sánchez et al. (2008)	Argentinien
Sonstiges:				
32	T_{ausl}	Auslösetemperatur		
33	T_{2m}	Temperatur in 2 m		
34	$RAIN_{CON}$	konvektiver Niederschlag		
35	$RAIN_{GSP}$	Gesamtniederschlag		
36	FI_{10-5}	Schichtdicke zwischen 1000 hPa und 500 hPa		

Es zeigt sich, dass die hier bestimmten relativen Häufigkeiten von Wetterlagen verbunden mit Hagel deutlich höher als bei K12 sind (Abb. 2 rechts). Der Grund hierfür ist, dass in den VH Daten die Häufigkeit der Hagelschadentage aufgrund einer höheren Schadenanfälligkeit von landwirtschaftlichen Produkten gegenüber Gebäuden (berücksichtigt bei K12) größer ist. Zwei der hagelrelevanten Wetterlagen nach K12 (SWZAF und SWZZF) zeigen auch hier in allen fünf Gebieten eine hohe Auftretenswahrscheinlichkeit. Allerdings ist die Wetterlage SWAAF, die bei K12 ebenfalls als hagelrelevant identifiziert wurde, deutschlandweit seltener mit Hagel verbunden, so dass diese im Folgenden nicht mehr als hagelrelevante Wetterlage definiert wird. Des Weiteren wird auch die oWL NWAZT – in Abweichung zu K12 – als hagelirrelevant klassifiziert, da

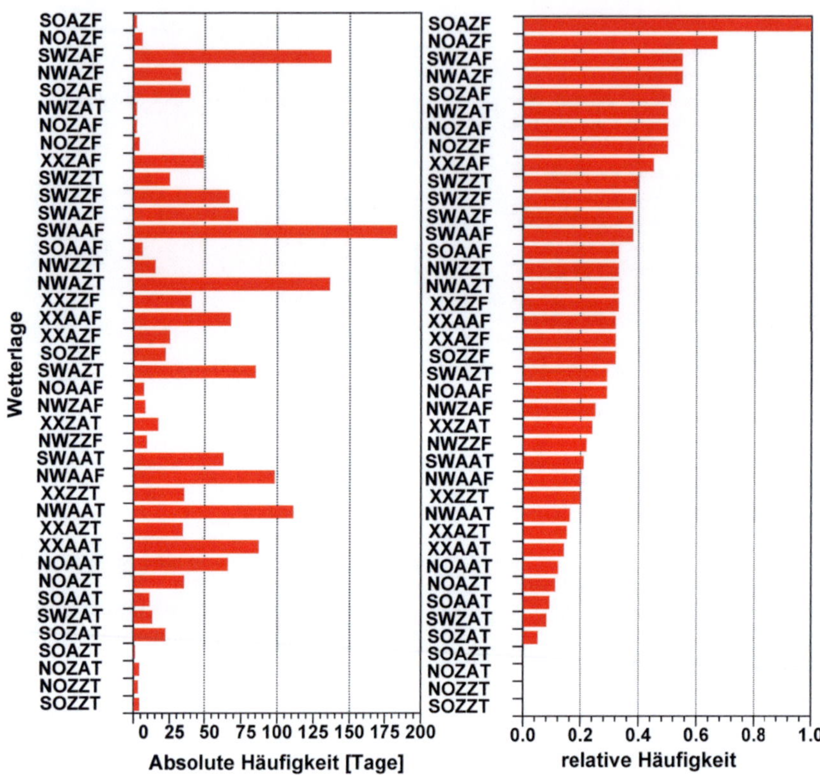

Abb. 7.3.: Anzahl der aufgetretenen oWL (Berechnung nach DWD) von 2001–2009 (SJH, links) und Wahrscheinlichkeit, dass diese Wetterlage mit einem Hagelschadenereignis verbunden ist (exemplarisch für Baden–Württemberg, nach VH Daten, 2001–2009, rechts). Ergebnisse der restlichen Gebiete in Deutschland finden sich in Abb. B.10 im Anhang.

sie insbesondere im Norden von Deutschland teilweise mit Hagel verbunden ist (siehe Abb. B.10 im Anhang). Die Wetterlagen NWAAF, NWAAT und XXAAT bleiben in Deutschland dagegen weiterhin eher unbedeutend bei Hagelereignissen. Als neue hagelrelevante oWL wird zusätzlich SWAZF berücksichtigt, die insbesondere nördlich von Baden–Württemberg und Bayern eine hohe Korrelation zu Hagelereignissen aufweist. Somit zeigen sich insbesondere Wetterlagen mit einer südwestlichen Anströmung als Grundbedingungen für die Entstehung von Hagelstürmen, da sie in der Regel mit der Advektion feucht–warmer Luftmassen verbunden sind. Dagegen liefern Nordwestlagen, die häufig mit einer Advektion kälterer, maritimer Luft verbunden sind, ungünstigere Bedingungen. Ähnliche Ergebnisse zeigen sich auch bei Analysen mit Radardaten (SHJ, 2005 – 2011). So sind beispielsweise etwa 64% der Tage mit einer südwestlichen Anströmung mit Hagelsignalen in den Radardaten verbunden (Puskeiler, 2012, persönliche Kommunikation).

Die oWLs werden für das logistische Modell binär definiert:

$$\mathrm{oWL} = \begin{cases} 1 & , \quad \text{SWZAF, SWZZF, XXZAF, SWAZF} \\ 0 & , \quad \text{restliche undefinierte Wetterlagen} \\ -1 & , \quad \text{NWAAF, NWAAT, XXAAT} \end{cases} .$$

Für das logistische Hagelmodell stellen sich folgende vier Basisparameter als geeignete Variablen heraus, da sie bei verschiedenen Betrachtungen (siehe unten) robuste Ergebnisse liefern:

1. CAPE,

2. ein Parameter, der die Feuchte in den unteren Schichten ausdrückt,

3. die Minimumtemperatur am Morgen T_{min} und

4. oWL.

Dabei ist T_{min} ein Maß für die potentielle Feuchttemperatur θ_w am Nachmittag und ein guter Indikator für die morgendlichen Bedingungen in der Grenzschicht. So führen höhere nächtliche Temperaturen in der Grenzschicht bodennah zu einer geringeren nächtlichen Inversion infolge langwelliger Ausstrahlung und zu einem höheren Feuchtegehalt. Daher begünstigen höhere Temperaturen am Morgen die Entstehung von Konvektion am frühen Nachmittag (Willemse, 1995; Dessens, 1995; Sánchez et al., 1998a, 2008).

Als geeigneter Feuchteparameter wird TQV identifiziert (höherer HSS als bei den anderen Parametern). Allerdings wäre es auch möglich, einen der anderen Parameter (z.B. r_{2m}, $T_{d,2m}$, $T_{d,750}$, $T_{d,850}$) anstelle von TQV zu verwenden. Ähnlich ist es auch mit T_{wet}, der durch die Hinzunahme der Modellvariable T_{min} als möglicher Parameter wegfällt, da T_{wet} redundant zu T_{min} ist.

Zusätzlich wird deutlich, dass es sinnvoll ist, einen zweiten Konvektionsparameter im logistischen Modell zu berücksichtigen. So bewirken als fünfter und sechster Parameter die Kombination aus LI_B und der bodennahen Temperatur T_{2m} eine deutliche Verbesserung des bisherigen Modellansatzes. Damit ergibt sich folgender logistischer Modellansatz mit sechs verschiedenen Variablen x_n:

$$\text{P}_{\text{Hagel}} = \beta_0 + \beta_1 \cdot \text{CAPE} + \beta_2 \cdot \text{TQV} + \beta_3 \cdot \text{T}_{\text{min}} + \qquad\qquad [7.1]$$
$$+ \beta_4 \cdot \text{LI}_B + \beta_5 \cdot \text{T}_{2m} + \beta_6 \cdot \text{oWL}$$

$$\text{wobei} \quad p_{\text{Hagel}} = \begin{cases} < 0{,}4 & , \quad \text{Hagel: NEIN} \\ \geq 0{,}4 & , \quad \text{Hagel: JA} \end{cases} \quad \text{bedeutet.}$$

Im Folgenden wird das in Gleichung (7.1) beschriebene logistische Hagelmodell mit LHM abgekürzt. Mit Hilfe des LHM kann nun das Potential der Atmosphäre für Hagel berechnet werden. Der daraus abgeleitete Index wird als **potentieller Hagelindex (PHI)** bezeichnet; die Einheit des PHI ist die Anzahl der Tage (oberhalb des Schwellenwerts p_{Hagel}, ab dem mit Hagel zu rechnen ist).

Weitere Analysen zeigen, dass die meteorologischen Parameter CIN, MFC, FI_{10-5}, K, w_{max}, w_{500}, w_{700}, v_{H850}, v_{H500}, ζ_{500}, RAIN_{CON} oder RAIN_{GSP} keine Verbesserung des logistischen Modells bewirken. Insbesondere CIN und MFC sind zu sehr durch lokale Bedingungen bestimmt, während ein Hagelereignis aber für ein größeres Gebiet definiert ist.

Um Multikollinearitäten[3] zwischen den sechs Parametern auszuschließen, wird mit Hilfe des Varianzinflationsfaktor VIF_n die Korrelation zwischen den Parametern untersucht (Götze et al., 2002):

$$\text{VIF}_n = \frac{1}{1 - r_n^2} \qquad\qquad [7.2]$$

wobei r_n^2 das Bestimmtheitsmaß zwischen zwei unabhängigen Variablen ist. Liegt eine Multikollinearität vor, besteht die Gefahr, dass die im logistischen Modell geschätzten Regressionskoeffizienten instabil sind – das heißt sich stark ändern, wenn eine Variable x_n hinzugefügt oder entfernt wird – und damit zu einer Verfälschung der Ergebnisse führen. Je größer VIF ist, desto eher besteht eine Korrelation zwischen den Parametern. In der Regel bedeuten Werte zwischen 4 und 10, dass eine hohe Korrelation zwischen zwei Parametern existiert. Bestimmt man nun VIF an den relevanten Gitterpunkten (siehe unten, 1 – 11), sind die Ergebnisse kleiner als 4, sodass davon auszugehen ist, dass die Variablen zu wenig miteinander korreliert sind. Beispielsweise liegt der Korrelationskoeffizient r zwischen LI_B und T_{2m} je nach Gitterpunkt zwischen 0,45 und 0,52. Die

---

[3] Zwei oder mehr Variablen weisen eine hohe Korrelation miteinander auf.

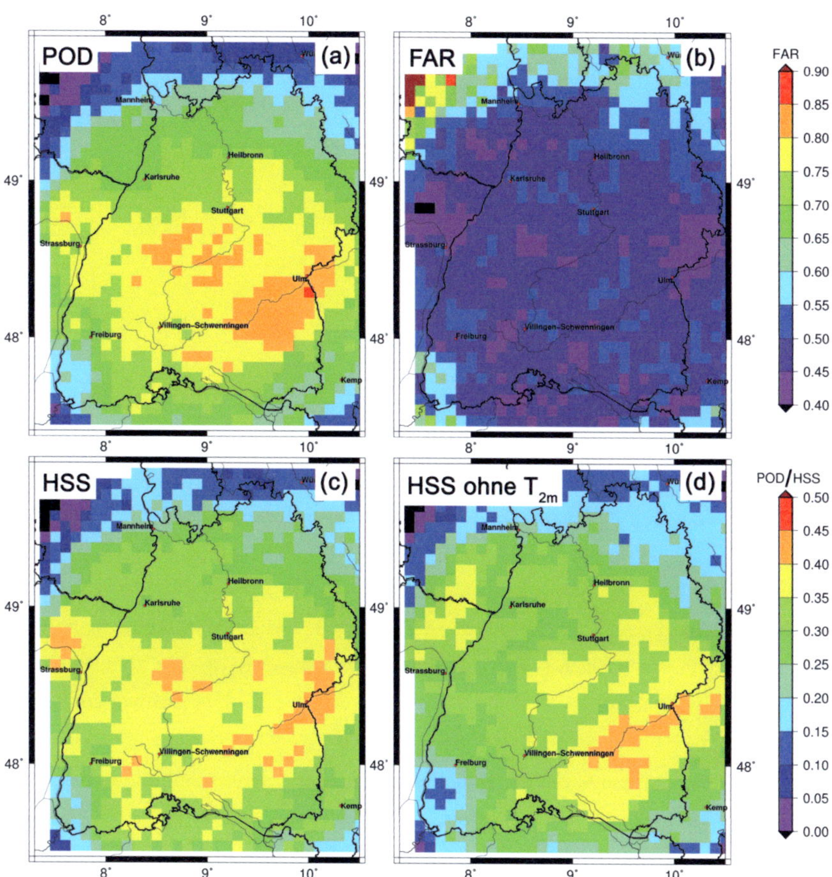

Abb. 7.4.: Gütewerte aller LHM, basierend auf den blitzgefilterten SV Daten (1992 – 2000): (a) POD, (b) FAR, (c) HSS und (d) HSS, aber nur für ein logistisches Modell ohne die Variable T_{2m}.

negative Korrelation zwischen $CAPE_{ML}$ und LI_B ist etwas höher und liegt im Mittel bei $-0,69$.

Für die Ergebnissen des LHM verglichen mit den Versicherungsdaten der SV finden sich die höchsten Werte des HSS $(0,35 - 0,45)$ im mittleren Teil Baden–Württembergs (siehe Abbildung 7.4c). Der maximale Wert liegt bei $HSS = 0,44$. Grund für die zum Rand abnehmenden Werte ist, dass im mittleren Bereich durch den Suchradius von $100\,\text{km}$ die meisten Hagelereignisse der SV erfasst werden ($\sim 95\%$, vgl. hierzu $a + c$

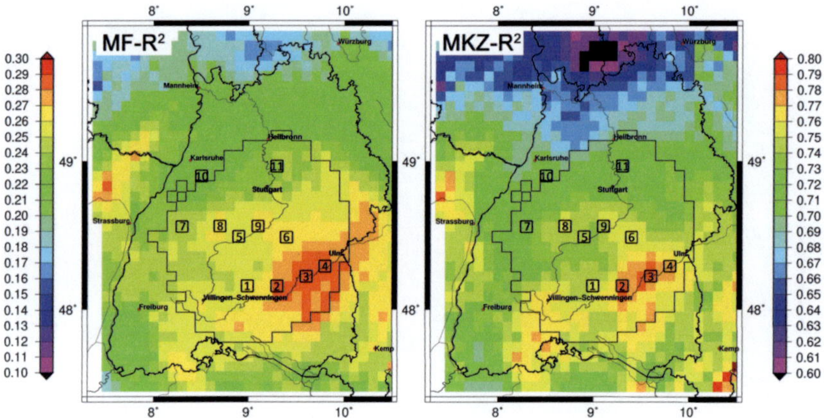

Abb. 7.5.: Pseudo–Bestimmtheitsmaße nach MF–R^2 (links) und MKZ–R^2 (rechts). Die Zahlen geben die Gitterpunkte an, an denen das LHM verwendet wird. Die schwarze Umrandung umfasst ein Gebiet, in dem $\geq 95\%$ der detektierten Hagelereignisse der SV liegen (siehe Abb. B.11 im Anhang).

in Abb. B.11 im Anhang). Im Vergleich zu Tabelle 4.1 sind die HSS Werte ähnlich, allerdings werden durch einen größeren Parameterraum x_n Zufallstreffer herausgefiltert. Abbildung 7.4d verdeutlicht, welche Verbesserung des HSS die Hinzunahme des letzten Parameters T_{2m} – insbesondere in der Mitte des Untersuchungsgebiets – bewirkt.

Da für jeden Gitterpunkt ein individuelles logistisches Hagelmodell mit unterschiedlichen Regressionskoeffizienten berechnet wird, stellt sich nun die Frage, welche der 33×38 Modellkonfigurationen am besten zur Bestimmung von Hagelereignissen geeignet ist. Anhand der Bestimmtheitsmaße nach McFaddens–R^2 (MF–R^2, Gl. 2.68) und nach McKelvey und Zaviona (MKZ–R^2, Gl. 2.71) können die einzelnen Modelle miteinander verglichen werden (siehe Abb. 7.5). Für beide Bestimmtheitsmaße finden sich die höchsten Werte, und somit die LHMs mit der besten Erklärungskraft, stromauf von Ulm an der Donau. Für den MF–R^2 gilt, dass bereits ab 0,2 eine gute Modellqualität vorliegt. Dies trifft für jeden Gitterpunkt im Zentrum des Untersuchungsgebiets zu, insbesondere innerhalb des Gebiets, in dem die meisten Ereignisse erfasst werden ($a + c \geq 95\% =$ schwarze Umrandung in Abb. 7.5). Beim MKZ–R^2 stimmt die räumliche Verteilung qualitativ sehr gut mit den Ergebnissen des MF–R^2 überein. Auch hier werden im Zentrum hohe Werte von $\geq 0,7$ erreicht und deuten ebenso auf eine gute Erklärungskraft hin. Um im Folgenden die Unsicherheit der Ergebnisse durch die Wahl des

Tab. 7.2.: Logistische Regressionskoeffizienten für die LHMs an den Punkten 1 bis 11 (siehe Abb. 7.5), basierend auf CE40 und SV Daten zwischen 1992 und 2000.

Variable x		LHM_1	LHM_2	LHM_3	LHM_4	LHM_5	LHM_6	LHM_7	LHM_8	LHM_9	LHM_{10}	LHM_{11}
	$\beta_0 =$	$-1{,}712$	$-2{,}362$	$-2{,}914$	$-3{,}186$	$-2{,}573$	$-2{,}322$	$-2{,}117$	$-2{,}310$	$-2{,}513$	$-3{,}192$	$-3{,}089$
$CAPE_{ML}[\cdot 10^{-4}]$:	$\beta_1 =$	$-3{,}4$	$-2{,}9$	$-2{,}4$	$-1{,}4$	$-1{,}2$	$-2{,}8$	$0{,}2$	$-1{,}7$	$0{,}01$	$-4{,}4$	$-0{,}1$
TQV:	$\beta_2 =$	$0{,}007$	$0{,}014$	$0{,}029$	$0{,}034$	$0{,}002$	$0{,}018$	$0{,}030$	$0{,}005$	$0{,}002$	$0{,}002$	$-0{,}025$
T_{min}:	$\beta_3 =$	$0{,}311$	$0{,}296$	$0{,}288$	$0{,}261$	$0{,}292$	$0{,}284$	$0{,}321$	$0{,}317$	$0{,}288$	$0{,}295$	$0{,}307$
LI_B:	$\beta_4 =$	$-0{,}391$	$-0{,}400$	$-0{,}384$	$-0{,}347$	$-0{,}322$	$-0{,}351$	$-0{,}306$	$-0{,}335$	$-0{,}323$	$-0{,}268$	$-0{,}269$
T_{2m}:	$\beta_5 =$	$-0{,}234$	$-0{,}206$	$-0{,}199$	$-0{,}174$	$-0{,}173$	$-0{,}207$	$-0{,}266$	$-0{,}204$	$-0{,}176$	$-0{,}158$	$-0{,}135$
oWL:	$\beta_6 =$	$0{,}637$	$0{,}621$	$0{,}636$	$0{,}619$	$0{,}621$	$0{,}576$	$0{,}450$	$0{,}619$	$0{,}620$	$0{,}575$	$0{,}599$

LHM zu berücksichtigen, wird nicht nur ein, sondern ein Ensemble aus mehreren – in diesem Fall aus elf – verschiedenen Modellen verwendet. Die Gitterpunkte mit den jeweiligen LHMs werden so gewählt, dass sowohl Modelle mit einer sehr guten (z.B. 2, 3, 4), als auch mit einer schlechteren Modellqualität (z.B. 7, 10, 11) berücksichtigt werden, um die Variabilität aus den Modellen wiederzugeben. In Tabelle 7.2 sind die Werte der einzelnen logistischen Regressionskoeffizienten β_n abhängig von der verwendeten Variable x_n für die elf LHMs dargestellt (siehe alle β_n an allen Gitterpunkten in Abb. B.12 im Anhang). Positive (negative) Regressionskoeffizienten bedeuten, dass bei steigenden Werten von x_n größere (kleinere) Wahrscheinlichkeiten für ein Ereignis erreicht werden. So bewirken die Koeffizienten TQV, T_{min} und oWL eine positive Wirkung auf die Wahrscheinlichkeit. Da beim LI_B negative Werte auf eine Labilität hinweisen, sind alle Koeffizienten kleiner Null. Interessant ist, dass CAPE und T_{2m} einen abnehmenden Effekt auf die Wahrscheinlichkeit p haben und damit eine Verschiebung der Kurve zu kleineren Werte (Abb. 2.11) bewirken. Dies könnte erklären, dass der Schwellenwert von $p = 0{,}4$ zu besseren Ergebnissen bei der kategorischen Verifikation führt im Vergleich zu $p = 0{,}5$ (siehe unten). Vermutlich ist dies vor allem auf die CAPE, die durchaus einen guten Zusammenhang zu Hagelereignissen aufweist (siehe Kap. 4), mit ihrer Weibullverteilung und dem großen Wertebereich ($0 - 5 \cdot 10^4 \mathrm{J\,kg^{-1}}$) zurückzuführen.

Ebenso stellt sich die Frage, welche der verwendeten Variablen den meisten Einfluss auf die Auftretenswahrscheinlichkeit hat. Mit Hilfe von Gleichung (2.75) wird der Effekt–Koeffizient e_n^b für jede einzelne unabhängige Variable x_n in den elf LHMs berechnet (Tabelle 7.3). Je größer die Werte sind, desto größer ist die Effektstärke der Variablen auf das Ergebnis des logistischen Modells. Ist der Wert dagegen Eins, hat die Variable keinen Einfluss auf das Ergebnis, da der Ausgangswert nicht verändert wird. Den

Tab. 7.3.: Die zu den Regressionskoeffizienten β_n zugehörigen Effekt–Koeffizienten e^b abhängig vom LHM inklusive Mittelwert.

Variable x	e_1^b	e_2^b	e_3^b	e_4^b	e_5^b	e_6^b	e_7^b	e_8^b	e_9^b	e_{10}^b	e_{11}^b	Mittelwert
$CAPE_{ML}$	1,2	1,1	1,1	1,1	1,1	1,1	1,0	1,1	1,0	1,2	1,0	**1,1**
TQV	1,0	1,1	1,2	1,2	1,0	1,1	1,2	1,0	1,0	1,0	0,9	**1,1**
T_{min}	3,1	2,8	2,7	2,4	2,7	2,8	3,3	3,0	2,7	2,9	2,8	**2,8**
LI_B	5,0	5,4	5,2	4,5	3,9	4,5	3,7	4,1	4,0	3,3	3,2	**4,3**
T_{2m}	3,4	2,8	2,6	2,3	2,4	2,9	3,9	2,8	2,5	2,1	1,9	**2,7**
oWL	1,5	1,5	1,5	1,5	1,5	1,4	1,3	1,5	1,5	1,4	1,5	**1,5**

größten Einfluss auf die Wahrscheinlichkeit hat in fast allen Einzelmodellen (LHM_1 – LHM_{11}) der LI_B. An zweiter Stelle stehen mit einer ähnlichen Stärke sowohl T_{min} als auch T_{2m} mit Werten von $2{,}7 - 2{,}8$ (Mittel). Der Beitrag der oWL ist geringfügig höher als der von TQV und CAPE. Des Weiteren wird deutlich, dass es LHMs gibt, in denen der Einfluss von CAPE und TQV sehr klein beziehungsweise praktisch nicht vorhanden ist, obwohl die Tests für die Modellkontrollen (LQT) positive Rückmeldungen auf ihre Verwendung geben. Beispielsweise gilt das für die CAPE bei den Modellen 7 und 11, die eine schlechtere Modellqualität im Vergleich zu den anderen haben und dazu tendieren, den PHI zu unterschätzen. Die niedrigen Werte des e_n^b bei der CAPE können ebenfalls auf die oben bereits beschriebene Problematik zurückgeführt werden.

Wendet man nun die elf LHMs auf den CE40–Lauf an, kann daraus der mittlere PHI pro Jahr zwischen 1971 und 2000 berechnet werden. Wichtig bei der Interpretation des PHI ist, dass die Ergebnisse des PHI nicht nur auf das Gebiet eines Gitterpunkts bezogen werden dürfen, sondern für ein größeres Gebiet um den Gitterpunkt repräsentativ sind. Abbildung 7.6 zeigt das Ergebnis des Medians und der Standardabweichung (STD) aus den elf Hagelmodellen. Für den Median ist ein deutlicher Nord–Süd–Gradient zu erkennen. Durchschnittlich sind nördlich von Baden–Württemberg und Bayern 3 bis 7 Tage pro Jahr mit Hagelpotential zu rechnen, während in Süddeutschland durchschnittlich $7{,}5 \pm 2{,}1$ potentielle Hageltage pro Jahr erwartet werden (siehe Tabelle 7.4). Die meisten Tage mit einem hohen Hagelpotential (11 bis 14 Tage) zeigen sich im Rheintal und südöstlich von München zur Grenze von Österreich. Über den Alpen ist die Auftretenswahrscheinlichkeit von Hagel dagegen am geringsten. Aber auch über den deutschen Mittelgebirgen nimmt der PHI im Vergleich zum niedrigeren Umland ab. Die Ergebnisse am Bodensee sind unsicher, da bereits in anderen Untersuchungen verschiedener RCMs beobachtet werden konnte, dass dort aufgrund der lokalen Bedingungen im Kli-

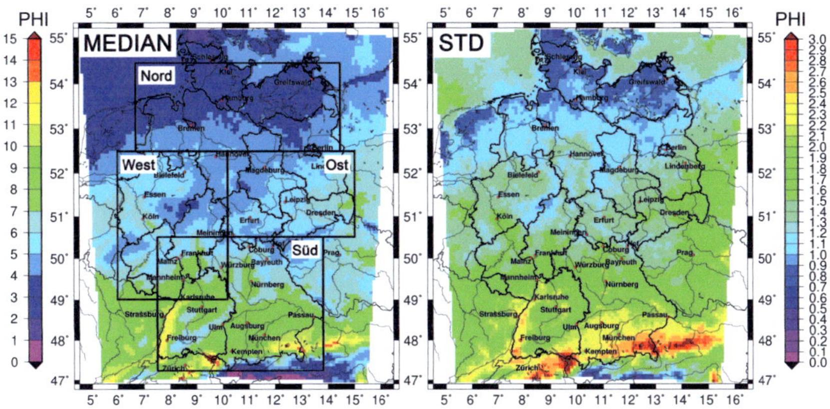

Abb. 7.6.: Median (links) und Standardabweichung (STD, rechts) für den potentiellen Hagel-index (PHI) pro Jahr der elf LHMs (CE40, 1971 – 2000). Links wird das Untersuchungsgebiet zusätzlich in vier Unterregionen unterteilt.

mamodell Fehler in den Modellvariablen entstehen (Mohr, 2008). Berechnet man das Flächenmittel über das gesamte Untersuchungsgebiet, ergibt sich für den PHI ein Mittel von $5{,}7 \pm 2{,}2$ Tagen pro Jahr.

Für die Standardabweichung (STD) zwischen den einzelnen Modellen treten die geringsten Abweichungen im Norden (bis zu einem Tag) und die größten Abweichungen in den Gebieten mit den höchsten Werten des PHI auf (bis zu 3 Tage). Relativ zum Mittelwert (anhand des Variationskoeffizienten) sind die Abweichungen deutschlandweit allerdings eher ähnlich und lassen keine Rückschlüsse auf die räumliche Verteilungen zu. Werden die Ergebnisse der einzelnen Modelle genauer untersucht (siehe mittlerer

Tab. 7.4.: Räumlicher Mittelwert und Standardabweichung der Klimatologie des mittleren PHI für verschiedene Regionen in Abb. 7.6 (CE40, 1971 – 2000).

Region	Flächenmittel $\pm$ STD [TAGE]
GESAMT	$5{,}7 \pm 2{,}2$
NORD	$3{,}8 \pm 0{,}6$
WEST	$5{,}5 \pm 0{,}9$
OST	$5{,}4 \pm 0{,}8$
SÜD	$7{,}5 \pm 2{,}1$

PHI jedes einzelnen Modells in Abb. B.13 im Anhang), wird deutlich, dass die LHMs mit dem niedrigsten R^2 (7,10,11) geringere Werte des PHI ergeben und wahrscheinlich zu einer Unterschätzung der Anzahl potentieller Hageltage neigen. Dagegen sind auch Ergebnisse von Modellen zu beobachten, die insbesondere im Rheintal, über dem Bodensee und südöstlich von München sehr hohe Werte des PHI ergeben und die konvektiven Bedingungen dadurch möglicherweise überschätzen.

Die stufenweise Entwicklung des LHM verdeutlicht, dass die Klimatologie der jeweiligen Variablen, die in das Modell integriert werden, einen Einfluss auf die räumliche Verteilung der Ergebnisse des PHI haben (siehe Abb. 7.7 und Abb. 7.8). So ist die hohe Anzahl der potentiellen Hageltage im Rheintal und im nördlichen Alpenvorland durch eine geringere thermische Stabilität (siehe klimatologischen Merkmale der CAPE und des LI_B) und durch mehr feucht–warme Luftmassen geprägt. Im Norden ist die Atmosphäre dagegen in der Regel stabiler geschichtet und es herrschen kältere, trockenere Bedingungen vor. Die höheren Werte des PHI an der Grenze zu Polen werden vor allem durch einen hohen mittleren Feuchtegehalt (abzulesen an TQV) bestimmt. Der Unterschied zwischen den Ergebnissen des Hagelmodells mit oder ohne die Variable T_{2m} ist nicht sehr groß (Abb. 7.8a und b). Allerdings wird an den Bestimmtheitsmaßen und dem Effekt–Koeffizient, aber auch am HSS (siehe Abb. 7.4c und d) deutlich, dass es sinnvoll ist, T_{2m} mit in das Hagelmodell zu integrieren.

Auch andere Arbeiten zeigen, dass im nördlichen Alpenvorland eine erhöhte Hagelwahrscheinlichkeit zu beobachten ist, wobei dies mehr für das südwestliche Gebiet Bayerns zutrifft (Kunz et al., 2012). Die hohen Werte im Rheintal südlich von Karlsruhe können dagegen in anderen Arbeiten nicht beobachtet werden. Eine Studie von Kunz und Puskeiler (2010) über Hagelzugbahnen aus Radardaten in Baden–Württemberg zeigt, dass die Region mit der größten Hagelintensität und -frequenz südlich von Stuttgart liegt. Im Rheintal ist den Autoren zufolge die Häufigkeit von Hagel dagegen am geringsten.

Es werden im LHM allerdings auch nur zwei der Mechanismen, die für die Entstehung von hochreichender Konvektion bedeutend sind, berücksichtigt (siehe Kap. 2.1.2). Der Auslösemechanismus, der ebenfalls bedeutend ist (Doswell, 1987), kann in dem Modell bisher nicht erfasst werden, da es die Bedingungen nur an jedem einzelnen Gitterpunkt prüft. Dagegen sind die Mechanismen für die Initiierung von hochreichender Konvektion losgelöst von dem betrachteten Gitterpunkt. So ist vor allem die Orografie und die damit verbundenen Strömungseffekte bedeutend für die Entwicklung von hochreichender

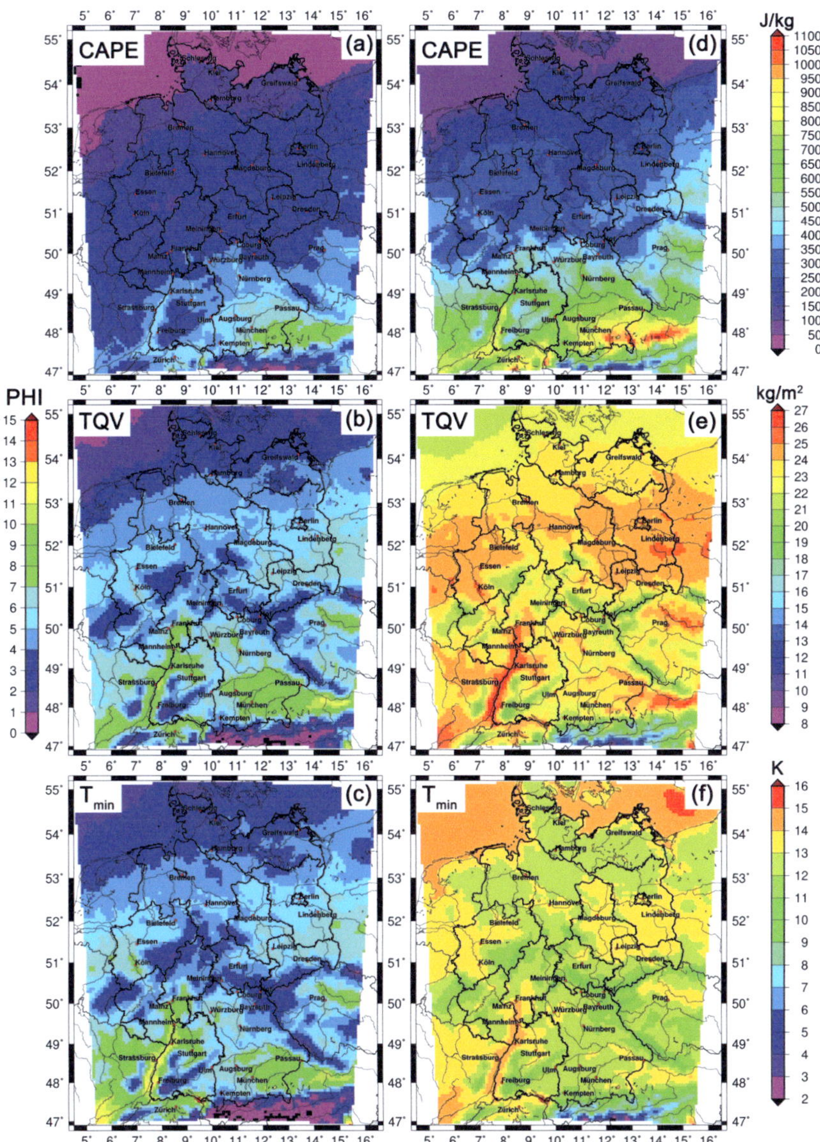

Abb. 7.7.: Links: Wie Abb. 7.6, nur für ein Hagelmodell, das auf den folgenden Variablen x basiert: (a) CAPE und oWL, (b) wie (a) plus TQV, (c) wie (b) plus T_{min}. Rechts: Klimatologie der jeweiligen zugehörigen Variable des jährlichen (d) 90% Perzentils der CAPE, (e) 50% Perzentils des TQV und (f) 50% Perzentil der T_{min}.

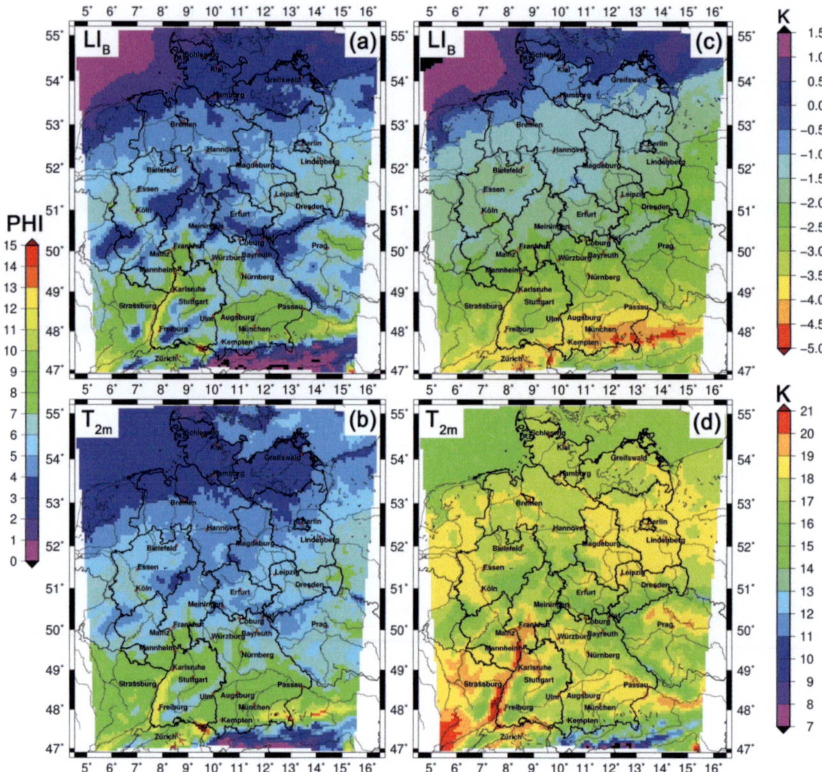

Abb. 7.8.: Wie Abb. 7.7, nur für (a) CAPE, oWL, TQV, T$_{min}$ und LI$_B$, (b) wie (a) plus T$_{2m}$ und des jährlichen (c) 10% Perzentils des LI$_B$ und (d) 50% Perzentils der T$_{2m}$.

Konvektion. Bereits Knight und Knight (2003) erwähnten, dass Hagel oft im Lee eines Gebirges beobachtet werden kann. García-Ortega et al. (2007) zeigten anhand einer numerischen Sensitivitätsstudie, dass die Orografie eine entscheidende Rolle bei der Entwicklung eines Hagelsturms im Jahr 2003 im mittleren Ebrotal in Nordostspanien spielte. Brombach (2012) bestätigte mit numerischen COSMO–Modellsimulationen einen konzeptionellen Ansatz von Kunz und Puskeiler (2010, siehe Abb. 7.9) über Strömungsbedingungen an Hageltagen in Baden–Württemberg. Er zeigt, dass die bei Hagelereignissen typischerweise vorherrschende mittlere südwestliche Anströmung zum einen den Schwarzwald umströmt, zum anderen durch die Interaktion mit dem Mittelgebirge rückseitig Schwerewellen auslöst (Kunz, 2003). Dadurch wird im Lee durch einen

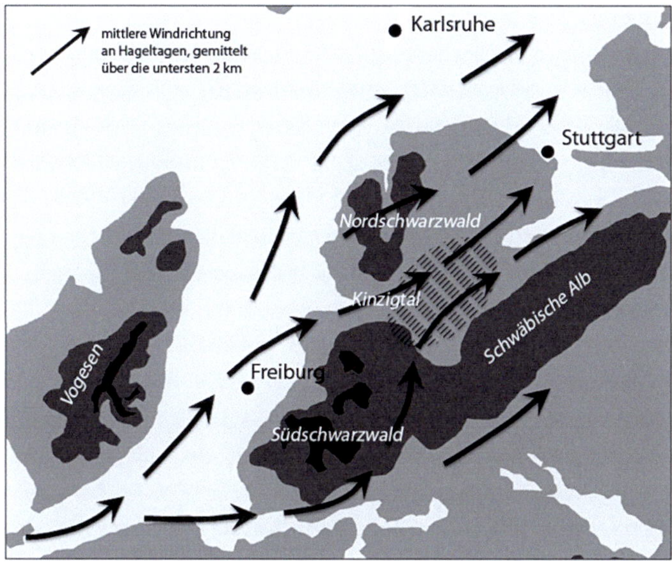

Abb. 7.9.: Schematische Darstellung der bodennahen Strömung bei einer südwestlichen Anströmung und einer geringen Froudzahl Fr[4], die eine Umströmung bewirkt; der Bereich der Strömungskonvergenz ist schraffiert dargestellt (Kunz und Puskeiler, 2010).

Bereich erhöhter Strömungskonvergenz die Auslösung, aber auch die Intensivierung von Gewitter- oder Hagelstürmen begünstigt.

Dementsprechend gibt das LHM nur das Potential für Hagelereignisse wieder. Bereits anhand der Bestimmtheitsmaße wird deutlich (siehe Abb. 7.5), dass die LHMs die Beobachtungen nur teilweise, aber nicht völlig abbilden, sodass auch noch andere Faktoren (z.B. Strömungskonvergenzen, Schwerewellen) maßgeblich zum Auftreten von Hagel beitragen müssen.

Um die Robustheit der Ergebnisse zu testen, werden die Untersuchungen mit leicht variierenden Datensätzen und variierenden Gegebenheiten durchgeführt: (i) Betrachtung der drei Monate Mai, Juni und Juli (MJJ), (ii) Hagelereignisse, die in einem engeren Untersuchungsgebiet um den jeweiligen Gitterpunkt (50 km) liegen, (iii) variierende Schadenfrequenz in den Versicherungsdaten, (iv) variierende Anzahl der letztendlich verwendeten LHMs, (v) variierender Schwellenwert für die Wahrscheinlichkeit, ab der mit Hagel zu rechnen ist, und (vi) die Wahl anderer Parameter im Hagelmodell.

---

[4] Die dimensionslose Zahl gibt das Verhältnis zwischen der Trägheitskraft und der Auftriebskraft an.

Dabei zeigt sich, dass die Wahl eines weiteren Parameters relativ unabhängig von der Größe des betrachteten Gebiets und dem Schwellenwert für die Wahrscheinlichkeit p ist (gilt auch für den Zeitraum MJJ). Allerdings wird der HSS maßgeblich davon beeinflusst. So werden beispielsweise die Werte der POD kleiner (FAR nimmt zu), wenn das Untersuchungsgebiet reduziert wird. Zum Vergleich in anderen Arbeiten wird als Gebiet sogar ein größerer Radius gewählt: 140 km bei López et al. (2007) und 167 km bei Billet et al. (1997). Des Weiteren wird in vielen Studien als Kriterium für das Auftreten eines Ereignisses der Schwellenwert der Wahrscheinlichkeit (Gl. 7.1) $p \geq 0{,}5$ definiert (Crosby et al., 1995; Hosmer und Lemeshow, 2000; Sánchez et al., 1998b, 2009; López et al., 2007). Allerdings zeigt sich bei einer genaueren Betrachtung, dass hier die Anzahl der Ereignisse für diesen Wert unterschätzt werden würde. Im Gegensatz dazu sind die Werte des HSS bei einer Definition $p \geq 0{,}4$ deutlich höher. Beschränkt man die Anzahl der Hagelereignisse, indem die Schadenfrequenz hoch gesetzt wird, bestätigen sich vor allem die vier Basisparameter (CAPE, oWL, TQV, T_{min}). Bei der Wahl der nächsten Parameter ergibt sich insbesondere bei schweren Ereignissen (Frequenz $\geq 5‰$) ein uneinheitliches Bild. Dies ist allerdings auch nicht überraschend, da bei schwereren Hagelstürmen auch noch andere Bedingungen eine wichtige Rolle spielen. Beispielsweise zeigt sich die Windscherung WSh_{0-6} als ein relevanter Faktor (vgl. hierzu auch Abb. 4.2).

Berücksichtigt man für den Median des PHI anstelle der elf insgesamt 31 LHMs, wird eine sehr ähnliche räumliche Verteilung beobachtet (siehe Abb. B.14 im Anhang). Aufgrund einer größeren Anzahl an logistischen Modellen wird die zugehörige Standardabweichung vor allem im Süden kleiner, während im Norden ähnliche Variationen beobachtet werden. Quantitativ zeigen sich für den Median aus 31 Modellen insbesondere im Süden Abweichungen des PHI von bis zu einem Hageltag pro Jahr. Der Grund hierfür ist, dass bei der weiteren Wahl der Gitterpunkte vermehrt LHMs einfließen, deren Erklärungskraft geringer sind und somit zu einer Unterschätzung der Ereignisse führen. Da die Ergebnisse jedoch letztendlich sehr ähnlich sind und für die Diskussion nach der Änderung in der Zukunft nur die relative Änderung betrachtet wird, werden aufgrund der hohen Rechendauer weiterhin die bisher elf definierten LHMs verwendet.

Neben LI_B und T_{2m} zeigt sich auch die Kombination aus den anderen Konvektionsparametern TT und WSh_{0-6} als eine sinnvolle Erweiterung der vier Basisparameter im logistischen Modell. Die Ergebnisse des PHI sind räumlich ähnlich strukturiert (siehe Abb. B.15 im Anhang), nur deutlich niedriger gegenüber den Ergebnissen in Abbil-

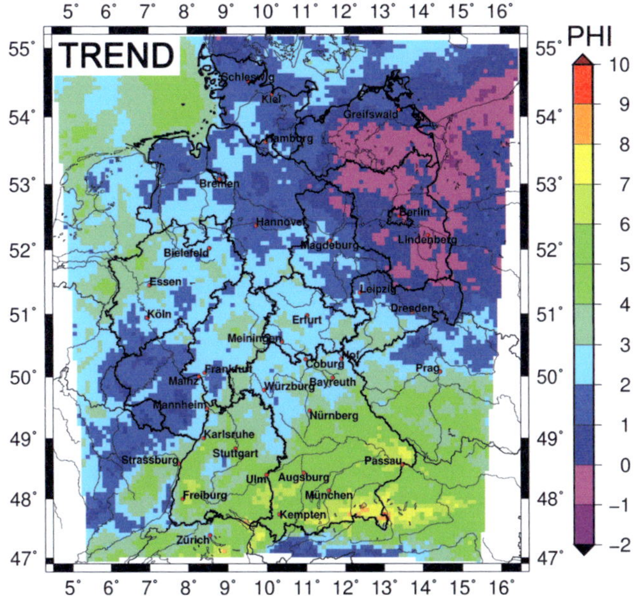

Abb. 7.10.: Mittlerer linearer Trend (Median) des PHI (CE40, 1971 – 2000.)

dung 7.6 (links). So liegt der PHI im mittleren Teil Deutschlands nur zwischen 2 und 3, während mit dem LHM etwa 4 bis 5 für den gleichen Zeitraum berechnet werden. Das Maximum im südöstlichen Teil Bayerns tritt zudem nicht mehr so deutlich hervor. Im Gegensatz zur bisherigen Variante ist die Erklärungskraft des Modells mit TT und WSh_{0-6} allerdings um $0{,}02 - 0{,}03$ (nach $MF-R^2$) geringer, sodass im Folgenden nur das LHM betrachtet wird.

In Abbildung 7.10 wird der mittlere Trend (Median) des PHI aus allen elf LHMs dargestellt (CE40, 1971 – 2000). Ähnlich zu den Ergebnissen der Trendanalysen einzelner KPs in Kapitel 5.4.3 sind auch hier die Trendanalysen statistisch nicht signifikant. Der Trend zeigt für die meisten Gebiete in Deutschland im Reanalyselauf eine Zunahme der potentiellen Hageltage, wobei der Trend durch die einzelnen Trends der Variablen geprägt wird. Die Abnahme im Nordosten Deutschlands von bis zu 2 Tagen ist vor allem durch eine Stabilisierung der Atmosphäre und eine Abnahme der morgendlichen Minimumtemperatur bedingt. Die sehr kleinen Änderungen im Saarland und in Rheinland–Pfalz lassen sich in diesem Gebiet auf eine Abnahme von TQV zurückführen. Die Zu-

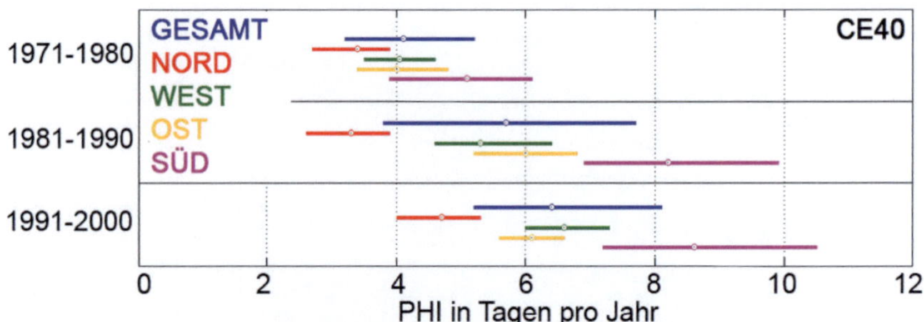

Abb. 7.11.: Boxplots (Median und Interquartilsabstand) des mittleren PHI nach den CE40–Modellläufen für die jeweiligen 10–Jahresabschnitte und verschiedene Gebiete: gesamtes Untersuchungsgebiet (blau) und die vier Unterregionen aus Abb. 7.6.

nahme um 3 bis 8 Tage im Süden basiert primär auf einer Zunahme der CAPE, des LI_B, des TQV und der Temperaturwerte am Morgen und um 12 UTC. Die Trends der einzelnen Modelle zeigen, dass der Unterschied zwischen den jeweiligen einzelnen LHMs sehr gering ist (meistens $< 0{,}8$ Tage). Nur im Südosten des Untersuchungsgebiets verweist die Standardabweichung auf eine höhere Variabilität der Ergebnisse (bis zu 1,7 Tage).

Um die interne Variabilität des mittleren PHI genauer zu betrachten, wird in Abbildung 7.11 der 30–jährige Zeitraum der CE40–Simulationen in drei 10 Jahres–Blöcke unterteilt. Neben dem Flächenmittel und Interquartilsabstand für das gesamte Untersuchungsgebiet (blau), sind zudem die vier Flächenmittel der kleineren Unterregionen dargestellt (Einteilung der Regionen siehe Abb. 7.6). Hier wird deutlich, dass der mittlere PHI in den 30 Jahren in allen Gebieten zugenommen hat. Die negativen Änderungen in Abbildung 7.10 (vor allem im Nordosten) sind so klein, dass sie im Flächenmittel der Gebiete NORD und OST nicht überwiegen. Zusätzlich wird auch hier nochmal deutlich, dass im Süden (Norden) die größte (geringste) Anzahl an potentiellen Hageltagen beobachtet wird. So ist beispielsweise der mittlere Wert des PHI im Süden von 5,1 Tage $[3{,}9 - 6{,}1]$ im Zeitraum $1971 - 1980$ auf 8,6 Tage $[7{,}2 - 10{,}5]$ für $1991 - 2000$ angestiegen.

7.2. Hagelpotential in Europa anhand Reanalysedaten

Da für die CoastDatII–Daten keine dreidimensionalen Felder zur Berechnung der oWL zur Verfügung stehen und dieser Parameter für ganz Europa nicht repräsentativ wäre, wird ein reduziertes logistisches Hagelmodell (nachfolgend als RLHM bezeichnet) ohne diese Variable analog zu den in Kapitel 7.1 beschriebenen Methoden abgeleitet (siehe Tabelle 7.5).

Angewendet auf den gesamten Zeitraum des CE40 sind die räumlichen Strukturen der Ergebnisse des PHI mit und ohne Berücksichtigung der oWL fast identisch. Allerdings ist der PHI im Fall ohne oWL in der Regel niedriger als für Ergebnisse, die die Wetterlagen berücksichtigen. Die Abweichungen sind im Mittel aber geringer als 1. Ebenfalls ist das Pseudo–Bestimmtheitsmaß für das logistische Hagelmodell (ohne oWL) kleiner als beim LHM ($\sim$ 0,01- 0,02). Vergleicht man die Ergebnisse, indem das RLHM auf beide Reanalyseläufe (CE40, CoastDatII) für 1978 und 2000 angewendet wird, sind deutliche Unterschiede zu erkennen (Abb. 7.12). Zwar zeigt der mittlere PHI in CoastDatII auch einen ausgeprägten Nord–Süd–Gradienten, jedoch gehen aufgrund der gröberen Auflösung orografisch geprägte Strukturen verloren. Des Weiteren zeigen sich teilweise weniger Tage mit Potential für Hagel als in CE40. Insbesondere im mittleren Teil Deutschlands werden nur 3 bis 4 Tage pro Jahr bestimmt, während hier in CE40 eher 4 bis 6 Tage erwartet werden. Im Süden treten in CoastDatII die markanten Hotspots des CE40 mit 12 – 15 Tagen beispielsweise im Rheintal oder südöstlich von München aufgrund der gröberen Auflösung nicht auf. Allerdings werden im Durchschnitt Werte des PHI von 6 – 10 Tage beobachtet.

In Abbildung 7.13 wird das RLHM auf das ganze europäische Untersuchungsgebiet übertragen (1978 – 2009). Die höchsten Werte des PHI (11 – 14 Tage) werden in Italien südlich der Alpen beobachtet; gefolgt von 6 – 9 Tagen nördlich der Alpen und am östlichen Rand des Untersuchungsgebiets. Des Weiteren werden in der Regel über gebirgigem Gelände niedrigere Werte des PHI beobachtet (z.B. Skandinavisches Gebirge,

Tab. 7.5.: Logistische Regressionskoeffizienten für das reduzierte logistische Hagelmodell mit den Variablen CAPE, TQV, T_{min}, LI_B und T_{2m} an den Punkten 1 bis 11, basierend auf CE40 und SV Daten zwischen 1992 und 2000.

Variable x		LHM_1	LHM_2	LHM_3	LHM_4	LHM_5	LHM_6	LHM_7	LHM_8	LHM_9	LHM_{10}	LHM_{11}
	$\beta_0 =$	$-1,829$	$-2,525$	$-3,113$	$-3,360$	$-2,705$	$-2,531$	$-2,066$	$-2,375$	$-2,756$	$-3,292$	$-3,102$
$CAPE_{ML}[\cdot 10^{-4}]$:	$\beta_1 =$	$-3,0$	$-2,7$	$-2,2$	$-1,0$	$-1,3$	$-2,5$	$0,2$	$-1,5$	$0,03$	$-4,2$	$0,3$
TQV:	$\beta_2 =$	$0,022$	$0,028$	$0,042$	$0,045$	$0,011$	$0,029$	$0,035$	$0,015$	$0,009$	$0,008$	$-0,015$
T_{min}:	$\beta_3 =$	$0,325$	$0,298$	$0,285$	$0,258$	$0,311$	$0,298$	$0,354$	$0,337$	$0,307$	$0,331$	$0,316$
LI_B:	$\beta_4 =$	$-0,409$	$-0,416$	$-0,398$	$-0,359$	$-0,343$	$-0,361$	$-0,331$	$-0,354$	$-0,335$	$-0,285$	$-0,290$
T_{2m}:	$\beta_5 =$	$-0,252$	$-0,213$	$-0,199$	$-0,174$	$-0,187$	$-0,217$	$-0,296$	$-0,222$	$-0,183$	$-0,186$	$-0,150$

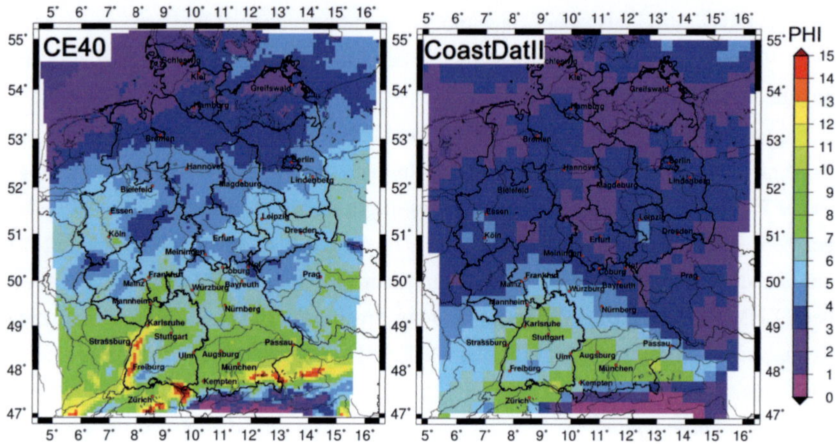

Abb. 7.12.: Wie Abb. 7.6, nur für ein reduziertes logistisches Hagelmodell ohne oWL und für den Zeitraum 1978 bis 2000: CE40 (links) und CoastDatII (rechts).

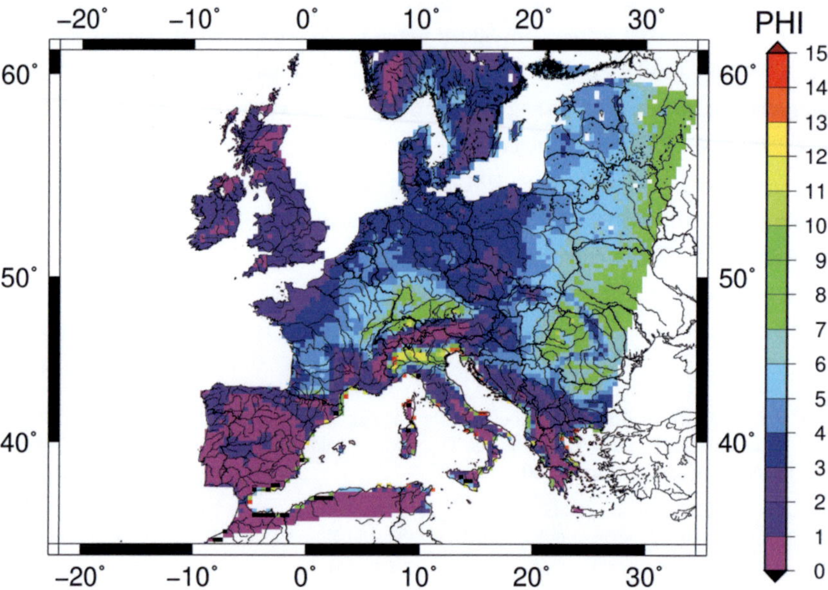

Abb. 7.13.: Wie Abb. 7.12 rechts, nur für das gesamte Untersuchungsgebiet in CoastDatII (1978 – 2009).

Alpen, Zentralmassiv, Pyrenäen, Appennin, Dinarische Alpen und Pindus; Gebirgsbezeichnungen siehe Abb. B.3 im Anhang). Insbesondere im Norden Europas ist der PHI aufgrund der höheren Stabilität der kälteren und trockeneren Luftmassen relativ niedrig (0 – 4 Tage). Aber auch in Spaniern, Italien und Griechenland zeigen sich geringe Werte. Insbesondere im Ebrotal (Spanien) wird im Mittel maximal ein potentieller Hageltag erwartet. Dies ist vor allem durch die dort vorherrschenden höheren Stabilitäten im Modell bedingt (siehe Abb. 5.21). Allerdings gibt es gerade zu diesem Gebiet einige Untersuchungen über schwere konvektive Ereignisse (z.B. Ramis et al., 1999; Sánchez et al., 2003; Tuduri et al., 2003; Aran et al., 2007; Mallafré et al., 2009; García-Ortega et al., 2012). Beispielsweise beobachteten López und Sánchez (2009) dort anhand von Radardaten eine hohe Gewitteraktivität mit etwa 60 Gewittertagen pro Sommer. Nach García-Ortega et al. (2011) kommt es an durchschnittlich 32 Tagen pro Jahr zu Hagel (2001 – 2008).

Die Diskrepanzen zwischen diesen Studien und dem PHI nach dem LHM kann dadurch erklärt werden, dass einerseits das Hagelmodell auf die Bedingungen für hochreichende Konvektion in Baden–Württemberg – aufgrund der Einschränkungen bei den Hagelbeobachtungen – kalibriert wird, andererseits nur das Potential für Hagelereignisse wiedergibt. Des Weiteren unterscheiden sich auch in den Betrachtungen die Gebietsgrößen und die Anzahl ist somit zwischen den Studien nicht direkt vergleichbar.

In Frankreich werden dagegen einige Gebiete mit einer hohen Hagelwahrscheinlichkeit bestätigt. Berthet et al. (2012) zeigte, dass Südwestfrankreich im Bereich des Atlantiks und die mittleren Pyrenäen relativ häufig von Hagelereignissen betroffen sind, wobei in dem Gebiet der Pyrenäen in einer 23–jährigen Messreihe anhand von „Hail-Pads"[5] mehr Ereignisse als im Bereich des Atlantiks beobachtet wurden ($\sim$ 25 pro Jahr). Die Ergebnisse des LHM liegen hier bei etwa 4 bis 6 Tagen und sind ebenfalls am Rand der Pyrenäen höher. Nach Abbildung 7.13 ist im Nordosten (Burgund, Lothringen und Elsass) ebenfalls mit einem höheren Aufkommen von Hagel zu rechnen.

Weitere Arbeiten zeigen, dass der Norden von Italien und insbesondere die Region Friaul–Julisch Venetien im äußersten Nordosten häufig von Hagelereignissen frequentiert werden (Morgan, 1973; Giaiotti et al., 2003). Dort bestimmt das RLHM die bereits erwähnten höchsten Werte des PHI in Europa. Bei der Diskussion der Klimatologie der atmosphärischen Stabilität in Radiosondendaten zeigt dieses Gebiet im Vergleich zu anderen europäischen Stationen bereits die geringste thermische Stabilität (Kap. 5.2). Die

---

[5] Instrument zur Messung der Größe von Hagelkörnern, das aus einer Platte aus starrem aber leicht verformbarem Material besteht (Styropor).

beobachtete Anzahl an Hageltagen, gemessen mit HailPads, liegt für ganz Friaul–Julisch Venetien bei durchschnittlich 55 ± 12 Tagen pro SHJ (Giaiotti et al., 2003).

In Griechenland beobachteten Sioutas et al. (2009) in Zentralmakedonien anhand von Versicherungsdaten aus der Landwirtschaft durchschnittlich 22 Hageltage pro SHJ. Das RLHM berechnet für diese Region abhängig vom Gitterpunkt zwischen 3 und 14 potentielle Hageltage. Webb et al. (2001) untersuchten die Klimatologie von Hagelereignissen in Großbritannien. Über einen langen Zeitraum von 50 Jahren ergaben sich hier jährlich 6 bis 25 Hageltage (im Mittel 14 Tage). Des Weiteren identifizierten Webb et al. (2009) den südwestlichen Teil der Insel mit einer höheren Auftretenswahrscheinlichkeit. Zwar ist der PHI anhand des RLHM in England eher gering, jedoch zeigt sich auch hier der südöstliche Teil mit einem höheren Potential ($+ 1$ Tag). Studien für Moldawien, wo der PHI zwischen 8 und 9 Tagen liegt, zeigen ebenfalls eine hohe Auftretenswahrscheinlichkeit von 10% im SHJ (Potapov et al., 2007). Die hohen Werte des PHI allgemein im Bereich der Karpaten stimmen recht gut mit einem beobachteten Gebiet überein, das eine hohe Anzahl an Tagen mit Overshooting Tops aufweist (Punge, 2012, persönliche Kommunikation).

Ein Vergleich mit anderen Studien, die ebenfalls mit Hilfe der logistischen Regressionsanalyse ein diagnostisches Modell für Hagelereignisse entwickelten (z.B. Billet et al., 1997; López et al., 2007; Sánchez et al., 2009), verdeutlicht, dass je nach Gebiet die Bedingungen zur Entstehung von Hagel unterschiedlich beitragen können. Somit können sowohl die verwendeten Variablen als auch die Regressionskoeffizienten abhängig von den klimatologischen beziehungsweise von den lokalen Bedingungen wie Geländehöhe oder Landnutzung variieren. Bereits in Kapitel 4 wurde deutlich, dass die berechneten Schwellenwerte der KPs, ab denen das Auftreten von Hagel sehr wahrscheinlich ist, nicht für ganz Deutschland repräsentativ sind. Jedoch zeigt sich in Abbildung 7.13, dass teilweise Regionen in Europa, in denen das Thema Hagel bedeutend ist, anhand des logistischen Hagelmodells gut identifiziert werden können.

Wie Abbildung 7.14 zeigt, hat der PHI abgeleitet aus CoastDatII in den letzten 32 Jahren in den meisten Gebieten zugenommen. Die größten Änderungen von 4 bis 6 Tagen werden über der Südspitze von Schweden, den dänischen Hauptinseln, Holland, Teilen Deutschlands, Norditalien, im mittleren Rumänien und im Westen der Ukraine beobachtet. Dagegen erfolgt eine Abnahme von bis zu 2 Tagen vor allem an der Grenze zwischen Russland und Weißrussland und im Gebiet um Oslo. Aber auch in Südengland,

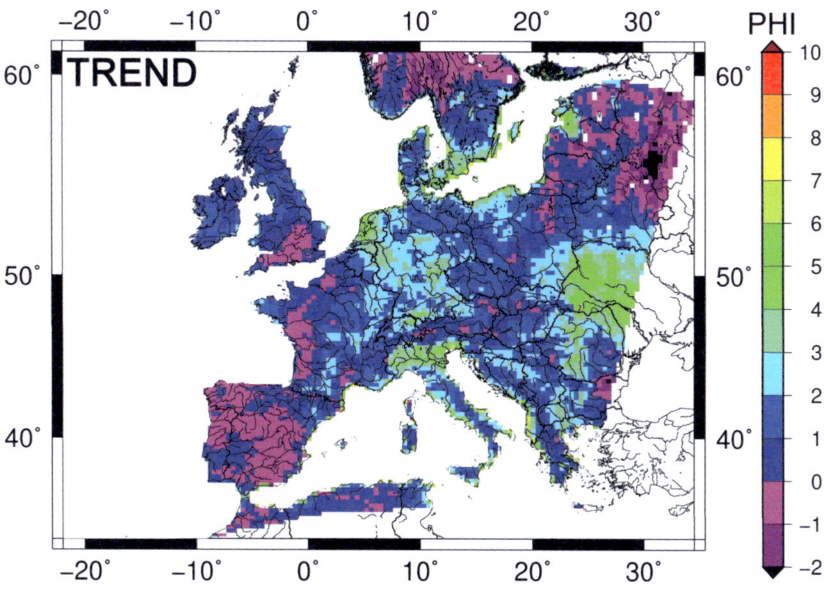

Abb. 7.14.: Wie Abb. 7.10, nur für CoastDatII von 1978 – 2009.

an der atlantischen Küste in Frankreich und Spanien werden zeigt sich eine Abnahme des PHI von rund einem Tag.

7.3. Änderungen des Hagelpotentials in der Zukunft in Deutschland

In diesem Abschnitt werden schließlich die LHMs auf ein Ensemble regionaler Klimasimulationen (siehe Tabelle 6.1) angewendet, um die Änderungen der Anzahl der mittleren potentiellen Hageltage in der Zukunft zu quantifizieren. Da die LHMs, und damit die einzelnen Regressionskoeffizienten β_n, speziell auf die klimatologischen Bedingungen in CE40 angepasst wurden, muss zunächst untersucht werden, ob die Klimatologie der einzelnen Variablen x_n in den verwendeten Modellsimulationen ähnlich sind. Zu große Unterschiede zwischen den Klimamodellen können bei der Berechnung der Wahrscheinlichkeiten zu einer Über- oder Unterschätzung des PHI führen. Wie bereits in Kapitel 6.1 (Abb. 6.1) deutlich wurde, sind die Unterschiede beispielsweise für die Stabilitätsbedingungen zwischen CE40 und den zugehörigen Kontrollläufen (CE5) relativ gering, sodass die LHMs ohne einen Korrekturfaktor auf die CCLM–IMK–Simulationen ange-

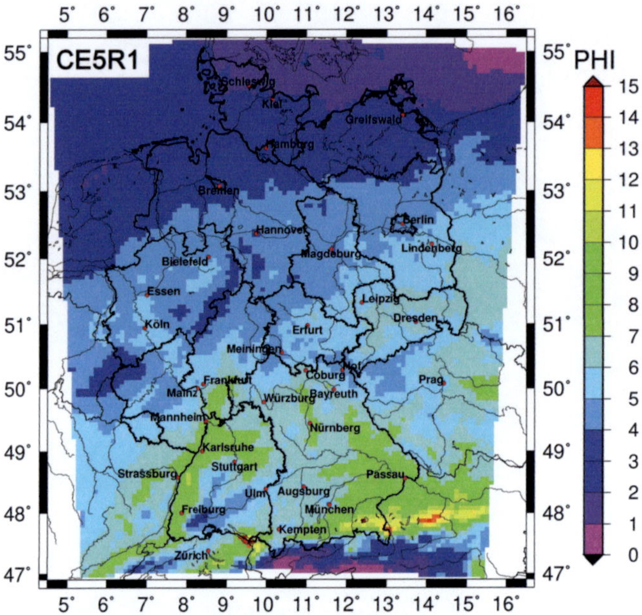

Abb. 7.15.: Wie Abb. 7.6 links, nur für den Kontrolllauf des CE5R1.

wendet werden können. In Abbildung 7.15 wird exemplarisch für CE5R1 C20 deutlich, dass der Median des PHI (1971 – 2000) dem Ergebnis aus CE40 stark ähnelt (Abb. 7.6 links). Die Unterschiede zwischen den beiden Abbildungen sind in der Regel kleiner als 1 Tag; nur insbesondere im Südwesten des Untersuchungsgebiets kommt es zu Abweichungen von bis zu 3 – 5 Tagen.

Die Unterschiede zwischen den CLM–IMK- und CLM–KL–Läufen sind allerdings deutlich größer als zwischen den einzelnen CLM–IMK–Läufen. So zeigen die Konsortialläufe beispielsweise im Mittel eine deutlich geringere thermische Stabilität (Abb. 6.5) und haben auch höhere Temperaturwerte im Vergleich zu den CE40–Daten (Kap. 6.1). Dies führt nach der Anwendung des LHM zu einer erheblichen Überschätzung des mittleren PHI (3 – 4 Tage) im gesamten Gebiet gegenüber den Ergebnissen des CE40–Laufs (siehe Abb. B.16 links im Anhang).

Da das LHM mit den CE40–Daten kalibriert wird, wird dieser Datensatz als Referenzdatensatz sowohl zur Biaskorrektur als auch zu einer Kombination aus Biaskorrektur

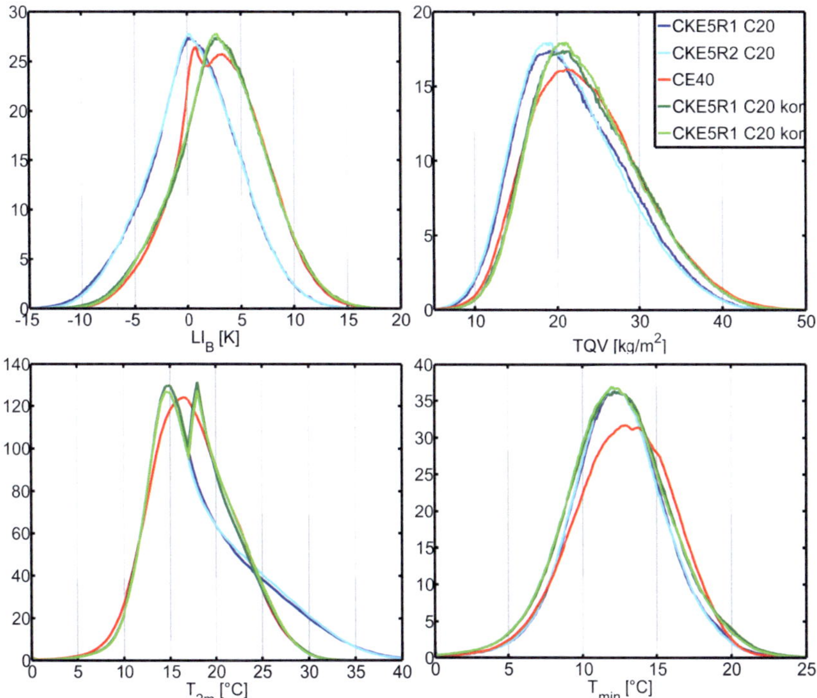

Abb. 7.16.: Histogramme mit allen Werten der Parameter LI_B, TQV, T_{2m} und T_{min} im Untersuchungsgebiet für die beiden CKE5 mit Originaldaten, für die beiden korrigierten CKE5–Läufe und für CE40 als Referenzlauf im C20.

und multiplikativer Korrektur des CCLM–KL verwendet. Anhand der Häufigkeitsverteilungen der einzelnen Variablen (Abbildung 7.16) werden die Korrekturen für LI_B, TQV, T_{2m} und T_{min} folgendermaßen definiert:

$$LI_{B,bias} = LI_B + BLI \quad ; \quad \text{wobei} \quad BLI = \begin{cases} 2,54\,K & , \quad \text{für R1} \\ 2,50\,K & , \quad \text{für R2} \end{cases} ,$$

$$TQV_{bias} = TQV + BTQV \quad ; \quad \text{wobei} \quad BTQV = \begin{cases} 1,62\,\text{kg/m}^2 & , \quad \text{für R1} \\ 1,95\,\text{kg/m}^2 & , \quad \text{für R2} \end{cases} ,$$

$$T_{min,korr} = 1,12 \cdot T_{min} + 1,5°C \qquad \text{für R1, R2} \quad ,$$

$$T_{2m,korr} = \begin{cases} T_{2m} & , \quad \text{für } T_{2m} < 17,5°C \\ 0,6 \cdot T_{2m} + 7°C & , \quad \text{für } T_{2m} \geq 17,5°C \end{cases} \quad .$$

Aufgrund der Verteilungsfunktion der CAPE (annähernd Weibull verteilt) ist es schwierig, eine Korrektur durchzuführen. Daher werden hier die Originaldaten weiterhin verwendet. Für die oWL ist wegen der binären Einteilung keine Korrektur möglich beziehungsweise notwendig. In Abbildung 7.17 und B.17 im Anhang (TQV, T_{min}) wird die Klimatologie (C20) der korrigierten CCLM–KL–Daten mit der von CE40 verglichen, um den Einfluss der Korrektur auf die Daten zu überprüfen. Es wird deutlich, dass die Stabilitätsbedingungen (hier ausgedrückt durch den LI_B) zwischen den beiden Datensätzen nun deutlich ähnlicher sind im Vergleich beispielsweise zur Abbildung B.9 im Anhang. Auch die Klimatologie von T_{2m}, bei dem die Korrektur aufgrund der schiefen Verteilungsfunktion schwierig zu bestimmen ist, zeigt eine hohe Übereinstimmung zwischen den beiden Läufen.

Wendet man nun die LHMs auf die korrigierten Konsortialläufe an, ergibt sich beispielsweise für CKE5R1 (Abb. 7.18) eine ähnliche räumliche Verteilung des mittleren PHI in Deutschland wie für CE40 (Abb. 7.6). Neben dem Nord–Süd–Gradienten sind auch die zwei bereits identifizierten Gebiete im Rheintal und im nördlichen Alpenvorland mit den meisten potentiellen Hageltagen (hier 11 bis 14 Tage) zu erkennen. Nur nördlich von Baden–Württemberg und Bayern liegen die Werte des PHI gegenüber CE40 (und auch CE5R1–R3) etwas höher. Dies kann auf die räumliche Verteilung der CAPE zurückgeführt werden (vgl. Abb. 6.3), die keinen so ausgeprägten Nord–Süd–Gradienten besitzt und bereits im nördlichen Teil Deutschlands relativ hohe Werte aufweist. Dies führt dazu, dass das Flächenmittel der CCLM–KL–Läufe immer größer im Vergleich zu den CCLM–IMK–Läufen ist (siehe Flächenmittel der Klimatologie in Tabelle 7.6). Vergleicht man die Ergebnisse des mittleren PHI für die korrigierten und nicht–korrigierten Konsortialläufe (Abb. B.16 rechts im Anhang), zeigt sich, dass die Differenz im Norden am größten ist. Dementsprechend würde es bei den nicht–korrigierten Daten aufgrund der Überschätzung der Temperaturen und der CAPE insbesondere im Norden des Untersuchungsgebiets zu einer höheren Überschätzung des PHI kommen, während diese im Süden geringer ausfiele. Somit verdeutlichen die Abbild-

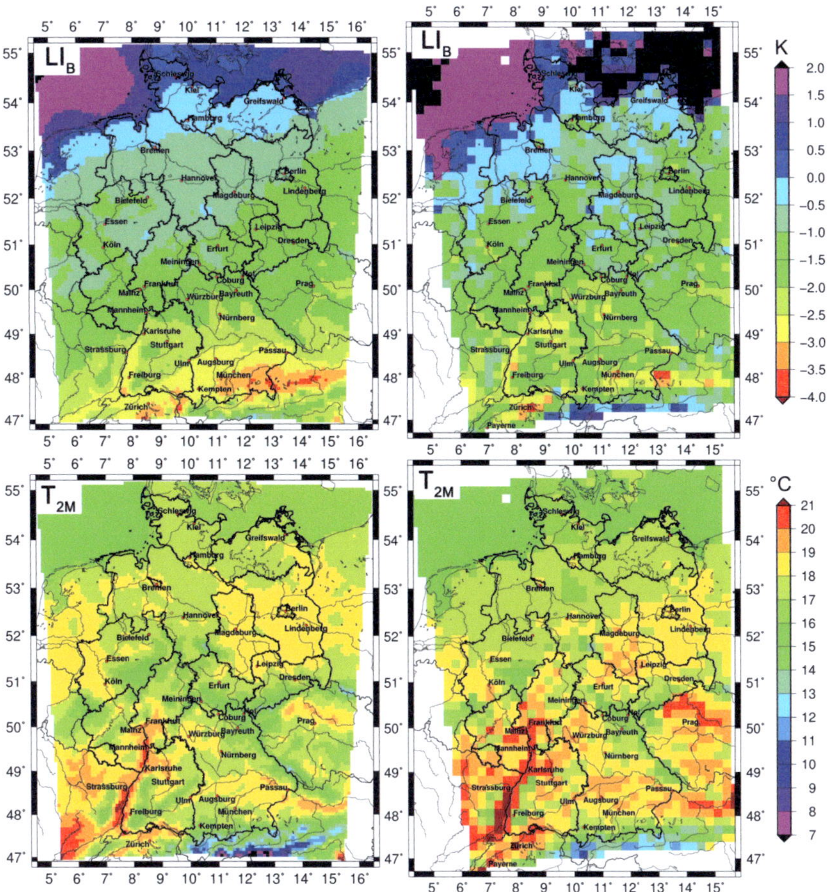

Abb. 7.17.: Mittelwerte der jährlichen 10% Perzentile des LI_B (oben) und der jährlichen 50% Perzentile der T_{2m} (unten) für CE40 (Referenz; links) und CKE5R1 (rechts; JJA, $1971-2000$).

ungen, dass die durchgeführten Korrekturen der Daten der CCLM–KL–Läufe durchaus sinnvoll und empfehlenswert sind[6].

Die Änderungen des mittleren PHI zwischen $2021-2050$ (PRO) und dem C20–Zeitraum (Abb. 7.19, Abb. 7.20, Tabelle 7.6) zeigen in den meisten Gebieten positive Ände-

---

[6]   Im vorherigen Kapitel wurde aufgrund der Differenz der horizontalen Auflösung zwischen den beiden Klimamodellen (CoastDatII und CE40) und da primär nur die räumliche Verteilung in Europa von Interesse war keine Korrektur der CoastDatII–Daten durchgeführt.

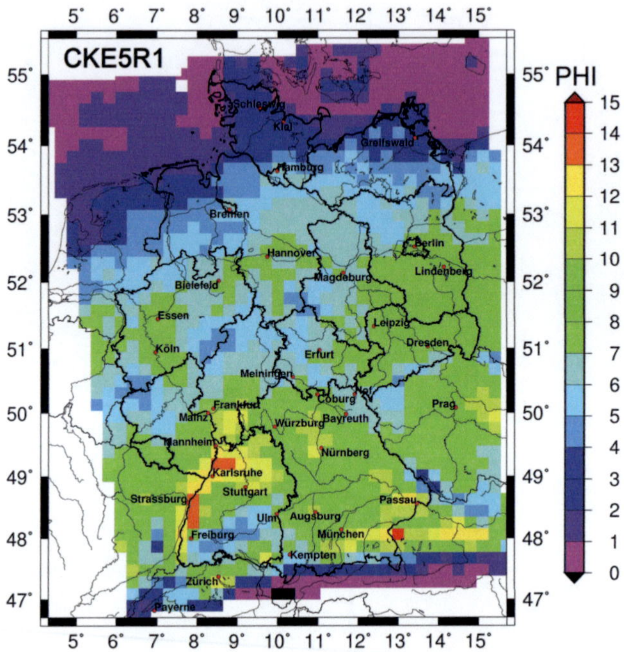

Abb. 7.18.: Wie Abb. 7.6 links, nur für den Kontrolllauf des CKE5R1, bei dem vorher eine Korrektur durchgeführt wird.

rungen (Zunahme in der Zukunft) für die verschiedenen Klimasimulationen. Insbesondere bei den mit ECHAM5 Lauf 1 und 2 angetriebenen Klimarechnungen (Abb. 7.19) ist diese Zunahme an über 98% der Gitterpunkte zu beobachten. Gemittelt über das gesamte Untersuchungsgebiet ist durchschnittlich mit einem Anstieg des PHI von einem Tag zu rechnen. Im Mittel entspricht dies einer Zunahme um 25 – 30%. Die größten positiven Änderungen werden für CKE5R2 B1 im Osten von Bayern mit bis zu 4 Tagen berechnet (Abb. 7.20c). Das Flächenmittel dieses Laufs zeigt auch die größte Änderung von $+2{,}0 \pm 0{,}8$ Tagen (Tabelle 7.6). Der CKE5R1 B1 Lauf ergibt dagegen in Teilen des südlichen Untersuchungsgebiets eine Abnahme (Abb. 7.20b). Der CE5R3 A1B Lauf zeigt ebenfalls an 51% aller Gitterpunkte einen Rückgang des PHI, vor allem im Norden (Abb. 7.20a). Gemittelt über die Fläche bedeutet dies – insbesondere beim CE5R3 A1B Lauf – keine Änderung des PHI in der Zukunft. Übereinstimmend zeigen fast alle Klima-

Tab. 7.6.: Räumliche Mittelwerte und Standardabweichungen der Klimatologie (in C20 oder PRO) des mittleren PHI im jeweiligen Zeitraum und Differenz des mittleren PHI zwischen PRO und C20 für die CCLM–IMK- und CCLM–KL–Läufe sowie normiert auf den zugehörigen C20–Zeitraum.

Lauf	Klimatologie [Tage]	Differenz PRO – C20 [Tage]	(PRO – C20) / C20 [%]
CE40	$5{,}7 \pm 2{,}2$	–	–
CE5R1 C20	$4{,}8 \pm 2{,}0$	–	–
CE5R2 C20	$4{,}3 \pm 1{,}8$	–	–
CE5R3 C20	$4{,}5 \pm 1{,}9$	–	–
CE5R1 A1B	$5{,}9 \pm 2{,}2$	$1{,}1 \pm 0{,}5$	25,7
CE5R2 A1B	$5{,}2 \pm 2{,}0$	$0{,}9 \pm 0{,}4$	26,1
CE5R3 A1B	$4{,}5 \pm 2{,}2$	$0{,}1 \pm 0{,}6$	1,5
CKE5R1 C20	$6{,}3 \pm 3{,}2$	–	–
CKE5R2 C20	$5{,}8 \pm 3{,}0$	–	–
CKE5R1 A1B	$7{,}4 \pm 3{,}5$	$1{,}1 \pm 0{,}7$	28,0
CKE5R2 A1B	$7{,}3 \pm 3{,}6$	$1{,}1 \pm 0{,}7$	26,6
CKE5R1 B1	$6{,}7 \pm 3{,}2$	$0{,}4 \pm 0{,}6$	10,3
CKE5R2 B1	$8{,}2 \pm 3{,}7$	$2{,}0 \pm 0{,}8$	55,2

läufe die größten Änderungen des PHI (2 – 4 Tage) am südlichen Grenzgebiet zwischen Deutschland und der Schweiz sowie im nördlichen Alpenvorland von Deutschland.

Analog zu Kapitel 6.2 (Abb. 6.7) werden die Ergebnisse der einzelnen Klimaläufe in Abbildung 7.21 zusammengefasst. Im Gegensatz zu den dort bestimmten Ergebnissen zeigt das Ensemble aus sieben Klimasimulationen ein deutliches Signal für eine Zunahme des Hagelpotentials in der Zukunft (PRO; Abb. 6.7b). So berechnen an fast allen Gitterpunkten in Abbildung 6.7a mindestens fünf der Modelle eine Zunahme des PHI. Werden nur Änderungen berücksichtigt, die größer als 0,5 sind (Abb. 6.7c), schwächt sich das Signal in Teilen des Untersuchungsgebiets (z.B. im Norddeutschland) zwar ab, zeigt im Mittel aber für Deutschland ebenfalls eine Zunahme. Eine Abnahme ergibt sich dagegen an sehr wenigen Gitterpunkten.

Abbildung 7.22 zeigt die interne Variabilität des mittleren PHI für alle CCLM–IMK- und CCLM–KL–Läufe, indem wie in Abbildung 7.11 der Median und Interquartilsabstand für 10 Jahres–Blöcke im C20 und PRO dargestellt sind. In der Regel haben auch hier die Konsortialläufe im Mittel höhere Werte des PHI gegenüber denen der CCLM–IMK–Läufe. Dies trifft allerdings nicht immer zu und verdeutlicht die Variabilität der Ergebnisse durch die Modellphysik (unterschiedliche Modellversion). Außerdem zeigt

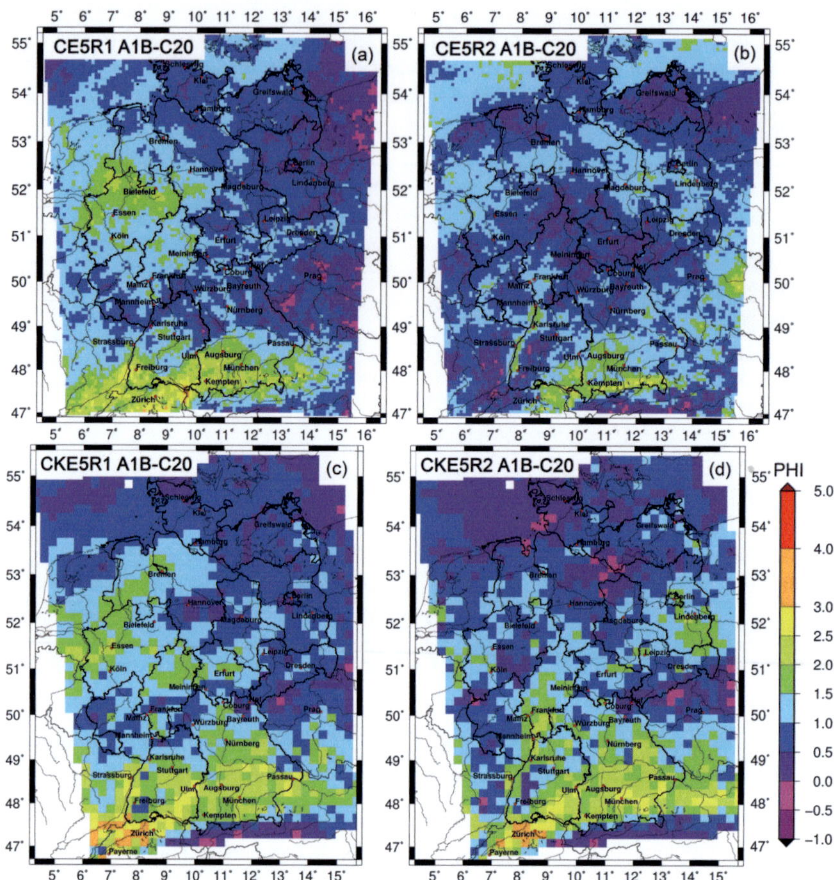

Abb. 7.19.: Differenz des mittleren PHI für die CCLM–IMK- und CCLM–KL–Läufe (mit ECHAM5 Lauf 1 und 2 angetrieben) zwischen Zukunft und Vergangenheit (PRO – C20).

sich, dass das Verhältnis zwischen dem Lauf, der mit ECHAM5 Lauf 1 angetrieben wurde, und dem mit ECHAM5 Lauf 2 angetriebenen sowohl in CCLM–IMK als auch in CCLM–KL für den gleichen 10er–Block identisch ist. So ist beispielsweise im Zeitraum 2031 – 2040 sowohl für CE5A1BR2 (hellblau) als auch für CKE5A1BR2 (dunkelrot) der Median (und der Interquartilsabstand) des PHI höher gegenüber CE5A1BR1 (dunkelblau) beziehungsweise CKE5A1BR1 (rot). Des Weiteren wird deutlich, dass die Konsortialläufe in der Regel in dem betrachteten Gebiet die höchste Variabilität (In-

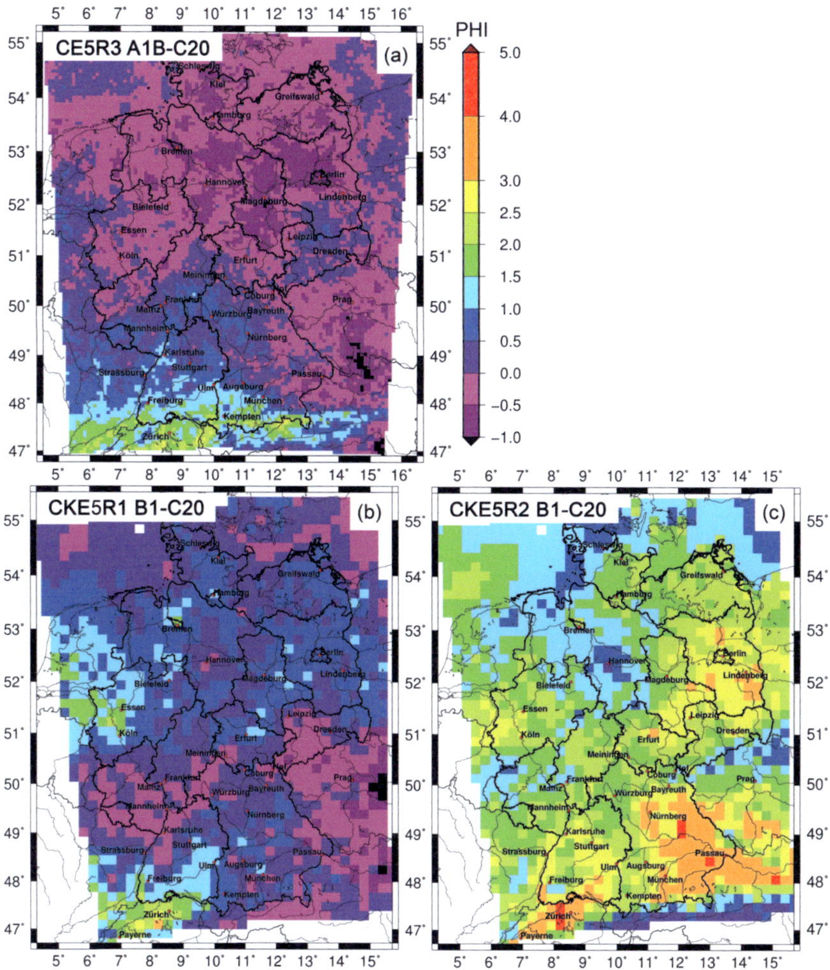

Abb. 7.20.: Wie Abb. 7.19, für die weiteren Klimasimulationen.

terquartilsabstand) aufweisen. Allerdings sind die Ergebnisse, ausgedrückt durch die Boxplots, sehr variabel und können abhängig vom betrachteten Zeitraum, Modell und Emissionsszenario variieren.

Ähnliches beobachteten auch Hawkins und Sutton (2009). In ihrer Studie zeigten die Autoren, dass insbesondere bei kurzen Zeiträumen und bei einer regionalen Betrachtung

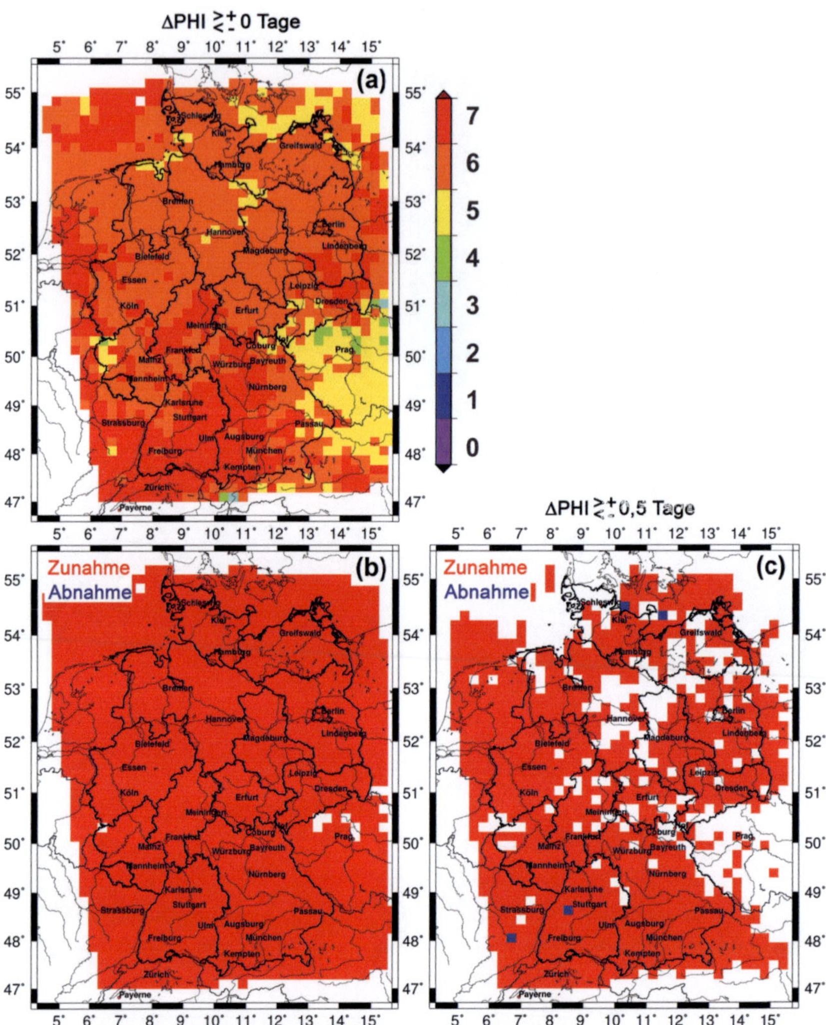

Abb. 7.21.: Zusammenfassende Darstellung für die Änderung des PHI zwischen PRO und C20 anhand eines Ensembles aus sieben Klimasimulationen: (a) Anzahl der Läufe, die eine Zunahme zeigen, (b) nur Zu- oder Abnahme, wobei rot bedeutet, dass 5 bis 7 Modelle eine Zunahme bzw. 0 bis 2 Modelle eine Abnahme zeigen (blau invers) und (c) wie (b), wobei nur Änderungen gezählt werden, die größer als 0,5 des jeweiligen Laufs sind.

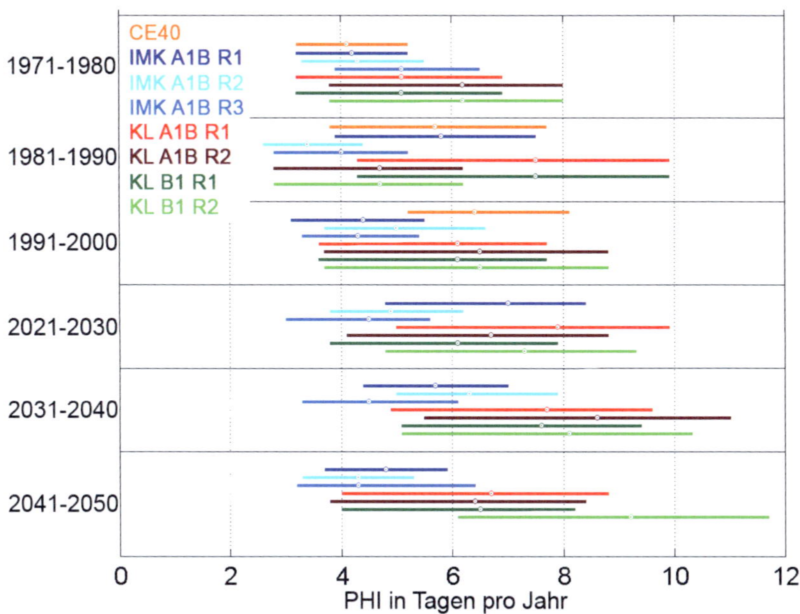

Abb. 7.22.: Boxplots (Median und Interquartilsabstand) des mittleren PHI für 10–Jahresabschnitte mit allen CCLM–IMK- und CCLM–KL–Läufen.

der Einfluss durch die interne Variabilität des Klimasystems in den Klimaprojektionen sehr groß ist (am Beispiel der T_{2m} z.B. $\sim 70-80\%$, siehe Abb. 7.23). Erst bei der Betrachtung von längeren Projektionszeiträumen vermindert sich dieser Einfluss, während die Unsicherheiten durch das verwendete Klimaszenario zunehmen. Allerdings spielt letzteres bei einem Projektionszeitraum von $30-50$ Jahren gegenüber der Modellunsicherheit und der natürlichen Variabilität eine eher untergeordnete Rolle ($< 20\%$).

Eine Studie von Marsh et al. (2009) zeigt ebenfalls, dass die Entwicklung von schweren konvektiven Ereignissen im 21. Jahrhundert gegenüber dem 20. Jahrhundert (JJA) über weiten Teilen des europäischen Festlandes leicht zunehmen wird. Allerdings berücksichtigten die Autoren in der Studie, die auf der Kombination von CAPE und WSh_{0-6} basiert, nur ein GCM für das Szenario A2. Nach Sander (2011) sollen in Europa schwere Gewitterstürme in der Zukunft seltener vorkommen, da ihren Analysen zufolge die Häufigkeit von Inversionen in der Grenzschicht, die zu hohen CIN–Werten führen, zunehmen. Allerdings stellte die Autorin auch fest, dass, wenn es letztendlich zur Auslö-

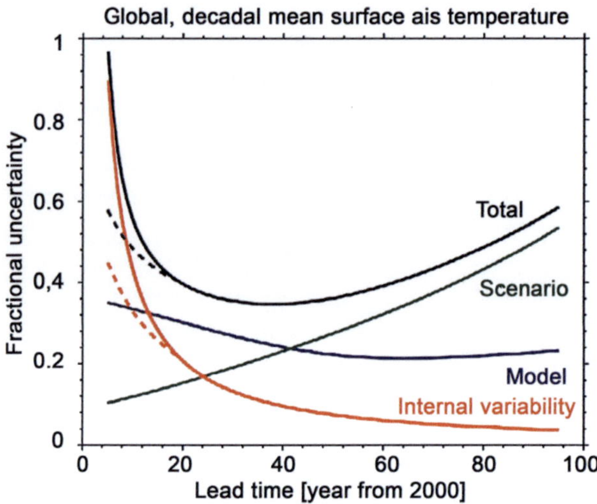

Abb. 7.23.: Die relative Gewichtung der verschiedenen Quellen von Unsicherheiten (natürliche Variabilität, Modellphysik, Szenario) auf die Projektion der bodennahen Temperatur für Großbritannien (Hawkins und Sutton, 2009).

sung und Entwicklung von konvektiven Ereignissen kommt, diese eine höhere Intensität aufweisen könnten. K12 zeigten mit Hilfe eines Bayesschen Modells, dass die Wahrscheinlichkeit für Hageltage anhand von hagelrelevanten (und nicht–hagelrelevanten) Großwetterlagen in der Zukunft (2031 – 2045) mit relativen Änderungen zwischen 7 bis 15% im Vergleich zu 1971 – 2000 leicht zunehmen könnte.

Zusammenfassend kann man für dieses Kapitel folgende Kernpunkte festhalten:

1. Das neu entwickelte logistische Hagelmodell ist auf verschiedene Klimasimulationen anwendbar, wobei – abhängig von den Unterschieden in der Klimatologie der Variablen zum Referenzdatensatz – eventuell eine Korrektur der Daten vorgenommen werden muss. Das Modell ist allerdings nur in der Lage, das Potential von Hagelereignissen zu beschreiben, da der Auslösemechanismus dabei nicht erfasst werden kann und somit keine Aussage über tatsächlich eingetretene Ereignisse abgeleitet werden kann. Allerdings zeigt das Modell für die Vergangenheit eine recht gute Übereinstimmung zu tatsächlich eingetretenen Hagelschadenereignissen – allerdings nur bezogen auf Baden–Württemberg, wo diese Daten ausschließlich vorliegen.

2. Angewendet auf ein Ensemble von sieben Klimasimulationen zeigt sich, dass in der Zukunft (PRO) im Mittel eine Zunahme der potentiellen Hageltage (PHI) von $25-30\%$ im Vergleich zu C20 zu erwarten ist. Zwei der sieben Simulationen bestimmen im Mittel keine bedeutenden Änderungen des PHI.

3. Eine modifizierte Version des logistischen Hagelmodells, das auf einen europäischen Datensatz angewendet wurde, zeigt teilweise hagelrelevante Gebiete, die durch einige Literaturarbeiten bestätigt werden können. Es wird deutlich, dass insbesondere nördlich und südlich der Alpen ein hohes Hagelpotential vorherrschend ist.

8. Zusammenfassung und Schlussfolgerungen

In der vorliegenden Arbeit wurde untersucht, inwiefern sich die Häufigkeit und Intensität von Gewitter- und Hagelereignissen in der Vergangenheit verändert haben und abgeschätzt mit welchen Änderungen im Rahmen des Klimawandels in der Zukunft zu rechnen ist. Der Fokus lag dabei auf der statistischen Analyse hagelrelevanter Konvektionsparameter sowie der Entwicklung eines mathematischen Modells zur Bestimmung des Hagelpotentials.

Hagelereignisse werden aufgrund ihrer geringen räumlichen Ausdehnung von den derzeitigen meteorologischen Messsystemen nicht ausreichend und über einen langen Zeitraum erfasst. Deswegen basieren die statistischen Analysen in dieser Arbeit auf verschiedenen Proxydaten, die aus Radiosondenmessungen und Simulationen regionaler Klimamodelle für Europa und insbesondere für Deutschland abgeleitet wurden. Aus diesen Proxydaten kann indirekt auf das Gewitter- und Hagelpotential geschlossen werden. Da Hagelereignisse in Deutschland vorwiegend in den warmen Monaten auftreten, fokussierten sich die Untersuchungen auf das Sommerhalbjahr.

Durch einen quantitativen Vergleich der Proxydaten (z.B. Konvektionsparameter) mit Schadendaten von Versicherungen wurden zunächst anhand der kategorischen Verifikation und daraus abgeleiteten Gütemaßen (z.B. Heidke Skill Score) die für die Diagnostik von Hagelereignissen am besten geeigneten Konvektionsparameter bestimmt. Obwohl deutlich wird, dass je nach Gebiet unterschiedliche Umgebungsbedingungen für Hagelereignisse entscheidend sind, zeigen sich deutschlandweit als zuverlässige Prädiktoren der Lifted Index (LI) und die konvektive verfügbare potentielle Energie (CAPE). Die Versionen der Konvektionsparameter, bei denen für die Startwerte der Hebungskurve die Vertikalprofile über die untersten 100 hPa gemittelt werden, sind genauso gut für die Diagnostik geeignet wie die Varianten, bei denen nur bodennahe Werte verwendet werden. Des Weiteren konnten durch einen quantitativen Vergleich von Schadendaten und Großwetterlagen nach der objektiven Wetterlagenklassifikation des Deutschen Wetterdienstes vier hagelrelevante und drei nicht–hagelrelevante Wetterlagen identifiziert werden.

Um die Bedingungen für besonders schwere konvektive Ereignisse zu erfassen, wurden die statistischen Analysen für die jährlichen 90% Perzentile verschiedener Konvektionsparameter durchgeführt. Die klimatologischen Verteilungen der Parameter, die aus Radiosondendaten abgeleitet wurden, zeigen dabei in Europa erhebliche räumliche Unterschiede. Ein ausgeprägter Nord–Süd- und ein etwas schwächerer West–Ost–Gradient können auf die unterschiedlichen klimatischen Bedingungen zurückgeführt werden. So ist die Troposphäre im nördlichen Teil durch das maritim geprägte Klima stabiler geschichtet, während im Süden große Mengen an Wasserdampf durch die warme und feuchte mediterrane Luft aus dem Mittelmeerraum advehiert werden und somit für eine höhere konvektive Energie sorgen. Dementsprechend ist beispielsweise im weniger kontinental geprägten Klima im Süden von Deutschland vermehrt mit Gewitterereignissen (und auch mit einer höheren Intensität) gegenüber dem Norden zu rechnen.

Aufbauend auf diesen Ergebnissen erfolgte eine Untersuchung der langjährigen zeitlichen Entwicklung der hagelrelevanten Konvektionsparameter (1978 – 2009), die aus Vertikalprofilen von 26 europäischen und sieben deutschen aerologischen Stationen bestimmt wurden. Die statistische Signifikanz der berechneten Trends wurde dabei mit dem Mann–Kendall Test bestimmt. Die Trendanalysen der Zeitreihen aus Beobachtungsdaten deuten darauf hin, dass das Konvektionspotential in den vergangenen 20 – 30 Jahren sowohl über Deutschland als auch über Teilen Mitteleuropas statistisch signifikant zugenommen hat (90% Signifikanzniveau). Dies gilt vor allem für Konvektionsparameter, bei deren Berechnung bodennahe Temperatur- und Feuchtewerte berücksichtigt werden. Eine Zunahme zeigt sich sowohl bei den jährlichen Verteilungen der 90% Perzentile als auch bei der Anzahl der Tage über bestimmten Schwellenwerten, ab denen Hagel den Analysen zufolge wahrscheinlich ist. Trends aus Parametern, bei deren Berechnung vor allem Feuchtewerte aus höheren Atmosphärenschichten eingehen (z.B. $CAPE_{100}$, LI_{100}, modifizierter K–Index), werden dagegen erheblich durch Instrumentenwechsel der Radiosonde (Väisälä RS80) zwischen 1989 und 1993 (abhängig von der jeweiligen Station) beeinflusst und sind daher nur mit großen Einschränkungen zu interpretieren.

Aufgrund der hohen natürlichen Variabilität der Konvektionsparameter darf bei den Trendanalysen nicht nur ein fester Zeitraum betrachtet werden. Deswegen wurde die interne Variabilität von sehr langen Zeitreihen (53 Jahren) an den Stationen Schleswig und Stuttgart sowie die Robustheit der linearen Trends inklusive ihrer statistischen Signifikanz untersucht. Dies wurde mit Hilfe von Trendmatrizen, bei welchen sukzessive die

Start- und Endpunkte der Zeitreihen verschoben werden, analysiert. Dabei wurde deutlich, dass die vorwiegend untersuchten Trends zwischen 1978 – 2009 robust gegenüber geringen zeitlichen Verschiebungen sind.

Die beobachtete Abnahme der Stabilität in der Atmosphäre kann vor allem auf eine Zunahme der bodennahen Feuchte zurückgeführt werden. Diese wiederum ist letztendlich eine Folge der bodennahen Erwärmung (Held und Soden, 2006). Beide Anstiege führen zu einer erhöhten verfügbaren potentiellen Energie für hochreichende Feuchtkonvektion.

Darauf aufbauend wurden die Methoden und die gewonnenen Erkenntnisse auf regionale Klimasimulationen übertragen. Dabei wurde durch einen Vergleich von Konvektionsparametern aus Radiosondendaten und Modelldaten überprüft, wie gut regionale Klimamodelle das Potential der Atmosphäre zur Ausbildung hochreichender Konvektion abbilden können. Zur Analyse standen zwei mit dem regionalen Klimamodell COSMO–CLM regionalisierte Reanalyseläufe zur Verfügung, wobei einer (CE40) mit den globalen Reanalysedaten des ECMWF (ERA40) und der andere (CoastDatII) mit den globalen NCEP–NCAR 1 Reanalysedaten angetrieben wurde. Obwohl regionale Klimamodelle zwar nicht in der Lage sind, einzelne Hagelereignisse zu simulieren, zeigen die Untersuchungen, dass diese die atmosphärischen Bedingungen (z.B. Stabilität) für Gewitter- und Hagelereignisse hinreichend gut abbilden können. Insbesondere die räumliche Verteilung und die hohe jährliche Variabilität der Konvektionsparameter können die Modelle zufriedenstellend reproduzieren. Allerdings unterschätzen diese dabei besonders hohe Instabilitäten beziehungsweise konvektive Energien. Insgesamt bestätigen die Reanalysedaten die beobachteten Trendrichtungen aus den Radiosondendaten, die allerdings größtenteils statistisch nicht signifikant sind. Darüber hinaus zeigen die Auswertungen des Reanalysedatensatzes CoastDatII, die über einen sehr langen Zeitraum von 60 Jahren vorliegen, dass bereits in den 1950er Jahren in der Atmosphäre ein ähnlich hohes Konvektionspotential wie derzeit vorhanden war.

Um zu untersuchen, wie sich Besonderheiten und Abweichungen in den regionalen Klimasimulationen aufgrund der Modellphysik und durch den globalen Antrieb auf die Ergebnisse auswirken, wurden die Kontrollläufe (1971 – 2000) der verwendeten Klimamodelle (CCLM–IMK, Konsortialläufe) mit einem Referenzdatensatz (hier Reanalysedaten) verglichen. Die CCLM–IMK–Läufe sind hochaufgelöste Klimasimulationen (0,065°), die am Institut für Meteorologie und Klimaforschung durchgeführt wurden. Dabei zeigte sich, dass sich in den Simulationen, die mit dem kanadischen Globalmodell CCma3 angetrieben wurden, aufgrund der hohen Abweichungen der Temperaturwerte gegenüber der Realität und dem Globalmodell ECHAM5/MPI–OM eine zu hohe Stabilität der Atmosphäre ergibt und daher für die Analysen im Rahmen dieser Arbeit ungeeignet sind.

Im nächsten Schritt wurden die Änderungen der atmosphärischen Stabilität in der Zukunft anhand eines Ensembles aus sieben Klimasimulationen analysiert. Die verwendeten Simulationen unterscheiden sich dabei in der Version des Regionalmodells COSMO–CLM (Version 3.1 und 4.8), den Anfangsbedingungen des antreibenden Globalmodells (ECHAM5/MPI–OM Lauf 1 bis 3) sowie durch die beiden Emissionsszenarien (A1B und B1). Das so zusammengestellte Ensemble zeigt für einzelne Konvektionsparameter in der Zukunft (2021 – 2050) keine wesentlichen Änderungen im Vergleich zur Vergangenheit (1971 – 2000). Allerdings spiegeln die Konvektionsparameter nur einen Teil der Bedingungen wider, die bei der Entstehung von hochreichender Feuchtkonvektion bedeutend sind.

Um weitere Bedingungen zur Entstehung von Konvektion zu berücksichtigen, wurde mittels der logistischen Regression ein logistisches Hagelmodell entwickelt. Mit Hilfe dieses mathematischen Modells kann durch die Kombination verschiedener hagelrelevanter meteorologischer Parameter die Diagnostik der Hagelereignisse erhöht werden. Das Ergebnis des Modells ist ein neuer Index (potentieller Hagelindex, PHI), der das Potential der Atmosphäre für die Entstehung von Hagel wiedergibt. Um auch die Unsicherheiten bei der Wahl des logistischen Modells zu berücksichtigen, wurden für die Auswertungen mehrere Modelle mit variierenden Regressionskoeffizienten verwendet. Außerdem wurden die verschiedenen Eingangsdaten (z.B. Zeitraum, Untersuchungsgebiet, meteorologische Variablen, Schadenfrequenz in Schadendaten, Anzahl der Einzelmodelle, etc.) variiert, die Aussagen über die Robustheit zu lassen. Als geeignete Kombination für die Bestimmung des Hagelpotentials mit dem logistischen Hagelmodell ergibt sich die Kombination aus folgenden meteorologischen Größen:

– konvektive verfügbare potentielle Energie (CAPE),

– hagelrelevante (und nicht–hagelrelevante) Wetterlagen (oWL) nach der objektiven Wetterlagenklassifikation,

– niederschlagsfähiges Wasser (TQV),

– Minimumtemperatur am Morgen (T_{min}),

– Lifted Index (LI),

– bodennahe Temperatur (T_{2m}).

Diese Parameter spiegeln die atmosphärischen Stabilitätsbedingungen, die Advektion bestimmter Luftmassen, den bodennahen Feuchtegehalt und die Bedingungen in der Grenzschicht am Morgen und frühen Nachmittag wider, die bei Hagelereignissen von Bedeutung sind. Die verschiedenen Auslösemechanismen für hochreichende Konvektion werden dabei allerdings nicht berücksichtigt. Daher beschreibt das entwickelte logistische Modell nur das Potential für die Entstehung von Hagelereignissen. Über komplexem Gelände ist vor allem der Einfluss der Orografie und der damit verbundenen Strömungseigenschaften (Strömungskonvergenzen, Ausbildung von Schwerewellen) entscheidend für die Konvektionsauslösung (Kottmeier et al., 2008; Brombach, 2012).

Um die zukünftige Änderung des Hagelpotentials zu quantifizieren (2021 – 2050), wurde das logistische Hagelmodell auf das Ensemble aus sieben Klimasimulationen angewendet. Dafür war es zunächst notwendig, bei den Konsortialläufen eine Korrektur der meteorologischen Größen durchzuführen. Der Grund hierfür ist, dass die Klimatologie einzelner meteorologischer Parameter zwischen diesem und dem Referenzmodell (CE40), auf das die Koeffizienten des logistischen Regressionsmodells kalibriert wurden, zu große Differenzen aufweist und somit zu einer Überschätzung des PHI gegenüber dem Referenzdatensatz geführt hätte. In dem Ensemble zeigen fünf der sieben regionalen Klimasimulationen für die Anzahl der Tage, die mit einem erhöhten Hagelpotential verbunden sind, im Mittel in Deutschland eine Zunahme von 25 – 30% (Juni – August). Für die anderen beiden Simulationen werden dagegen im Mittel keine Veränderungen beobachtet. Die recht große Streuung in den Ergebnissen resultiert dabei sowohl aus der Verwendung verschiedener Realisierungen des Globalmodells (ECHAM5/MPI–OM Lauf 1 bis 3) als auch aus den beiden berücksichtigten Emissionsszenarien (A1B, B1). Unterschiedliche Versionen des Regionalmodells COSMO–CLM tragen ebenfalls zur Streuung der Ergebnisse bei, fallen allerdings geringer im Vergleich zu den oben genannten Einflüssen aus. Andere Arbeiten (z.B. Hawkins und Sutton, 2009) zeigen, dass insbesondere für den hier betrachteten nahen Zukunftszeitraum der Einfluss durch die natürliche Klimavariabilität, der durch die verschiedenen Realisierungen wiedergegeben wird, am größten ist.

Zusätzlich wurde das logistische Hagelmodell auf die Reanalysedaten CoastDatII, die einen großen Teil von Europa abdecken, angewendet. Hierzu musste eine modifizierte Version des logistischen Hagelmodells entwickelt werden, da nicht alle meteorologischen Parameter im CoastDatII–Datensatz zur Verfügung standen. Anhand des reduzierten Modells konnten einige aus der Literatur bekannte hagelrelevante Gebiete in Europa bestätigt werden. Des Weiteren zeigte sich, dass insbesondere nördlich und südlich der Alpen das höchste Potential für Hagel existiert.

Die Ergebnisse, die im Rahmen dieser Arbeit erarbeitet wurden, bieten eine erste Schätzung über die Wahrscheinlichkeit und Intensität potentieller schadenrelevanter Hagelereignisse in einem zukünftigen Klima. Insbesondere die Trendanalysen hagelrelevanter Konvektionsparameter von Radiosondendaten sowie die Analysen der internen Variabilität und der Robustheit der Trends anhand von Trendmatrizen wurden bisher in Europa noch nicht untersucht. Die Anwendung eines logistischen Modells für Hagelereignisse auf Klimasimulationen wurde ebenfalls in der Literatur noch nicht diskutiert.

Da derzeit nur wenige regionale Klimasimulationen in dreidimensionaler Auflösung (notwendig für Berechnung der Wetterlagen und einzelner Konvektionsparameter) für Deutschland vorliegen, sollten im Rahmen der derzeitigen Aktivitäten von EURO–CORDEX für den nächsten Sachstandsbericht (AR5) des Intergovernmental Panel on Climate Change (IPCC) die neuen hochaufgelösten Klimasimulationen mit einer horizontalen Auflösung von $0{,}11°$ in das Ensemble integriert werden. Insbesondere wäre eine Erweiterung des Ensembles auf unterschiedliche regionale Klimamodelle wünschenswert, da verschiedene Studien gezeigt haben, dass speziell im Sommer der größte Beitrag der Unsicherheiten in den Ergebnissen für eine nahe Zukunft durch das verwendete regionale Klimamodell entsteht (Schädler et al., 2012b). Zusätzlich sollte das Ensemble regionaler Klimaprojektionen auch verschiedene Globalmodelle als Antriebsdaten berücksichtigen, um die Unsicherheiten und Bandbreiten der Änderungen durch die natürliche Klimavariabilität noch besser abschätzen zu können.

A. Definition der verwendeten Konvektionsparameter

Vertical Totals (VT)

Der Vertical Totals (VT, Miller, 1972) ist einer der wenigen Indizes, der keine Feuchtegrößen berücksichtigt. Er berechnet lediglich die bedingte Instabilität zwischen 850 hPa und 500 hPa. Da die Dicke zwischen diesen beiden Schichten abhängig von der Temperatur ist (Dicke umso größer je wärmer die Umgebung ist), wird der aktuelle Temperaturgradient im Sommer unter- und im Winter überschätzt.

$$VT = T_{850} - T_{500} \qquad \text{Einheit:} \quad [\text{K}] \qquad [\text{A.1}]$$

Showalter Index (SHOW)

Der Showalter Index (SHOW) berechnet sich auf eine ähnliche Weise wie der LI. Er bestimmt sich ebenfalls über eine Temperaturdifferenz im 500 hPa Niveau, nur werden hier als Startbedingung Temperaturwerte im 850 hPa Niveau genommen (Showalter, 1953). Somit spiegelt dieser Index mehr die atmosphärischen Bedingungen in höheren Schichten wider.

$$SHOW = T_{500} - T'_{850 \rightarrow 500} \qquad [\text{K}] \qquad [\text{A.2}]$$

Sowohl der SHOW als auch der LI weisen auf eine labiler werdende Atmosphäre hin, wenn die Werte kleiner wird.

Deep Convective Index (DCI)

Beim Deep Convective Index (DCI) werden die Eigenschaften der äquivalentpotentiellen Temperatur in 850 hPa, hier ausgedrückt durch T und T_d, mit der latenten Instabilität, ausgedrückt durch den LI, verknüpft (Barlow, 1993).

$$DCI_B = (T + T_d)_{850} - LI_B \qquad [\text{K}] \qquad [\text{A.3}]$$

Er soll insbesondere bei der Vorhersage von Schweregewittern hilfreich sein. So ist z.B. ab 30 K mit diesen zu rechnen. In der folgenden Arbeit wird auch der DCI_{100} verwendet, der in Gleichung (A.3) auf den LI_{100} zurückgreift.

Convective Inhibition (CIN)

Bevor ein Luftpaket ab dem LFC ungehindert durch seinen eigenen Auftrieb aufsteigen kann, muss es zuvor bis zu diesem Niveau gehoben werden, da zwischen dem LFC und dem Boden die Umgebungstemperatur größer und die Atmosphäre stabil geschichtet ist (siehe Abb. 2.9). Die Konvektionshemmung (engl. convective inhibition, CIN) beschreibt diesen Mechanismus und ist ähnlich wie die CAPE ein integrales Maß über den Auftriebsterm B:

$$ CIN_{100} = \int_{Boden}^{LFC} B_T dz = R_L \int_{Boden}^{LFC} (T_v' - T_v)\, dlnp \qquad [\mathrm{J\,kg^{-1}}] \qquad [\text{A.4}] $$

Als Integrationsgrenzen dienen hier die Bodenoberfläche und das LFC (Colby, 1984). Neben ausreichender potentieller Energie (CAPE) ist es ebenso wichtig, die Energie zu betrachten, die nötig ist um die stabile Schicht oder eine Inversion am Boden zu überwinden (CIN), damit es zur Auslösung von hochreichender Konvektion kommt.

KO Index (KO)

Der KO–Index ist ein Index, der die potentielle Instabilität beschreibt:

$$ KO = 0.5\,(\Theta_{e,500} + \Theta_{e,700}) - 0.5\,(\Theta_{e,850} + \Theta_{e,1000}) \qquad [\text{K}] \qquad [\text{A.5}] $$

Er gibt die Änderungen der äquivalentpotentiellen Temperatur in den verschiedenen konvektionsrelevanten Luftschichten wieder (Andersson et al., 1989). Je negativer der Wert wird, desto eher ist mit Gewitter zu rechnen.

Delta ThetaE–Index ($\Delta\theta_E$)

Atkins und Wakimoto (1991) definieren den Delta ThetaE–Index ($\Delta\theta_E$, auch Wet Microburst Index genannt), indem die Differenz der äquipotentiellen Temperatur in zwei Höhen betrachtet wird:

$$ \Delta\Theta_e = \Theta_{e,B} - \Theta_{e,300} \qquad [\text{K}] \qquad [\text{A.6}] $$

Eine Kopplung aus einer trockenen und kalten mittleren Atmosphäre und einer warmen, labil geschichteten Grenzschicht bewirken starke Auf- und Abwinde in einer Gewitterzelle, sodass sogar extreme Downburts möglich sind.

Potentieller Instabilitätsindex (PII)

Beim potentiellen Instabilitätsindex (PII) wird die Differenz der äquipotentiellen Temperatur zur Differenz des Geopotentials in 925 hPa und 500 hPa ins Verhältnis gesetzt (van Delden, 2001):

$$PII = (\Theta_{e,925} - \Theta_{e,500})/(Z_{500} - Z_{925}) \qquad [\mathrm{K\,m^{-1}}] \qquad [\text{A.7}]$$

Total Totals (TT)

Beim Total Totals (TT; Miller, 1972) wird der VT mit dem Cross Totals (CT) kombiniert. Durch letzteren wird nun die Feuchte berücksichtigt:

$$
\begin{aligned}
TT &= VT + CT \\
&= T_{850} - T_{500} + T_{d,850} - T_{500} \\
&= (T + T_d)_{850} - 2\,T_{500} \qquad [\mathrm{K}] \qquad [\text{A.8}]
\end{aligned}
$$

K–Index (K)

Der K–Index wurde 1960 von George folgendermaßen definiert, um die Luftmassen in Gewitterzellen vorherzusagen:

$$K = (T_{850} - T_{500}) + T_{d,850} - (T - T_d)_{700} \qquad [\mathrm{K}] \qquad [\text{A.9}]$$

1977 wurde dieser von Charba modifiziert:

$$K_{mod} = (T^* - T_{500}) + T_d^* - (T - T_d)_{700} \qquad [\mathrm{K}] \qquad [\text{A.10}]$$

T^* & T_d^* sind hier gewichtete Mittelwerte zwischen der Bodenoberfläche und dem 850 hPa Niveau.

Severe Weather Threat Index (SWEAT)

Ein etwas älterer Index, der für die Great Plains in den USA entwickelt worden ist, ist der Severe Weather Threat Index (SWEAT) von Miller (1972):

$$SWEAT = 12\,T_{d,850} + 20\,(TT - 49) + 2\,f_{850} + f_{500} + 125\,[\sin(d_{500} - d_{850})] + 0.2$$

$$[\text{A.11}]$$

f und d definieren hier die Windgeschwindigkeit [kn] und die Windrichtung $[0° - 360°]$ in dem jeweiligen Drucklevel. Nur positive Werte werden berücksichtigt, ansonsten wird der Term ignoriert. Der sin–Term wird gleich Null gesetzt, falls eine der folgenden Bedingungen nicht erfüllt wird: $130° \leq d_{850} \leq 250°$, $210° \leq d_{500} \leq 310°$, $d_{500} > d_{850}$ und f_{850} oder $f_{500} \geq 15$ kn. Eine vorhandene Windscherung mit der Höhe weist in der Regel auf Advektion von warmen Luftmassen hin, die wiederum zur Aufwärtsbewegung führen können (siehe Gl. 2.23). In der Praxis muss auch auf die anderen Terme der Omega–Gleichung geachtet werden, die sich teilweise gegenseitig aufheben können. van Delden (1998) zeigte beispielsweise, dass eine warme Luftadvektion auch mit einer Abwärtsbewegung verknüpft sein kann.

SWISS12–Index (SWISS12)

Ein weiterer der wenigen Indizes, der kinematische Eigenschaften beinhaltet, ist der SWISS12–Index (SWISS12), der von Huntrieser et al. (1997) für die Schweiz entwickelt wurde. Im Gegensatz zu dem SWISS00–Index berücksichtigt dieser Index nicht den 0 UTC–, sondern den 12 UTC–Aufstieg und spiegelt somit besser die konvektiven Vorbedingungen von Gewittern wider.

$$SWISS12 = LI_B - 0.3\,WSh_{0-3} + 0.3\,(T - T_d)_{650} \qquad [A.12]$$

WSh_{0-3} [m/s] ist die Windscherung in den untersten 3 km (interpoliert berechnet). Zusammenfassend beschreibt der Index ein hohes Potential von Gewitter, wenn der LI_B niedrig, die Winde zwischen 10 m und 3 km über der Oberfläche zunehmend und die Luftbedingungen in 650 hPa feucht sind. Auch der SWISS12 verweist auf eine labilere Schichtung, je kleiner die Werte werden.

B. Abbildungen und Tabellen

Tab. B.1.: Kennzahlen und Kennungen der 40 objektiven Wetterlagen (Dittmann, 1995; Bissolli und Dittmann, 2001).

	Kennung	Anströmrichtung	Zyklonalität [950 hPa]	Zyklonalität [500 hPa]	Feuchte
1	XXAAT	nicht definiert	antizyklonal	antizyklonal	trocken
2	NOAAT	Nordost	antizyklonal	antizyklonal	trocken
3	SOAAT	Südost	antizyklonal	antizyklonal	trocken
4	SWAAT	Südwest	antizyklonal	antizyklonal	trocken
5	NWAAT	Nordwest	antizyklonal	antizyklonal	trocken
6	XXAAF	nicht definiert	antizyklonal	antizyklonal	feucht
7	NOAAF	Nordost	antizyklonal	antizyklonal	feucht
8	SOAAF	Südost	antizyklonal	antizyklonal	feucht
9	SWAAF	Südwest	antizyklonal	antizyklonal	feucht
10	NWAAF	Nordwest	antizyklonal	antizyklonal	feucht
11	XXAZT	nicht definiert	antizyklonal	zyklonal	trocken
12	NOAZT	Nordost	antizyklonal	zyklonal	trocken
13	SOAZT	Südost	antizyklonal	zyklonal	trocken
14	SWAZT	Südwest	antizyklonal	zyklonal	trocken
15	NWAZT	Nordwest	antizyklonal	zyklonal	trocken
16	XXAZF	nicht definiert	antizyklonal	zyklonal	feucht
17	NOAZF	Nordost	antizyklonal	zyklonal	feucht
18	SOAZF	Südost	antizyklonal	zyklonal	feucht
19	SWAZF	Südwest	antizyklonal	zyklonal	feucht
20	NWAZF	Nordwest	antizyklonal	zyklonal	feucht
21	XXZAT	nicht definiert	zyklonal	antizyklonal	trocken
22	NOZAT	Nordost	zyklonal	antizyklonal	trocken
23	SOZAT	Südost	zyklonal	antizyklonal	trocken
24	SWZAT	Südwest	zyklonal	antizyklonal	trocken
25	NWZAT	Nordwest	zyklonal	antizyklonal	trocken
26	XXZAF	nicht definiert	zyklonal	antizyklonal	feucht
27	NOZAF	Nordost	zyklonal	antizyklonal	feucht
28	SOZAF	Südost	zyklonal	antizyklonal	feucht
29	SWZAF	Südwest	zyklonal	antizyklonal	feucht
30	NWZAF	Nordwest	zyklonal	antizyklonal	feucht
31	XXZZT	nicht definiert	zyklonal	zyklonal	trocken
32	NOZZT	Nordost	zyklonal	zyklonal	trocken
33	SOZZT	Südost	zyklonal	zyklonal	trocken
34	SWZZT	Südwest	zyklonal	zyklonal	trocken
35	NWZZT	Nordwest	zyklonal	zyklonal	trocken
36	XXZZF	nicht definiert	zyklonal	zyklonal	feucht
37	NOZZF	Nordost	zyklonal	zyklonal	feucht
38	SOZZF	Südost	zyklonal	zyklonal	feucht
39	SWZZF	Südwest	zyklonal	zyklonal	feucht
40	NWZZF	Nordwest	zyklonal	zyklonal	feucht

Tab. B.2.: Trends und statistische Signifikanz der KPs zur Abb. 5.7. In jeder Zelle zeigt die erste Zeile den Mittelwert der 90% (10%) Perzentile zwischen 1978–2009, während in der zweiten Zeile der lineare Trend (inklusive Signifikanz) und das obere / untere Konfidenzintervall ($\pm$) angegeben ist. Fett bedeutet eine statistische Signifikanz von $\geq$80%.

KP	Schleswig	Greifswald	Lindenberg	Essen	Meiningen	Stuttgart	München
$CAPE_B$ [J kg^{-1}]	454	575	679	615	556	606	1032
	341 (99,9%) $\pm$ 167	149 (64,5%) $\pm$ 207	124 (72,3%) $\pm$ 214	**321 (99,2%) $\pm$ 189**	**486 (99,9%) $\pm$ 172**	**671 (99,9%) $\pm$ 361**	**501 (99,9%) $\pm$ 280**
$CAPE_{100}$ [J kg^{-1}]	72	115	128	109	92	171	172
	−58 (96,4%) $\pm$ 58	**−208 (99,9%) $\pm$ 74**	**−68 (95,4%) $\pm$ 76**	**−108 (96,1%) $\pm$ 73**	12 (21,7%) $\pm$ 61	−54 (62,8%) $\pm$ 98	**−103 (82,2%) $\pm$ 110**
LI_B [K]	−1,7	−2,2	−2,7	−2,4	−2,2	−2,6	−3,8
	−1,4 (99,9%) $\pm$ 0,8	−0,5 (39,6%) $\pm$ 0,9	−0,5 (66,1%) $\pm$ 0,8	**−1,2 (98,0%) $\pm$ 0,8**	**−2,0 (99,9%) $\pm$ 0,8**	**−2,0 (99,6%) $\pm$ 1,2**	**−1,3 (99,8%) $\pm$ 0,8**
LI_{100} [K]	0,7	0,3	−0,1	0,1	0,2	−0,8	−0,8
	0,6 (86,0%) $\pm$ 0,7	**1,7 (99,9%) $\pm$ 0,8**	0,0 (1,3%) $\pm$ 0,7	0,5 (66,9%) $\pm$ 0,9	−0,2 (46,2%) $\pm$ 0,7	0,2 (27,9%) $\pm$ 0,7	0,4 (77,0%) $\pm$ 0,8
SHOW [K]	1,8	1,6	1,2	1,4	1,2	0,5	0,3
	0,6 (98,6%) $\pm$ 0,5	**1,5 (99,9%) $\pm$ 0,8**	−0,1 (29,1%) $\pm$ 0,6	0,3 (67,7%) $\pm$ 0,7	−0,3 (29,1%) $\pm$ 0,6	0,3 (38,5%) $\pm$ 0,7	0,3 (40,7%) $\pm$ 0,8
KO [K]	−2,4	−2,8	−3,7	−3,6	−4,4	−5,3	−6,2
	−0,2 (45,1%) $\pm$ 0,8	**0,7 (88,4%) $\pm$ 0,9**	**−1,7 (99,3%) $\pm$ 1,0**	−0,9 (73,7%) $\pm$ 1,4	**−1,1 (87,7%) $\pm$ 1,2**	**−0,9 (84,6%) $\pm$ 1,2**	−2,2 (70,8%) $\pm$ 2,7
DCI_B[K]	16,7	18,4	20,7	19,7	21,3	23,1	25,6
	1,5 (72,3%) $\pm$ 2,2	0,6 (21,7%) $\pm$ 2,3	**2,3 (89,9%) $\pm$ 2,1**	**1,5 (84,2%) $\pm$ 2,4**	**3,2 (99,1%) $\pm$ 2,3**	**3,4 (97,4%) $\pm$ 2,8**	**1,7 (85,1%) $\pm$ 2,6**
DCI_{100} [K]	14,6	16,2	18,3	17,4	19,1	21,7	22,7
	−0,6 (38,5%) $\pm$ 2,2	**−1,8 (86,0%) $\pm$ 2,3**	1,7 (64,5%) $\pm$ 2,2	−0,2 (3,9%) $\pm$ 2,4	1,5 (78,8%) $\pm$ 2,3	1,3 (59,2%) $\pm$ 2,7	0,4 (21,7%) $\pm$ 2,8
K_{mod}[K]	37,7	38,2	39,0	38,5	37,9	40,0	39,4
	−0,7 (57,3%) $\pm$ 1,6	−0,3 (24,2%) $\pm$ 1,7	**2,2 (96,9%) $\pm$ 1,8**	**−1,5 (89,2%) $\pm$ 1,6**	**1,9 (98,3%) $\pm$ 1,9**	**1,1 (83,2%) $\pm$ 1,7**	−0,1 (11,6%) $\pm$ 1,6
PII [K km^{-}1]	0,2	0,4	0,6	0,6	0,8	1,2	1,4
	0,0 (6,5%) $\pm$ 0,2	**−0,2 (82,7%) $\pm$ 0,3**	**0,5 (99,9%) $\pm$ 0,3**	0,11 (21,7%) $\pm$ 0,3	**0,5 (99,6%) $\pm$ 0,3**	0,2 (57,3%) $\pm$ 0,3	**0,4 (87,3%) $\pm$ 0,4**
$\Delta\theta_E$[K]	−1,0	0,6	2,0	1,4	1,6	2,6	6,1
	3,4 (99,8%) $\pm$ 2,1	**2,0 (86,0%) $\pm$ 2,2**	**2,1 (93,3%) $\pm$ 2,1**	**3,3 (99,1%) $\pm$ 2,1**	**5,4 (99,9%) $\pm$ 2,1**	**6,5 (99,9%) $\pm$ 2,8**	**3,5 (99,8%) $\pm$ 2,2**
WSh_{0-6}	13,5	13,4	13,28	14,4	14,4	14,3	14,1
	−0,2 (38,5%) $\pm$ 1,21	−0,2 (26,7%) $\pm$ 1,3	**−1,2 (94,6%) $\pm$ 1,2**	0,1 (49,4%) $\pm$ 1,2	−0,7 (67,7%) $\pm$ 1,3	0,4 (43,0%) $\pm$ 1,1	**−1,4 (99,7%) $\pm$ 0,9**

Tab. B.3.: Wie Tabelle B.2, nur für die Trends und statistische Signifikanz von Temperatur (T), Taupunkt (T_d) und Mischungsverhähltnis (r).

meteorologischer Parameter	Schleswig	Greifswald	Lindenberg	Essen	Meiningen	Stuttgart	München
T_B [°C]	22,0 **1,5 (92,6%) ±1,6**	23,5 0,7 (78,2%) ±1,4	25,5 **1,3 (91,7%) ±1,5**	23,8 **1,8 (98,0%) ±1,5**	23,1 **1,8 (97,6%) ±1,6**	24,8 **2,8 (99,9%) ±1,4**	25,3 **2,3 (99,9%) ±1,3**
T_{950} [°C]	16,8 **1,0 (85,1%) ±1,4**	18,1 0,1 (26,7%) ±1,2	19,9 0,7 (72,3%) ±1,2	18,7 **0,8 (82,2%) ±1,3**	21,1 0,7 (72,3%) ±1,4	21,7 **1,4 (98,3%) ±1,2**	23,1 **1,7 (99,7%) ±1,2**
T_{900} [°C]	14,1 **0,9 (86,0%) ±1,2**	14,9 0,4 (61,0%) ±1,1	16,0 **0,9 (91,7%) ±1,2**	15,4 **0,9 (82,2%) ±1,3**	16,9 0,8 (76,4%) ±1,3	17,7 **1,3 (97,3%) ±1,3**	18,7 **1,5 (99,6%) ±1,2**
T_{850} [°C]	11,6 0,6 (73,0%) ±1,2	12,0 0,6 (75,0%) ±1,1	12,7 **1,0 (96,6%) ±1,1**	12,6 0,6 (66,1%) ±1,2	13,4 **0,9 (85,1%) ±1,2**	14,4 **1,2 (90,8%) ±1,3**	15,3 **2,7 (99,3%) ±1,2**
T_{700} [°C]	3,2 0,4 (62,8%) ±1,1	3,4 0,5 (49,4%) ±1,3	3,8 0,4 (58,3%) ±1,0	4,1 0,1 (31,5%) ±1,0	4,3 0,3 (26,7%) ±1,0	4,9 0,5 (75,0%) ±1,0	5,0 **2,2 (99,0%) ±1,0**
T_{500} [°C]	−12,5 0,4 (69,3%) ±1,0	−12,4 0,5 (61,0%) ±1,2	−11,9 0,5 (65,3%) ±1,0	−11,7 −0,0 (1,3%) ±0,9	−11,4 −0,3 (63,6%) ±0,9	−11,1 0,6 (67,7%) ±0,9	−11,0 **1,8 (93,5%) ±0,9**
$T_{d,B}$ [°C]	15,2 **1,2 (98,8%) ±0,9**	15,7 **0,9 (86,0%) ±1,1**	15,3 **0,8 (94,2%) ±0,9**	15,4 **0,8 (97,8%) ±0,8**	14,3 **1,5 (99,6%) ±0,8**	14,9 **1,7 (99,0%) ±1,2**	15,4 **1,9 (97,1%) ±1,1**
$T_{d,950}$ [°C]	11,9 **−0,6 (88,0%) ±1,0**	11,9 −0,4 (51,4%) ±1,0	12,2 **0,8 (94,2%) ±0,9**	12,7 −0,4 (54,4%) ±1,0	12,8 −0,0 (24,2%) ±1,2	13,3 028 (31,5%) ±1,1	13,5 −0,8 (69,3%) ±1,2
$T_{d,900}$ [°C]	9,4 −0,2 (53,4%) ±0,9	9,6 −0,2 (14,2%) ±1,0	10,2 **1,0 (97,1%) ±0,8**	10,3 −0,3 (47,3%) ±0,8	10,4 0,8 (76,4%) ±1,0	11,4 −0,0 (3,9%) ±1,1	11,5 −0,4 (43,0%) ±1,3
$T_{d,850}$ [°C]	6,9 −0,2 (55,4%) ±0,9	7,2 0,3 (40,7%) ±1,0	7,8 **1,0 (96,9%) ±0,8**	7,8 −0,1 (16,7%) ±0,9	7,9 **0,7 (89,2%) ±0,8**	8,9 0,0 (6,5%) ±1,0	8,8 −0,2 (1,3%) ±1,2
$T_{d,700}$ [°C]	−1,9 0,0 (1,3%) ±0,8	−1,7 **1,5 (99,1%) ±1,0**	−1,1 **1,9 (99,9%) ±0,9**	−0,9 −0,4 (47,3%) ±1,0	−0,6 **2,2 (99,9%) ±1,1**	0,2 **1,1 (94,6%) ±1,2**	0,5 **0,9 (92,3%) ±1,1**
$T_{d,500}$ [°C]	−19,1 **−1,5 (99,5%) ±0,9**	−19,5 −0,8 (73,7%) ±1,2	−18,8 −0,6 (61,0%) ±1,1	−18,5 −0,9 (70,8%) ±1,4	−18,4 **−1,2 (96,6%) ±1,1**	−17,8 −0,2 (33,9%) ±1,6	−17,7 −0,8 (75,0%) ±1,5
r_B [g kg^{-1}]	10,6 **0,9 (99,7%) ±0,6**	10,9 **0,8 (97,8%) ±0,7**	10,8 **0,7 (98,9%) ±0,5**	10,9 **0,6 (98,5%) ±0,5**	10,5 **1,1 (99,9%) ±0,5**	10,7 **1,2 (99,6%) ±0,8**	11,2 **0,6 (97,4%) ±0,7**
r_{950} [g kg^{-1}]	9,1 **−0,3 (82,2%) ±0,5**	9,0 −0,2 (46,2%) ±0,6	9,2 **0,6 (93,8%) ±0,5**	9,6 −0,2 (49,4%) ±0,6	9,6 0,0 (19,2%) ±0,6	9,9 0,1 (40,7%) ±0,7	10,1 −0,2 (63,6%) ±0,7
r_{900} [g kg^{-1}]	8,1 −0,2 (73,0%) ±0,3		8,5 **0,6 (99,4%) ±0,5**	8,6 −0,2 (46,2%) ±0,5	8,7 **0,5 (86,4%) ±0,5**	9,3 −0,0 (20,5%) ±0,6	9,4 0,0 (36,2%) ±0,9
r_{850} [g kg^{-1}]	7,1 **−0,2 (80,5%) ±0,4**	7,3 −0,1 (26,7%) ±0,4	7,6 **0,5 (97,9%) ±0,4**	7,6 −0,2 (52,4%) ±0,4	7,7 **0,4 (90,2%) ±0,4**	8,3 0,0 (11,6%) ±0,5	8,2 −0,1 (21,7%) ±0,7
r_{700} [g kg^{-1}]	4,5 −0,2 (78,8%) ±0,3	4,5 0,1 (36,2%) ±0,3	4,7 **0,2 (92,6%) ±0,3**	4,7 **−0,3 (95,2%) ±0,3**	4,9 **0,3 (94,8%) ±0,3**	5,1 0,2 (73,0%) ±0,4	5,3 0,0 (38,5%) ±0,4
r_{500} [g kg^{-1}]	1,6 **−0,3 (99,9%) ±0,1**	1,5 **−0,2 (97,6%) ±0,2**	1,6 **−0,2 (95,4%) ±0,1**	1,7 **−0,2 (97,0%) ±0,2**	1,7 **−0,3 (99,8%) ±0,2**	1,8 **−0,1 (97,1%) ±0,2**	1,8 **−0,2 (88,4%) ±0,2**

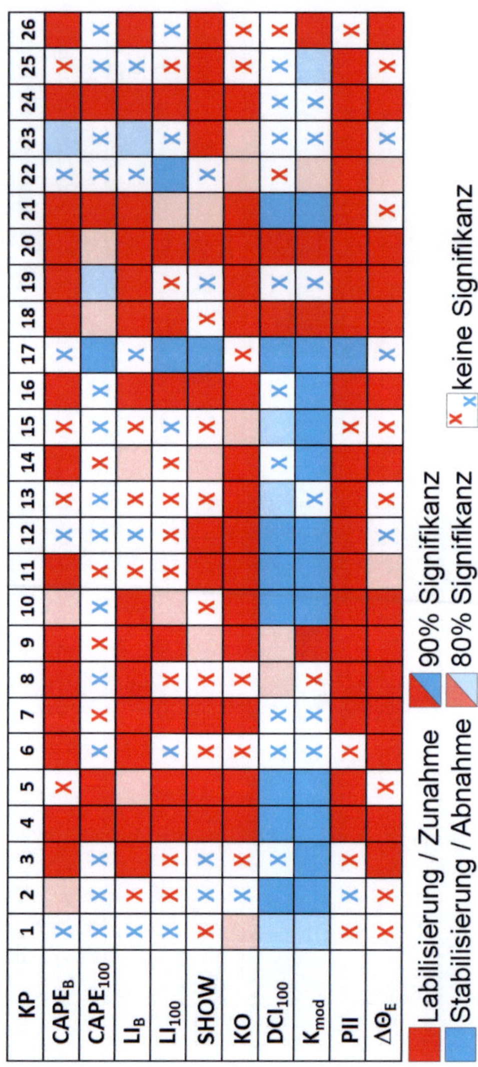

Abb. B.1.: Lineare Trends (1978 – 2009) inklusive ihrer statistischen Signifikanz für verschiedene KPs an 26 europäischen Stationen (siehe Tabelle 3.1).

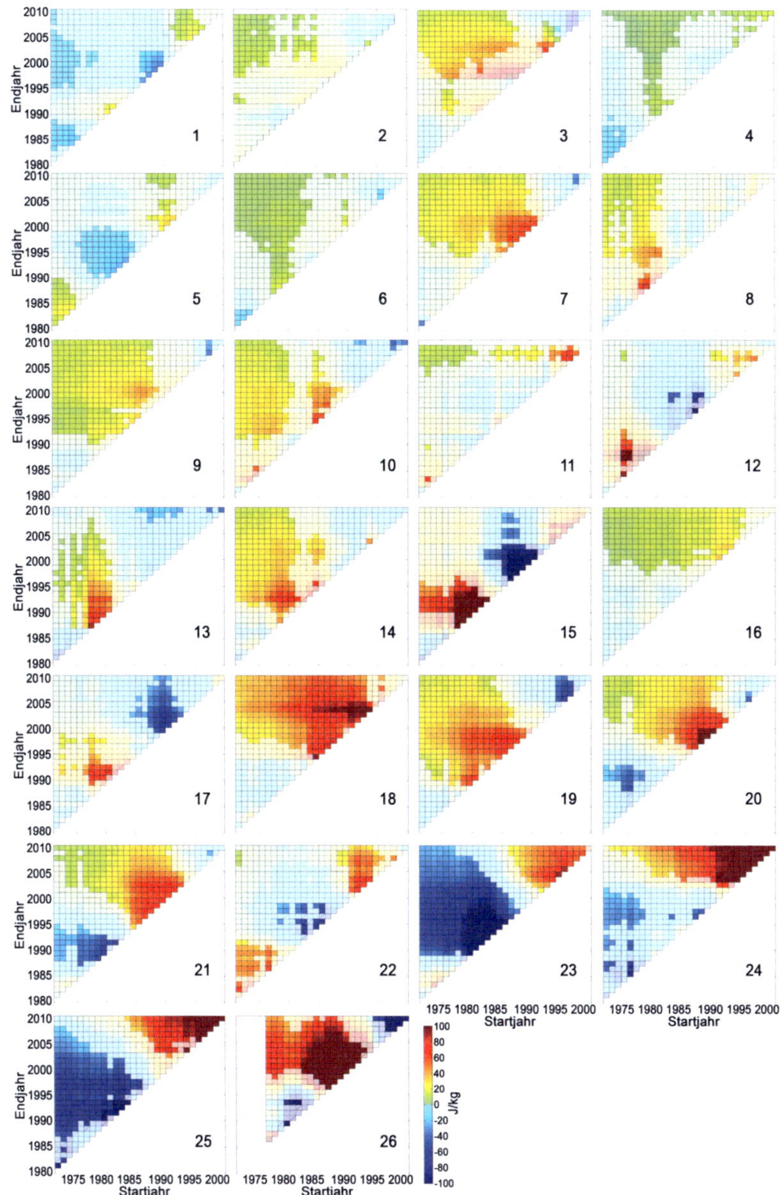

Abb. B.2.: Die Trendmatrizen zeigen den linearen Trend pro Jahr der 90% Perzentile der CAPE$_B$ zu variierenden Zeiträumen an den 26 europäischen Stationen; die x?-Achse markiert den Beginn, die y?-Achse das Ende der jeweiligen Zeitreihe. Trends mit einer Signifikanz von < 90% sind aufgehellt.

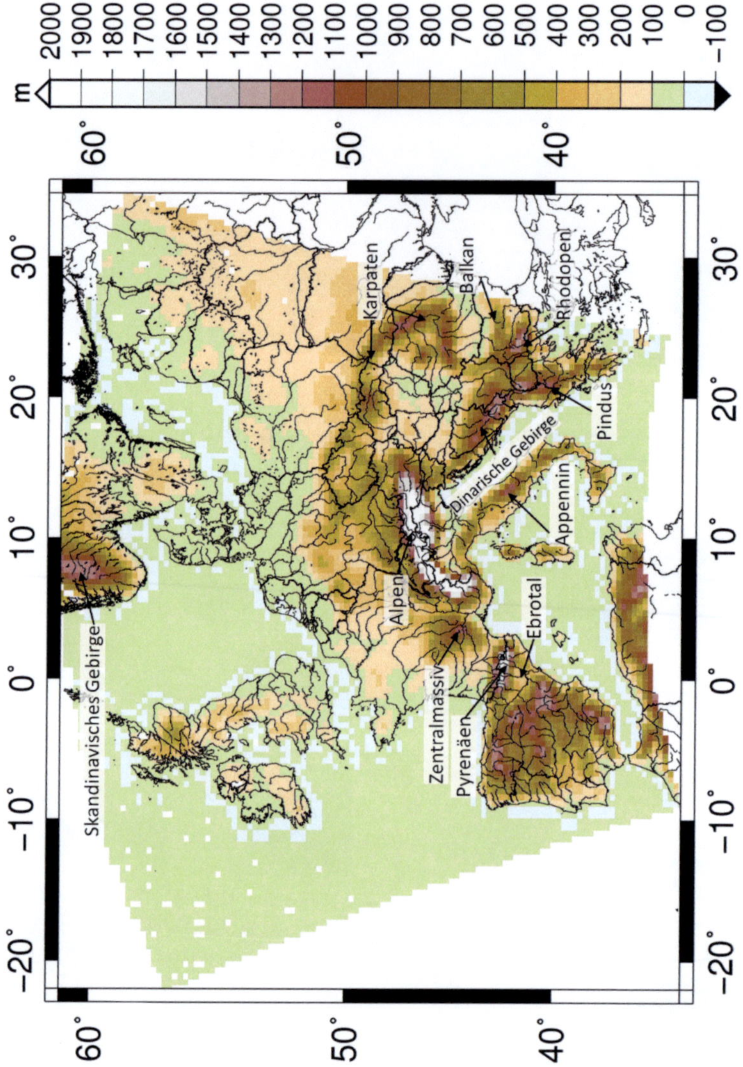

Abb. B.3.: Modellorografie des CoastDatII (0,22°) für Europa inklusive im Text erwähnte Gebirgszüge.

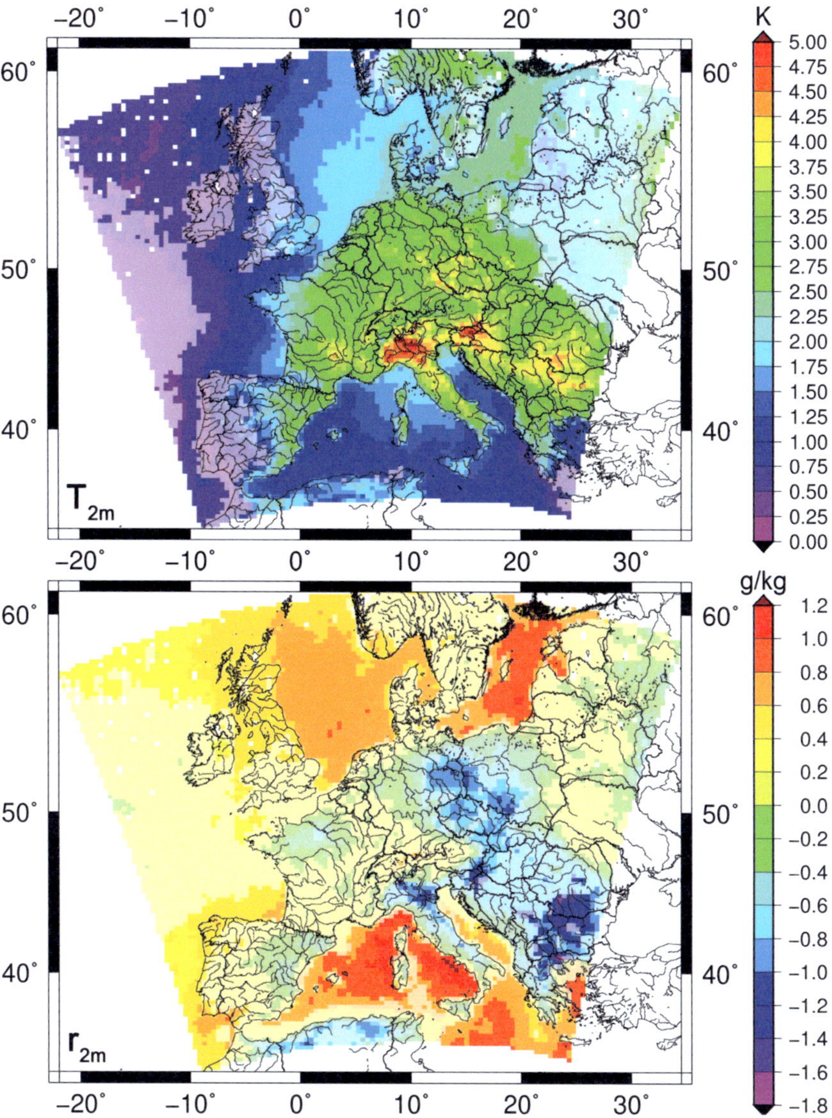

Abb. B.4.: Lineare Trends der 90% Perzentile der T_{2m} und r_{2m} für den gesamten Zeitraum der CoastDatII (1951 – 2010) für Europa. Trends mit einer Signifikanz von < 90% sind aufgehellt.

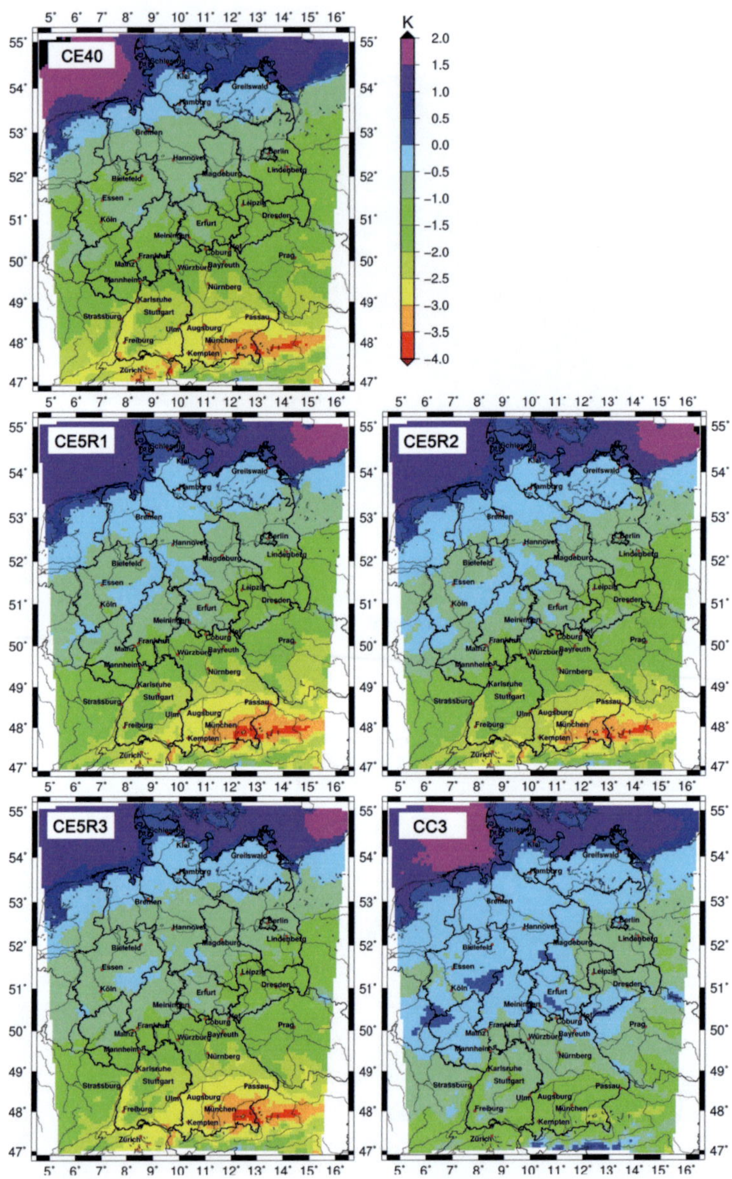

Abb. B.5.: Mittelwerte der jährlichen 10% Perzentile der LI_B für die fünf CCLM–IMK–Läufe: CE40, CE5R1, CE5R2, CE5R3 und CC3 (1971–2000).

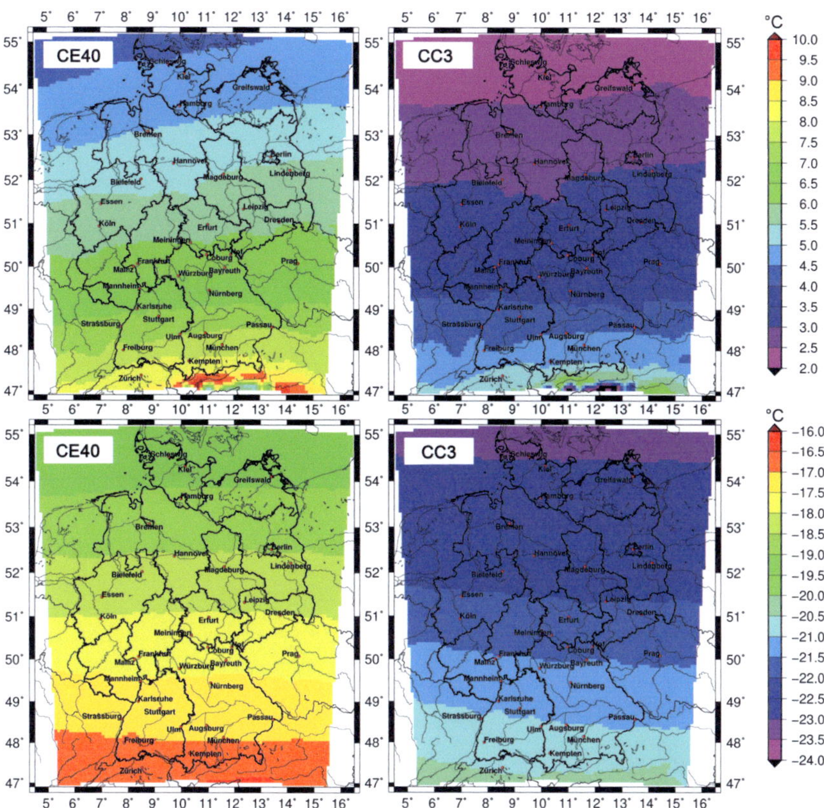

Abb. B.6.: Mittlere jährliche Sommerhalbjahrestemperatur T in 850 hPa (oben) und 500 hPa (unten) für CE40 (links) und CC3 (rechts) zwischen 1971 – 2000.

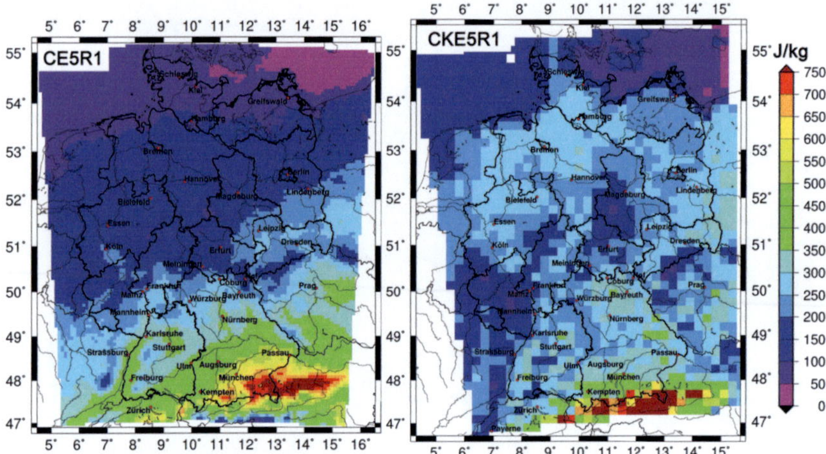

Abb. B.7.: Mittelwerte der jährlichen 90% Perzentile der CAPE in der Zukunft (2021 – 2050) für
CE5R1 (links) und CKE5R1 (rechts).

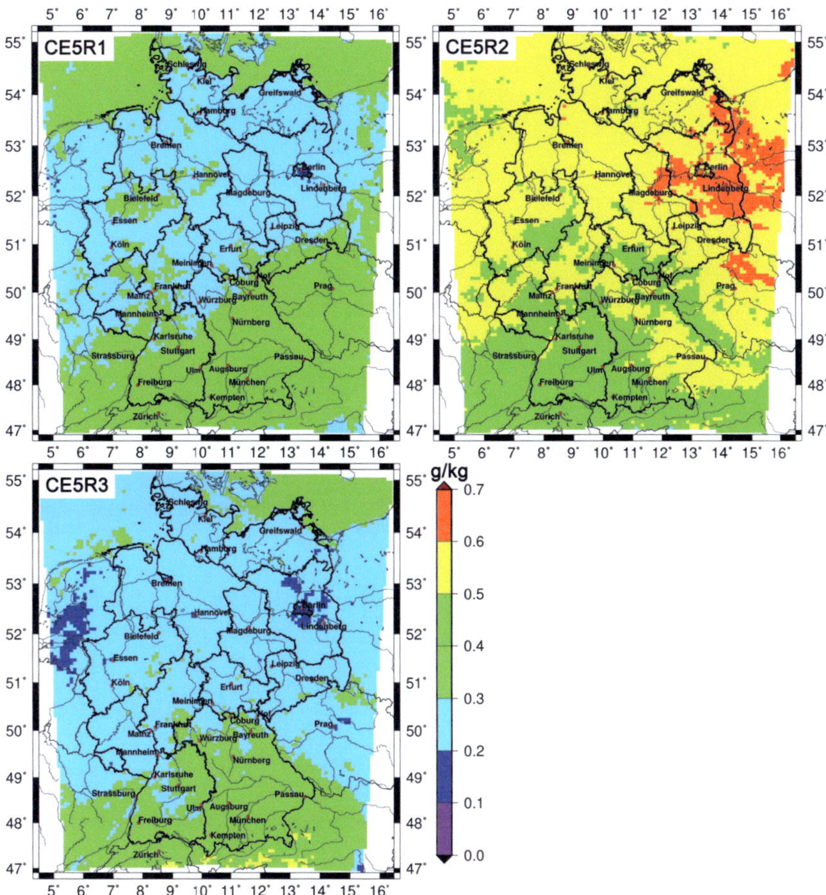

Abb. B.8.: Mittelwerte der jährlichen 50% Perzentile des r_{2m} für die drei CCLM–IMK–Läufe in der Zukunft (2021 – 2050): CE5R1, CE5R2 und CE5R3.

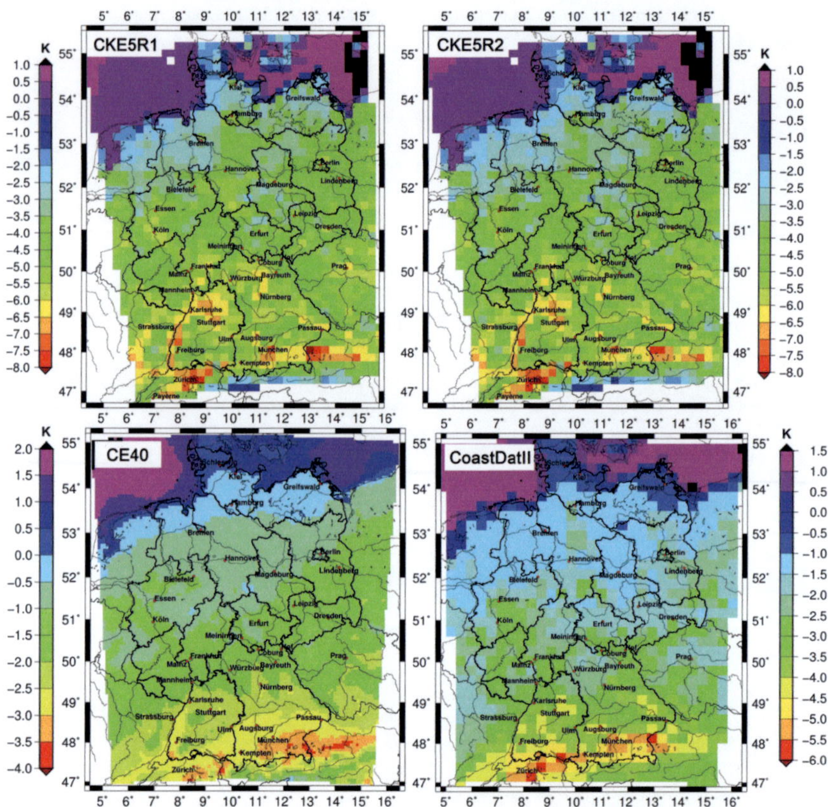

Abb. B.9.: Mittelwerte der jährlichen 10% Perzentile des LI_B für die beiden CCLM–KL–Läufe: CKE5R1 (oben links), CKE5R2 (oben rechts), CE40 (unten links, 1971 – 2000) und CoastDatII (unten rechts, 1978 – 2009).

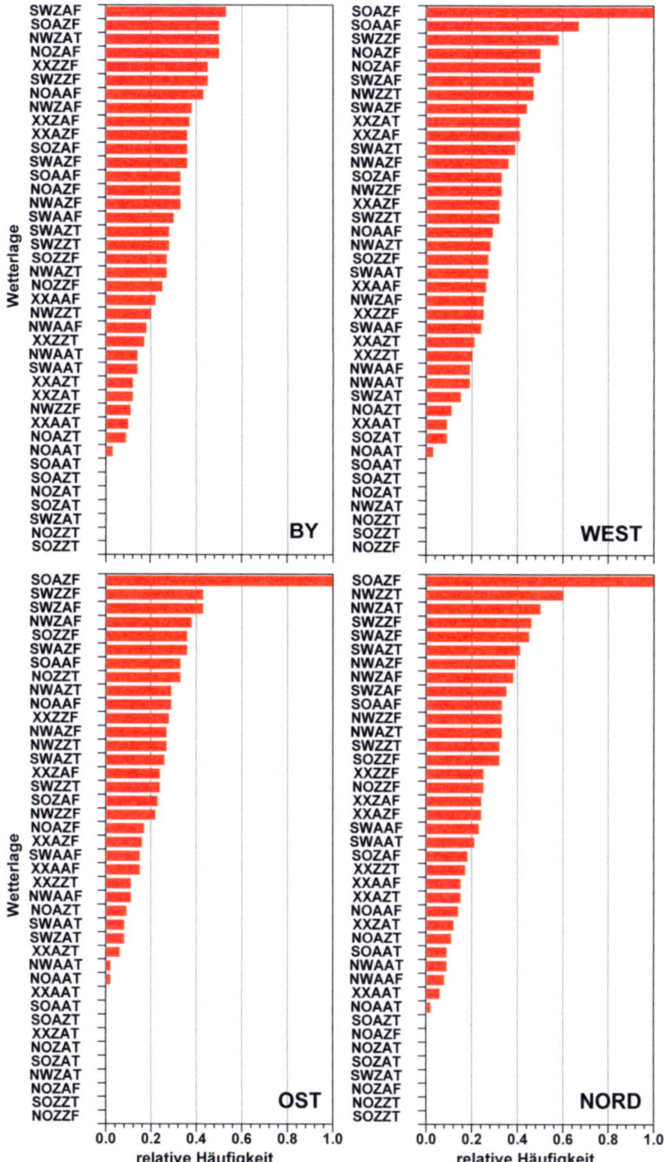

Abb. B.10.: Wahrscheinlichkeit, dass die Wetterlage mit einem Hagelschadenereignis abh. vom Bundesland verbunden ist (nach VH Daten, 2001 – 2009); oben links: Bayern (BY) und rechts: WEST–Gruppe (Nordrhein–Westfalen, Rheinland–Pfalz, Saarland, Hessen); unten links: OST–Gruppe (Brandenburg, Berlin, Sachsen–Anhalt, Thüringen, Sachsen) und recht Nord–Gruppe (Schleswig–Holstein, Niedersachsen, Bremen, Hamburg, Mecklenburg–Vorpommern).

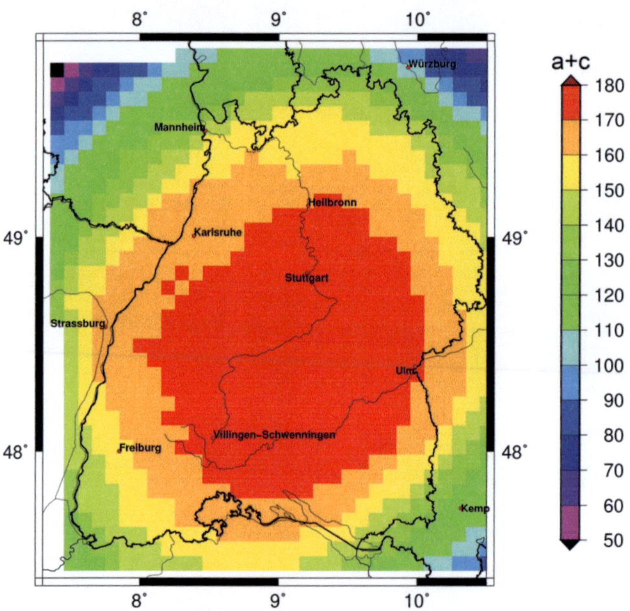

Abb. B.11.: Summe der Hagelereignisse nach der SV: korrekte Ereignisse *a* plus Überraschungs-ereignisse *c*.

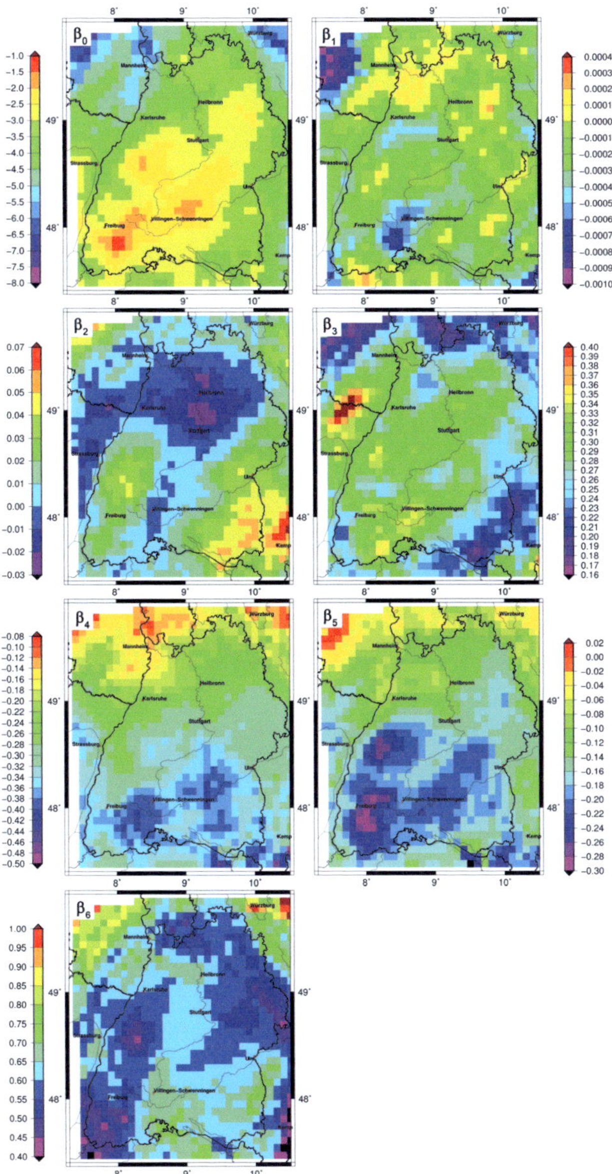

Abb. B.12.: Logistische Regressionskoeffizienten für die LHMs an jedem Gitterpunkt, basierend auf CE40 und SV Daten (1992 – 2000).

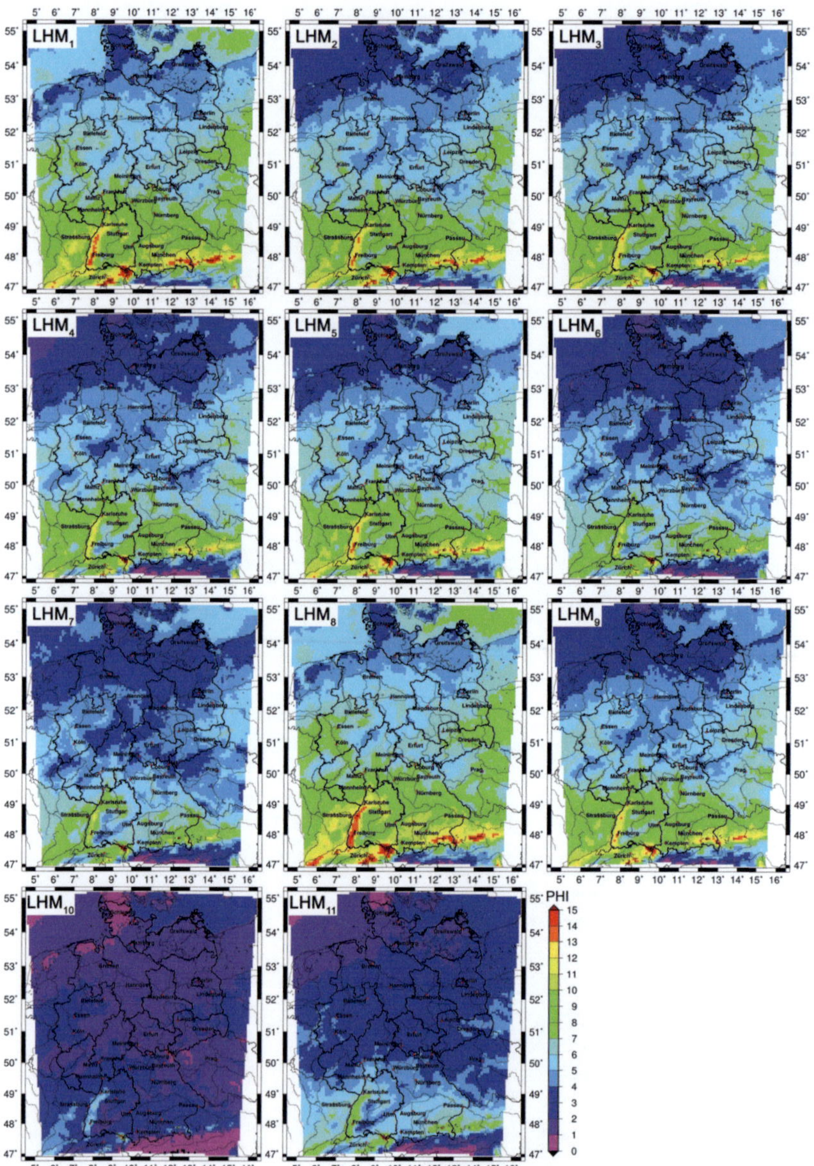

Abb. B.13.: PHI pro Jahr für jedes einzelne LHM an den elf Punkten aus Abb. 7.5 (CE40, 1971 – 2000).

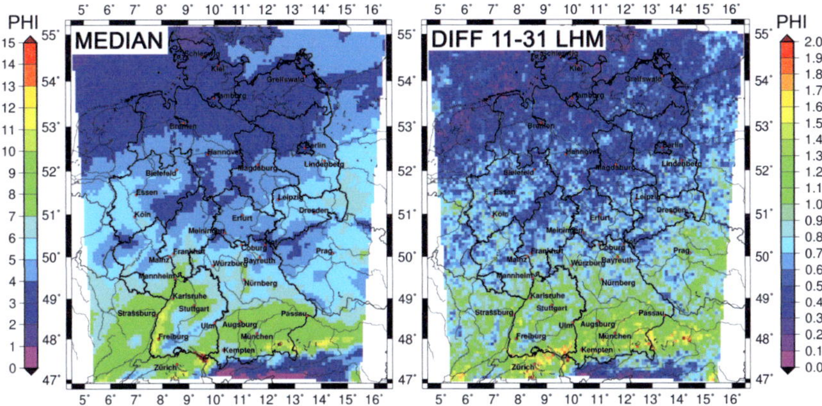

Abb. B.14.: Wie Abb. 7.6, nur für 31 LHMs (links). Differenz zwischen dem Median aus elf und 31 LHMs.

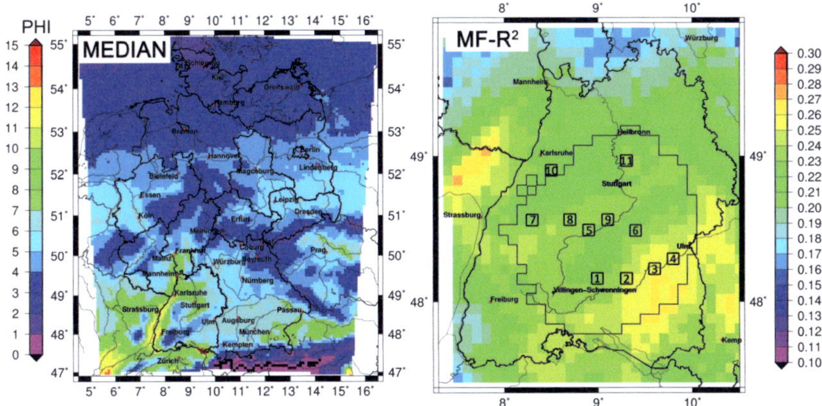

Abb. B.15.: Links der Median des PHI pro Jahr der elf Hagelmodelle, die auf den Variablen CAPE, oWL, TQV, T_{min}, TT und WSh_{0-6} basieren (CE40, 1971 – 2000). Rechts das zugehörige Pseudo–Bestimmheitsmaß MF–R^2.

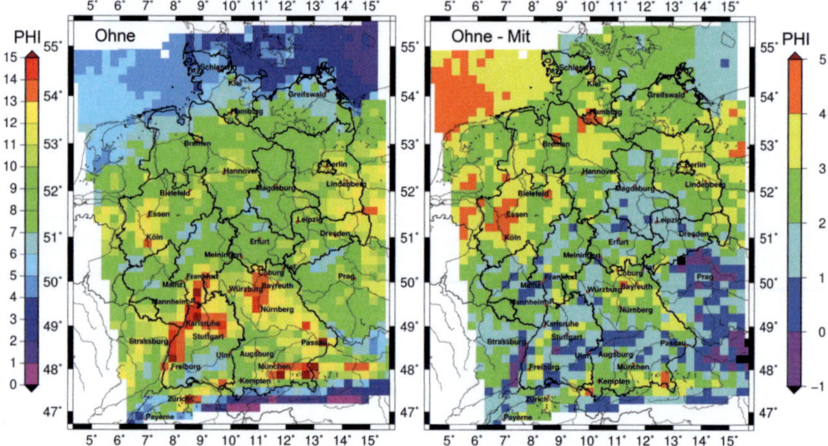

Abb. B.16.: Links: Wie Abb. 7.6 links, nur für den Kontrolllauf des CKE5R1 ohne Korrektur. Rechts: Differenz des mittleren PHI des CKE5R1 ohne und mit Korrektur.

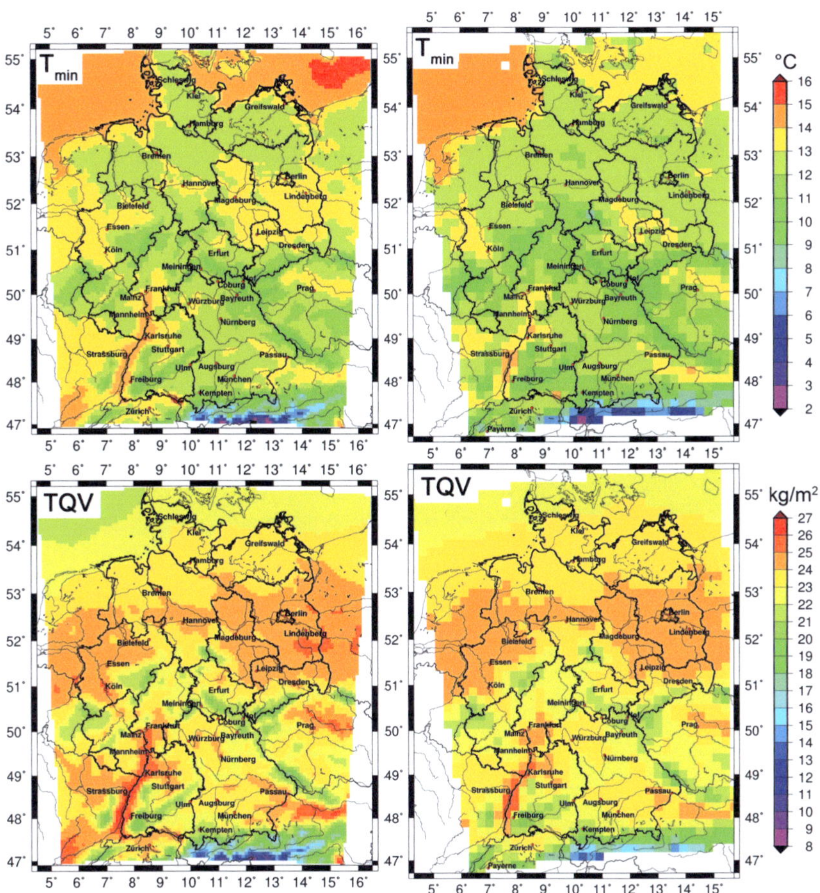

Abb. B.17.: Mittelwerte der jährlichen 50% Perzentile der T_{min} (oben) und der jährlichen 50% Perzentile des TQV (unten) für CE40 (links) und CKE5R1 (rechts; JJA, 1971 – 2000).

C. Literaturverzeichnis

AMS, 2000: Glossary of Meteorology. Second Edition. American Meteorol. Soc., Bosten, USA, 855S.

Andersson, T., M. Andersson, C. Jacobsson, und S. Nilsson, 1989: Thermodynamic indices for forecasting thunderstorms in southern Sweden. *Meteorol. Mag.*, **116**, 141–146.

Angus, P. J., S. Rasmussen, und K. Seiter, 1988: Short–term prediction of thunderstorm probability and intensity by screening observational and derived predictors. Reprints AMS 15th Conf. on Severe Local Storms, Baltimore, USA, 368–371.

Applequist, S., G. Gahrs, R. L. Pfeffer, und X. F. Niu, 2002: Comparison of methodologies for probabilistic quantitative precipitation forecasting. *Wea. Forecasting*, **17**, 783–799.

Aran, M., J. C. Pena, und M. Torą, 2010: Atmospheric circulation patterns associated with hail events in Lleida (Catalonia). *Atmos. Res.*, **100**, 428–438.

Aran, M., A. Sairouni, J. Bech, J. Toda, T. Rigo, J. Cunillera, und J. Moré, 2007: Pilot project for intensive surveillance of hail events in Terres de Ponent (Lleida). *Atmos. Res.*, **83**, 315–335.

Atkins, N. und R. Wakimoto, 1991: Wet microburst activity over the southeastern United States: Implications for forecasting. *Wea. Forecasting*, **6**, 470–482.

Auer, A. H., 1972: Distribution of graupel and hail with size. *Mon. Wea. Rev.*, **100**, 325–328.

Backhaus, K., B. Erichson, W. Plinke, und R. Weiber, 2011: Multivariate Analysemethoden: eine anwendungsorientierte Einführung. Springer–Verlag, Heidelberg, Deutschland, 583S.

Baldauf, M., J. Förstner, S. Klink, T. Reinhardt, C. Schraff, A. Seifert, und K. Stephan, 2011: Kurze Beschreibung des Lokal–Modells Kürzestfrist COSMO–DE (LMK) und seiner Datenbanken auf dem Datenserver des DWD. Deutscher Wetterdienst, Offenbach, Deutschland, 75S.

Banacos, P. C. und D. M. Schultz, 2005: The use of moisture flux convergence in forecasting convective initiation: Historical and operational perspectives. *Wea. Forecasting*, **20**, 351–366.

Barlow, W., 1993: A new index for the prediction of deep convection. Preprints, 17th Conf. on Severe Local Storms, St. Louis, USA, Amer. Meteor. Soc., 129–132.

Basistha, A., D. S. Arya, und N. K. Goel, 2009: Analysis of historical changes in rainfall in the Indian Himalayas. *Int. J. Climatol.*, **29**, 555–572.

Bayazit, M. und B. Onoz, 2007: To prewhiten or not to prewhiten in trend analysis? *Hydrol. Sci. J.*, **52**, 611.

Bechtold, P., E. Bazile, F. Guichard, P. Mascart, und E. Richard, 2001: A mass–flux convection scheme for regional and global models. *Quart. J. Roy. Meteor. Soc.*, **127**, 869–886.

Bedka, K. M., 2011: Overshooting cloud top detections using MSG SEVIRI Infrared brightness temperatures and their relationship to severe weather over Europe. *Atmos. Res.*, **99**, 175–189.

Bengtsson, L., S. Hagemann, und K. I. Hodges, 2004a: Can climate trends be calculated from reanalysis data? *J. Geophys. Res.*, **109**, D11 111.

Bengtsson, L., K. I. Hodges, und S. Hagemann, 2004b: Sensitivity of large–scale atmospheric analyses to humidity observations and its impact on the global water cycle and tropical and extratropical weather systems in ERA40. *Tellus A*, **56**, 202–217.

———, 2004c: Sensitivity of the ERA40 reanalysis to the observing system: determination of the global atmospheric circulation from reduced observations. *Tellus A*, **56**, 456–471.

Berg, P., H. Feldmann, und H.-J. Panitz., 2012a: Bias correction of high resolution RCM data. *J. Hydrol.*, **448**, 80–92.

Berg, P., S. Wagner, H. Kunstmann, und G. Schädler, 2012b: High resolution RCM simulations for Germany: Part I – Validation. *Clim.Dyn.*, 1–14.

Berthet, C., J. Dessens, und J. L. Sanchez, 2011: Regional and yearly variations of hail frequency and intensity in France. *Atmos. Res.*, **100**, 391–400.

Berthet, C., E. Wesolek, J. Dessens, und J. L. Sanchez, 2012: Extreme hail day climatology in Southwestern France. *Atmos. Res.*, doi: 10.1016/j.atmosres.2012.10.007.

Billet, J., M. DeLisi, B. G. Smith, und C. Gates, 1997: Use of regression techniques to predict hail size and the probability of large hail. *Wea. Forecasting*, **12**, 154–164.

Bissolli, P. und E. Dittmann, 2001: The objective weather type classification of the German Weather Service and its possibilities of application to environmental and meteorological investigations. *Meteor. Z.*, **10**, 253–260.

Bissolli, P., J. Grieser, N. Dotzek, und M. Welsch, 2007: Tornadoes in Germany 1950–2003 and their relation to particular weather conditions. *Global Planet. Change*, **57**, 124–138.

Bjerknes, J., 1938: Saturated–adiabatic ascent of air through dry–adiabatically descending environment. *Quart. J. Roy. Meteor. Soc.*, **64**, 325–330.

Bluestein, H. B., G. T. Marx, und M. H. Jain, 1987: Formation of mesoscale lines of precipitation: Nonsevere squall lines in Oklahoma during the spring. *Mon. Wea. Rev.*, **115**, 2719–2727.

Bluestein, H. B. und C. R. Parks, 1983: A synoptic and photographic climatology of low–precipitation severe thunderstorms in the southern plains. *Mon. Wea. Rev.*, **111**, 2034–2046.

Bluestein, H. B. und C. J. Sohl, 1979: Some observations of a splitting severe thunderstorm. *Mon. Wea. Rev.*, **107**, 861–873.

Böhm, H. P., 1989: A general equation for the terminal fall speed of solid hydrometeors. *J. Atmos. Sci.*, **46**, 2419–2427.

Bolton, D., 1980: The computation of equivalent potentail temperature. *Mon. Wea. Rev.*, **108**, 1046–1053.

Braham, R. R., 1963: Some measurements of snow pellet bulk–densities. *J. Appl. Meteorology*, **2**, 498–500.

Brombach, J., 2012: Modifikation der Strömung über Mittelgebirgen und die Auswirkungen auf das Auftreten hochreichender Konvektion. Diplomarbeit am Institut für Meteorologie und Klimaforschung (IMK), Karlsruher Institut für Technologie (KIT), Karlsruhe, Deutschland. 100S.

Brooks, H. E., 2012: Severe thunderstorms and climate change. *Atmos. Res.*, doi: 10.1016/j.atmosres.2012.04.002.

Brooks, H. E., A. R. Anderson, K. Riemann, I. Ebbers, und H. Flachs, 2007: Climatological aspects of convective parameters from the NCAR/NCEP reanalysis. *Atmos. Res.*, **83**, 294–305.

Brooks, H. E., C. A. Doswell III, und J. Cooper, 1994: On the environments of tornadic and nontornadic mesocyclones. *Wea. Forecasting*, **9**, 606–618.

Brooks, H. E., J. W. Lee, und J. P. Craven, 2003: The spatial distribution of severe thunderstorm and tornado environments from global reanalysis data. *Atmos. Res.*, **67**, 73–94.

Browning, K. A., 1977: The structure and mechanisms of hailstorms, Hail: A review of hail science and hail suppression. *Meteorol. Mag.*, **38**, 1–43.

Browning, K. A. und G. B. Foote, 1976: Airflow and hail growth in supercell storms and some implications for hail suppression. *Quart. J. Roy. Meteor. Soc.*, **102**, 499–533.

Browning, K. A. und F. H. Ludlam, 1962: Airflow in convective storms. *Quart. J. Roy. Meteor. Soc.*, **88**, 117–135.

Browning, K. A., F. H. Ludlam, und W. C. Macklin, 1963: The density and structure of hailstones. *Quart. J. Roy. Meteor. Soc.*, **89**, 75–84.

Bunkers, M. J., 2002: Vertical wind shear associated with left–moving supercells. *Wea. Forecasting*, **17**, 845–855.

Burgess, D. W., 1997: Tornado warning guidance. OSB/OTB, Oklahoma, USA, 28S.

Byers, H. R. und R. R. Braham, 1949: The thunderstorm: report of the Thunderstorm Project. U.S. Weather Bureau, Dept. of Commerce, USA, 272S.

Cao, Z., 2008: Severe hail frequency over Ontario, Canada: Recent trend and variability. *Geophys. Res. Lett.*, **35**, L14 803.

Castellano, N. E. und O. B. Nasello, 1997: Comments about the drag laws used in hail growth simulations. *Atmos. Res.*, **43**, 315–323.

Castellano, N. E., O. B. Nasello, und L. Levi, 2002: Study of hail density parametrizations. *Quart. J. Roy. Meteor. Soc.*, **128**, 1445–1460.

Changnon, S. A., 1970: Hailstreaks. *J. Atmos. Sci.*, **27**, 109–125.

Charba, J. P., 1977: Operational system for predicting thunderstorms two to six hours in advance. NOAA. NWS TDL–64. [Techniques Development Laboratory, National Weather Service, Silver Spring, USA], 24S.

Christensen, J. H., B. Hewitson, A. Busuioc, A. Chen, X. Gao, R. Held, R. Jones, R. K. Kolli, W. K. Kwon, R. Laprise, V. Magaa Rueda, L. Mearns, C. G. Menndez, J. Risnen, A. Rinke, A. Sarr, und P. Whetton., 2007: Regional Climate Projections. Climate Change 2007: The Physical Science Basis. Contribution of Working Group I to the Fourth Assessment Report of the Intergovernmental Panel on Climate Change [Solomon, S., D. Qin, M. Manning, Z. Chen, M. Marquis, K.B. Averyt, M. Tignor and H.L. Miller (eds.)]. Cambridge University Press, Cambridge, Großbritannien und New York, USA, 847–940.

Colby, F. P., 1984: Convective inhibition as a predictor of convection during AVE–SESAME II. *Mon. Wea. Rev.*, **112**, 2239–2252.

Craven, J. P., 2000: A preliminary look at deep layer shear and middle level lapse rates during major tornado outbreaks. Preprints, 20th Conf. on Severe Local Storms, 1–15 September 2000, Orlando, USA, Amer. Meteor. Soc., 547–550.

Craven, J. P. und H. E. Brooks, 2004: Baseline climatology of sounding derived parameters associated with deep, moist convection. *Nat. Wea. Digest*, **28**, 13–24.

Craven, J. P., H. E. Brooks, und J. A. Hart, 2002: Baseline climatology of sounding derived parameters associated with deep, moist convection. Preprints, 21st Conf. on Severe Local Storms, San Antonio, USA, Amer. Meteor. Soc., 643–646.

Crosby, D. S., R. R. Ferraro, und H. Wu, 1995: Estimating the probability of rain in an SSM/I FOV using logistic regression. *J. Appl. Meteorology*, **34**, 2476–2480.

Dai, A., 2006: Recent climatology, variability, and trends in global surface humidity. *J. Climate*, **19**, 3589–3606.

Damian, T., 2011: Blitzdichte im Zusammenhang mit Hagelereignissen in Deutschland und Baden–Württemberg. Seminararbeit am Institut für Meteorologie und Klimaforschung (IMK), Karlsruher Institut für Technologie (KIT), Karlsruhe, Deutschland., 65S.

Darkow, G. L., 1969: An analysis of over sixty tornado proximity soundings. Preprints, 6th Conf. on Severe Local Storms, Chicago, USA, Amer. Meteor. Soc., 218–221.

Davies-Jones, R. P., 1986: Tornado dynamics. *Thunderstorm Morphology and Dynamics*, **2**, 197–236.

van Delden, A., 1998: The synoptic setting of a thundery low and associated prefrontal squall line in western Europe. *Meteorol. Atmos. Phys.*, **65**, 113–131.

———, 2001: The synoptic setting of thunderstorms in Western Europe. *Atmos. Res.*, **56**, 89–110.

Del Genio, A. D., M. S. Yao, und J. Jonas, 2007: Will moist convection be stronger in a warmer climate? *Geophys. Res. Lett.*, **34**, L16 703.

DeMott, P. J., Y. Chen, S. M. Kreidenweis, D. C. Rogers, und D. E. Sherman, 1999: Ice formation by black carbon particles. *Geophys. Res. Lett.*, **26**, 2429–2432.

Déry, S. J. und E. F. Wood, 2005: Decreasing river discharge in northern Canada. *Geophys. Res. Lett.*, **32**, L10 401.

Dessens, J., 1995: Severe convective weather in the context of a nighttime global warming. *Geophys. Res. Lett.*, **22**, 1241–1244.

Dessens, J., C. Berthet, und J. L. Sanchez, 2007: A point hailfall classification based on hailpad measurements: The ANELFA scale. *Atmos. Res.*, **83**, 132–139.

Diehl, K., C. Quick, S. Matthias-Maser, S. K. Mitra, und R. Jaenicke, 2001: The ice nucleating ability of pollen: Part I: Laboratory studies in deposition and condensation freezing modes. *Atmos. Res.*, **58**, 75–87.

Dittmann, E., 1995: Berichte des Deutschen Wetterdienstes. Bd. 197: Objektive Wetterlagenklassifikation. Deutscher Wetterdienst (DWD), Offenbach, Deutschland, 41S.

Doms, G. und U. Schättler, 2002: A description of the nonhydrostatic regional model LM. Part I: Dynamics and Numerics. COSMO Newsletter, Deutscher Wetterdienst (DWD), Offenbach, Deutschland, 140S.

Doswell III, C. A., 1985: The Operational Meteorology of Convective Weather. Volume 2. Storm Scale Analysis. NOAA Tech. Memo. ERL ESG–15. 254S.

———, 1987: The distinction between large–scale and mesoscale contribution to severe convection: A case study example. *Wea. Forecasting*, **2**, 3–16.

Doswell III, C. A., R. Davies-Jones, und D. L. Keller, 1990: On summary measures of skill in rare event forecasting based on contingency tables. *Wea. Forecasting*, **5**, 576–585.

Doswell III, C. A. und P. M. Markowski, 2004: Is buoyancy a relative quantity? *Mon. Wea. Rev.*, **132**, 853–863.

Doswell III, C. A. und E. N. Rasmussen, 1994: The effect of neglecting the virtual temperature correction on CAPE calculations. *Wea. Forecasting*, **9**, 619–623.

Doswell III, C. A. und D. M. Schultz, 2006: On the use of indices and parameters in forecasting severe storms. *Electronic J. Severe Storms Meteor.*, **1**, 1–22.

Dotzek, N., P. Groenemeijer, B. Feuerstein, und A. M. Holzer, 2009: Overview of ESSL's severe convective storms research using the European Severe Weather Database ESWD. *Atmos. Res.*, **93**, 575–586.

Dotzek, N., H. Höller, C. Théry, und T. Fehr, 2001: Lightning evolution related to radar–derived microphysics in the 21 July 1998 EULINOX supercell storm. *Atmos. Res.*, **56**, 335–354.

Dubrovsky, M., 1994: Probabilistic prediction of thunderstorm occurrence. *Meteorol. Zpr*, **47**, 103–112.

Durre, I., R. S. Vose, und D. B. Wuertz, 2006: Overview of the integrated global radiosonde archive. *J. Climate*, **1151**, 53–68.

Durre, I. und X. Yin, 2008: Enhanced radiosonde data for studies of vertical structure. *Bull. Amer. Meteor. Soc.*, **89**, 1257–1262.

Dusek, U., G. P. Frank, L. Hildebrandt, J. Curtius, J. Schneider, S. Walter, D. Chand, F. Drewnick, S. Hings, D. Jung, S. Borrmann, und M. O. Andreae1, 2006: Size matters more than chemistry for cloud–nucleating ability of aerosol particles. *Science*, **312**, 1375–1378.

El Kenawy, A., J. I. López-Moreno, und S. M. Vicente-Serrano, 2011: Recent trends in daily temperature extremes over northeastern Spain (1960–2006). *Nat. Hazards Earth Syst. Sci.*, **11**, 2583–2603.

Elliott, W. P. und D. J. Gaffen, 1991: On the utility of radiosonde humidity archives for climate studies. *Bull. Amer. Meteor. Soc.*, **72**, 1507–1520.

Elliott, W. P., D. J. Gaffen, J. D. W. Kahl, und J. K. Angell, 1994: The effect of moisture on layer thicknesses used to monitor global temperatures. *J. Climate*, **7**, 304–308.

Emanuel, K., 1994: Atmospheric Convection. Oxford Uni. Pr., USA, 580S.

Fan, J., T. Yuan, J. M. Comstock, S. Ghan, A. Khain, L. R. Leung, Z. Li, V. J. Martins, und M. Ovchinnikov, 2009: Dominant role by vertical wind shear in regulating aerosol effects on deep convective clouds. *J. Geophys. Res.*, **114**, D22 206.

Feichter, J., 2003: Aerosole und das Klimasystem: Atmosphärenforschung. *Physik in unserer Zeit*, **34**, 72–79.

Feser, F., B. Rockel, H. von Storch, J. Winterfeldt, und M. Zahn, 2011: Regional climate models add value to global model data. *Bull. Amer. Meteor. Soc.*, **92**, 1181–1192.

Fraile, R., C. Berthet, J. Dessens, und J. L. Sánchez, 2003: Return periods of severe hailfalls computed from hailpad data. *Atmos. Res.*, **67**, 189–202.

Fujita, T. T., 1971: Proposed characterization of tornadoes and hurricanes by area and intensity. Satellite and Mesometeorology Research Paper 91, Department of Geophysical Sciences, University of Chicago, Chicago, USA, 45S.

Gaffen, D. J., 1993: Historical changes in radiosonde instruments and practices: Final report. WMO Instruments and Observing Methods Report No. 50, WMO/TD No. 541, World Meteorological Organization, Genf, Italien, 123S.

Gaffen, D. J., M. A. Sargent, R. E. Habermann, und J. R. Lanzante, 2000: Sensitivity of tropospheric and stratospheric temperature trends to radiosonde data quality. *J. Climate*, **13**, 1776–1796.

Galway, J. G., 1956: The lifted index as a predictor of latent instability. *Bull. Amer. Meteor. Soc.*, **37**, 528–529.

García-Ortega, E., L. Fita, R. Romero, L. López, C. Ramis, und J. L. Sánchez, 2007: Numerical simulation and sensitivity study of a severe hailstorm in northeast Spain. *Atmos. Res.*, **83**, 225–241.

García-Ortega, E., L. López, und J. L. Sánchez, 2011: Atmospheric patterns associated with hailstorm days in the Ebro Valley, Spain. *Atmos. Res.*, **100**, 401–427.

García-Ortega, E., A. Merino, L. López, und J. L. Sánchez, 2012: Role of mesoscale factors at the onset of deep convection on hailstorm days and their relation to the synoptic patterns. *Atmos. Res.*, **114–115**, 91–106.

George, J. J., 1960: Weather Forecasting for Aeronautics. Academic Press, New York, USA, 673S.

Giaiotti, D., S. Nordio, und F. Stel, 2003: The climatology of hail in the plain of Friuli Venezia Giulia. *Atmos. Res.*, **67**, 247–259.

Götze, W., C. Deutschmann, und H. Link, 2002: Statistik. Managementwissen für Studium und Praxis. Oldenbourg Wissenschaftsverlag, München, Deutschland, 475S.

Graf, M., 2008: Synoptical and mesoscale weather situations associated with tornadoes in Europe. Diplomarbeit am Institut für Geografie, Universität Zürich, Zürich, Schweiz, 113S.

Greene, D. R. und R. A. Clark, 1972: Vertically integrated liquid water – A new analysis tool. *Mon. Wea. Rev.*, **100**, 548–552.

Groenemeijer, P., 2009: Convective storm development in contrasting thermodynamic and kinematic environments. Dissertation am Institut für Meteorologie und Klimaforschung (IMK), Universität Karlsruhe/Forschungszentrum Karlsruhe, Karlsruhe, Deutschland. 96S.

Groenemeijer, P. H. und A. van Delden, 2007: Sounding–derived parameters associated with large hail and tornadoes in the Netherlands. *Atmos. Res.*, **83**, 473–487.

Haklander, A. J. und A. van Delden, 2003: Thunderstorm predictors and their forecast skill for the Netherlands. *Atmos. Res.*, **67–68**, 273–299.

Hamed, K. H. und A. Ramachandra Rao, 1998: A modified Mann–Kendall trend test for autocorrelated data. *J. Hydrology*, **204**, 182–196.

Hand, W. H. und G. Cappelluti, 2010: A global hail climatology using the UK Met Office convection diagnosis procedure (CDP) and model analyses. *Meteor. Appl.*, **18**, 446–458.

Hanssen, A. W. und W. J. A. Kuipers, 1965: On the relationship between the frequency of rain and various meteorological parameters. *Meded. Verh.*, **81**, 2–15.

Haurwitz, B., 1941: Dynamic meteorology. McGraw–Hill Book Company, New York, USA, 380S.

Hawkins, E. und R. Sutton, 2009: The potential to narrow uncertainty in regional climate predictions. *Bull. Amer. Meteor. Soc.*, **90**, 1095–1107.

Haylock, M. R., N. Hofstra, A. M. G. Klein Tank, E. J. Klok, P. D. Jones, und M. New, 2008: A European daily high–resolution gridded data set of surface temperature and precipitation for 1950–2006. *J. Geophys. Res.*, **113**, D20 119.

Heidke, P., 1926: Berechnung des Erfolges und der Güte der Windstärkenvorhersage im Sturmwarnungsdienst. *Geogr. Ann.*, **8**, 310–349.

Heimann, D. und M. Kurz, 1985: The Munich hailstorm of July 12, 1984: A discussion of the synoptic situation. *Beitr. Phys. Atmos.*, **58**, 528–544.

Held, I. M. und B. J. Soden, 2006: Robust responses of the hydrological cycle to global warming. *J. Climate*, **19**, 5686–5699.

Heymsfield, A. J., 1978: The characteristics of graupel particles in northeastern Colorado cumulus congestus clouds. *J. Atmos. Sci.*, **35**, 284–295.

Heymsfield, A. J., P. N. Johnson, und J. E. Dye, 1978: Observations of moist adiabatic ascent in northeast Colorado cumulus congestus clouds. *J. Atmos. Sci.*, **35**, 1689–1703.

Hohl, R., H. H. Schiesser, und D. Aller, 2002: Hailfall: the relationship between radar–derived hail kinetic energy and hail damage to buildings. *Atmos. Res.*, **63**, 177–207.

Hollweg, H. D., U. Böhm, I. Fast, B. Hennemuth, K. Keuler, E. Keup-Thiel, M. Lautenschlager, S. Legutke, K. Radtke, B. Rockel, M. Schubert, A. Will, M. Woldt, und C. Wunram, 2008: Ensemble simulations over Europe with the regional climate model CLM forced with IPCC AR4 global scenarios. Technical Report No. 3, Modelle & Daten (M & D), Hamburg, Deutschland, 152S.

Holton, J. R., 2004: An introduction to dynamic meteorology. Academic press, San Diego, USA, 535S.

Hoose, C. und O. Möhler, 2012: Heterogeneous ice nucleation on atmospheric aerosols: A review of results from laboratory experiments. *Atmos. Chem. Phys. Discuss.*, **12**, 12 531–12 621.

Hosmer, D. W. und S. Lemeshow, 2000: Applied logistic regression, Vol. 354. Wiley–Interscience, New York, USA, 392S.

Houze, R. A., 1989: Observed structure of mesoscale convective systems and implications for large–scale heating. *Quart. J. Roy. Meteor. Soc.*, **115**, 425–461.

——, 1993: Cloud Dynamics. Academie Press, San Diego, USA, 570S.

——, 2004: Mesoscale convective systems. *Rev. Geophys.*, **42**, RG4003.

Houze, R. A., S. A. Rutledge, M. I. Biggerstaff, und B. F. Smull, 1989: Interpretation of Doppler weather radar displays of midlatitude mesoscale convective systems. *Bull. Amer. Meteor. Soc.*, **70**, 608–619.

Houze, R. A., W. Schmid, R. G. Fovell, und H. H. Schiesser, 1993: Hailstorms in Switzerland: Left movers, right movers, and false hooks. *Mon. Wea. Rev.*, **121**, 3345–3370.

Huntrieser, H., H. H. Schiesser, W. Schmid, und A. Waldvogl, 1997: Comparison of traditional and newly developed thunderstorm indices for Switzerland. *Wea. Forecasting*, **12**, 108–125.

IPCC, 2007: Climate Change 2007: The Physical Science Basis, Contribution of Working Group I to the Fourth Assessment. Report of the Intergovernmental Panel on Climate Change. [Solomon, S., D. Qin, M. Manning, Z. Chen, M. Marquis, K.B. Averyt, M. Tignor and H.L. Miller (eds.)]. Cambridge University Press, Cambridge, Großbritannien und New York, NY, USA, 996S.

——, 2012: Managing the Risks of Extreme Events and Disasters to Advance Climate Change Adaptation. A Special Report of Working Groups I and II of the Intergovernmental Panel on Climate Change. Cambridge University Press, Cambridge, UK, und New York, NY, USA, 582S.

Johns, R. und C. Doswell III, 1992: Severe local storms forecasting. *Wea. Forecasting*, **7**, 588–612.

Kagermazov, A. K., 2012: The forecast of hail based on the atmospheric global model (T254 NCEP) output data. *Russ. Meteorol. Hydrol.*, **37**, 165–169.

Kain, J. S. und J. M. Fritsch, 1993: Convective parameterization for mesoscale models: The Kain–Fritsch scheme. The representation of cumulus convection in numerical models, Meteorological Monographs No. 46, Amer. Meteor. Soc., USA, 165–170.

Kalnay, E., M. Kanamitsu, R. Kistler, W. Collins, D. Deaven, L. Gandin, M. Iredell, S. Saha, G. White, J. Woollen, et al., 1996: The NCEP/NCAR 40–Year Reanalysis Project. *Bull. Amer. Meteor. Soc.*, **77**, 437–471.

Kaltenböck, R., G. Diendorfer, und N. Dotzek, 2009: Evaluation of thunderstorm indices from ECMWF analyses, lightning data and severe storm reports. *Atmos. Res.*, **93**, 381–396.

Kalthoff, N., B. Adler, C. Barthlott, U. Corsmeier, S. Mobbs, S. Crewell, K. Träumner, C. Kottmeier, A. Wieser, V. Smith, und P. Di Girolamoe, 2009: The impact of convergence zones on the initiation of deep convection: A case study from COPS. *Atmos. Res.*, **93**, 680–694.

Kapsch, M. L., 2011: Longterm variability of hail–related weather types in an ensemble of regional climate models. Diplomarbeit am Institut für Meteorologie und Klimaforschung (IMK), Karlsruher Institut für Technologie (KIT), Karlsruhe, Deutschland 121S.

Kapsch, M. L., M. Kunz, R. Vitolo, und T. Economou, 2012: Long–term variability of hail–related weather types in an ensemble of regional climate models. *J. Geophys. Res.*, **117**, D15 107, doi:10.1029/2011JD017185.

Kendall, M. G. und J. D. Gibbons, 1955: *Rank correlation methods*. Charles Griffin, London, Großbritannien, 196S.

Kessler, E., 1985: Severe weather. Handbook of Applied Meteorology. D. D. Houghton (Ed.). John Wiley and Sons, New York, USA, 133–204.

Khain, A., D. Rosenfeld, und A. Pokrovsky, 2005: Aerosol impact on the dynamics and microphysics of deep convective clouds. *Quart. J. Roy. Meteor. Soc.*, **131**, 2639–2663.

Khodayar, S., N. Kalthoff, J. Wickert, U. Corsmeier, C. J. Morcrette, und C. Kottmeier, 2010: The increase of spatial data resolution for the detection of the initiation of convection. A case study from CSIP. *Meteor. Z.*, **19**, 179–198.

Kistler, R., E. Kalnay, W. Collins, S. Saha, G. White, J. Woollen, M. Chelliah, W. Ebisuzaki, M. Kanamitsu, V. Kousky, H. van den Dool, R. Jenne, und M. Fiorino, 2001: The NCEP–NCAR 50–year reanalysis: Monthly means CD–ROM and documentation. *Bull. Amer. Meteor. Soc.*, **82**, 247–268.

Kitzmiller, D. H. und J. P. Breidenbach, 1993: Probabilistic nowcasts of large hail based on volumetric reflectivity and storm environment characteristics. Preprints, 26th Int. Conf. on Radar Meteorology, Norman, USA, Amer. Meteor. Soc., 157–159.

Klemp, J. B., 1987: Dynamics of tornadic thunderstorms. *Ann. Rev. Fluid Mech.*, **19**, 369–402.

Klemp, J. B. und R. B. Wilhelmson, 1978: Simulations of right–and left–moving storms produced through storm splitting. *J. Atmos. Sci.*, **35**, 1097–1110.

van Klooster, S. L. und P. J. Roebber, 2009: Surface–based convective potential in the contiguous United States in a business–as–usual future climate. *J. Climate*, **22**, 3317–3330.

Knight, C. A. und N. C. Knight, 1976: Hail embryo studies. Preprints, Int. Cloud Physics Conf., Boulder, USA, 222–226.

———, 2001: Severe Convective Storms, Vol. 28, Kap. Hailstorms, Meteor. Monogr., Amer. Meteor. Soc., USA, 223–248.

Knight, D. und N. Knight, 2003: Encyclopedia of Atmospheric Sciences, Kap. Hail and Hailstorms, Academic Pr. Inc., USA, 924–929.

Knight, N. C., 1981: The climatology of hailstone embryos. *J. Appl. Meteorology*, **20**, 750–755.

Knight, N. C. und A. J. Heymsfield, 1983: Measurement and interpretation of hailstone density and terminal velocity. *J. Atmos. Sci.*, **40**, 1510–1516.

Kottmeier, C., N. Kalthoff, C. Barthlott, U. Corsmeier, J. van Baelen, A. Behrendt, R. Behrendt, A. Blyth, R. Coulter, S. Crewell, et al., 2008: Mechanisms initiating deep convection over complex terrain during COPS. *Meteor. Z.*, **17**, 931–948.

Kuhn, M., U. Leonhart, S. Rösch, und J. Weyher, 2008: Elementar versichert (1758–2008). SV SparkassenVersicherung AG, Stuttgart, Deutschland, 98S.

Kugel, P. S. I., 2012: Anwendung verschiedener Verfahren zur Detektion von Hagel aus dreidimensionalen C–Band Radardaten. Diplomarbeit am Institut für Meteorologie und Klimaforschung (IMK), Karlsruher Institut für Technologie (KIT), Karlsruhe, Deutschland, 109S.

Kunz, M., 2003: Simulation von Starkniederschlägen mit langer Andauer über Mittelgebirgen. Wiss. Berichte d. Instituts für Meteorologie und Klimaforschung der Universität Karlsruhe Nr. 15, Karlsruhe, Deutschland, 170S.

———, 2007: The skill of convective parameters and indices to predict isolated and severe thunderstorms. *Nat. Hazards Earth Syst. Sci.*, **7**, 327–342.

———, 2012: Meteorologische Naturgefahren. Skript zur Vorlesung SoSe 2012. Institut für Meteorologie und Klimaforschung (IMK), Karlsruher Institut für Technologie (KIT), Karlsruhe, Deutschland, 138S.

Kunz, M., J. Handwerker, S. Mohr, M. Puskeiler, B. Mühr, M. Schmidberger, und R. Langner, 2011: Meteorological analysis of the extraordinary hailstreak on 26 may 2009. 6th Eur. Conf. on Severe Storms, 3–7 Oktober 2011, Palma de Mallorca, Spanien.

Kunz, M. und M. Puskeiler, 2010: High–resolution assessment of the hail hazard over complex terrain from radar and insurance data. *Meteor. Z.*, **19**, 427–439.

Kunz, M., M. Puskeiler, und M. Schmidberger, 2012: Projekt HARIS–SV (Hagelgefährdung und Hagelrisiko SV Sparkassenversicherung). Abschlussbericht Teil A1, Karlsruhe, Deutschland, 78S.

Kunz, M., J. Sander, und C. Kottmeier, 2009: Recent trends of thunderstorm and hailstorm frequency and their relation to atmospheric characteristics in southwest Germany. *Int. J. Climatol.*, **29**, 2283–2297.

Kurz, M., 1990: Synoptische Meteorologie, Leitfaden für die Ausbildung im Deutschen Wetterdienst. Selbstverlag des Deutschen Wetterdienstes, Offenbach, Deutschland, 195S.

Lanzante, J. R., 1996: Resistant, robust and non–parametric techniques for the analysis of climate data: Theory and examples, including applications to historical radiosonde station data. *Int. J. Climatol.*, **16**, 1197–1226.

Lautenschlager, M., 2008: Intention und Konzept der CLM–Klimasimulationen. Forum Klimawandel in Europa im 21. Jahrhundert, 11. Dezember 2008, Cottbus, Deutschland.

Lee, J. W., 2002: Tornado proximity soundings from the NCEP/NCAR reanalysis data. Dissertation, University of Oklahoma, Norman, USA, 122S.

Lee, M. I., S. D. Schubert, M. J. Suarez, J. K. E. Schemm, H. L. Pan, J. Han, und S. H. Yoo, 2008a: Role of convection triggers in the simulation of the diurnal cycle of precipitation over the United States Great Plains in a general circulation model. *J. Geophys. Res.*, **113**, D02 111.

Lee, S. S., L. J. Donner, V. T. J. Phillips, und Y. Ming, 2008b: The dependence of aerosol effects on clouds and precipitation on cloud–system organization, shear and stability. *J. Geophys. Res.*, **113**, D16 202.

Lemon, L. R. und C. A. Doswell III, 1979: Severe thunderstorm evolution and mesocyclone structure as related to tornadogenesis. *Mon. Wea. Rev.*, **107**, 1184.

Lesins, G. B. und R. List, 1986: Sponginess and drop shedding of gyrating hailstones in a pressure–controlled icing wind tunnel. *J. Atmos. Sci.*, **43**, 2813–2825.

Leuenberger, D., M. Stoll, und A. Roches, 2010: Description of some convective indices implemented in the COSMO model. Technical Report No. 17, COSMO Technical Reports, Zürich, Schweiz, 18S.

Lin, Y. L., R. L. Deal, und M. S. Kulie, 1998: Mechanisms of cell regeneration, development, and propagation within a two–dimensional multicell storm. *J. Atmos. Sci.*, **55**, 1867–1886.

Lin, Y. L. und L. E. Joyce, 2001: A further study of the mechanisms of cell regeneration, propagation, and development within two–dimensional multicell storms. *J. Atmos. Sci.*, **58**, 2957–2988.

List, R., 1958a: Kennzeichen atmosphärischer Eispartikeln. 1. Teil. *Z. Angew. Math. und Phys.*, **9**, 180–192.

————, 1958b: Kennzeichen atmosphärischer Eispartikeln. 2. Teil. *Z. Angew. Math. und Phys.*, **9**, 217–234.

————, 1959: Zur Aerodynamik von Hagelkörnern. *Z. Angew. Math. und Phys.*, **10**, 143–159.

————, 1985: Thunderstorms: a social, scientific and technological documentary. Vol 2. Thunderstorm morphology and dynamics. 2nd edition., Kap. Properties and growth of hailstones. Edited by E. Kessler, University Oklahoma Press, Norman, USA, 432S.

Löffler-Mang, M., D. Schön, und M. Landry, 2011: Characteristics of a new automatic hail recorder. *Atmos. Res.*, **100**, 439–446.

Long, J. S., 1987: A graphical method for the interpretation of multinomial logit analysis. *Sociol. Method Res.*, **15**, 420–446.

López, L., E. García-Ortega, und J. L. Sánchez, 2007: A short–term forecast model for hail. *Atmos. Res.*, **83**, 176–184.

López, L. und J. L. Sánchez, 2009: Discriminant methods for radar detection of hail. *Atmos. Res.*, **93**, 358–368.

Lozowski, E. P. und A. G. Beattie, 1979: Measurements of the kinematics of natural hailstones near the ground. *Quart. J. Roy. Meteor. Soc.*, **105**, 453–459.

Ludlam, F. H., 1958: The hail problem. *Nubila*, **1**, 12–96.

Macklin, W. C. und F. H. Ludlam, 1961: The fallspeeds of hailstones. *Quart. J. Roy. Meteor. Soc.*, **87**, 72–81.

Macklin, W. C., E. Strauch, und F. H. Ludlam, 1960: The density of hailstones collected from a summer storm. *Nubila*, **3**, 12–17.

Maddox, R. A., 1980: Mesoscale convective complexes. *Bull. Amer. Meteor. Soc.*, **61**, 1374–1387.

Mahlke, H., 2012: Mechanismen der Auslösung hochreichender Konvektion im südwestdeutschen Mittelgebirgsraum. Dissertation am Institut für Meteorologie und Klimaforschung (IMK), Karlsruher Institut für Technologie (KIT), Karlsruhe, Deutschland, 156S.

Mallafré, M. C., T. R. Ribas, M. del Carmen Llasat Botija, und J. L. Sánchez, 2009: Improving hail identification in the Ebro Valley region using radar observations: Probability equations and warning thresholds. *Atmos. Res.*, **93**, 474–482.

Mann, H. B., 1945: Nonparametric tests against trend. *Econometrica*, **13**, 245–259.

Manzato, A., 2003: A climatology of instability indices derived from Friuli Venezia Giulia soundings, using three different methods. *Atmos. Res.*, **67**, 417–454.

————, 2005: The use of sounding–derived indices for a neural network short–term thunderstorm forecast. *Wea. Forecasting*, **20**, 896–917.

————, 2008: A verification of numerical model forecasts for sounding–derived indices above Udine, Northeast Italy. *Wea. Forecasting*, **23**, 477–495.

Manzato, A. und G. M. Morgan, 2003: Evaluating the sounding instability with the lifted parcel theory. *Atmos. Res.*, **67**, 455–473.

Mapes, B., J. Bacmeister, M. Khairoutdinov, C. Hannay, und M. Zhao, 2009: Virtual field campaigns on deep tropical convection in climate models. *J. Climate*, **22**, 244–257.

Markowski, P. und Y. Richardson, 2010: Mesoscale meteorology in midlatitudes, Vol. 3. John Wiley & Sons, Chichester, Großbritannien, 407S.

Markowski, P. M. und N. Dotzek, 2011: A numerical study of the effects of orography on supercells. *Atmos. Res.*, **100**, 457–478.

Marsh, P. T., H. E. Brooks, und D. J. Karoly, 2009: Preliminary investigation into the severe thunderstorm environment of Europe simulated by the Community Climate System Model 3. *Atmos. Res.*, **93**, 607–618.

Marwitz, J. D., 1972a: The structure and motion of severe hailstorms. Part I: Supercell storms. *J. Appl. Meteorology*, **11**, 166–179.

————, 1972b: The structure and motion of severe hailstorms. Part II: Multi–cell storms. *J. Appl. Meteorology*, **11**, 180–188.

März, R., 2010: persönliche Kommunikation. Deutscher Wetterdienst (DWD).

Mason, B. J. und J. B. Andrews, 1960: Drop–size distributions from various types of rain. *Quart. J. Roy. Meteor. Soc.*, **86**, 346–353.

Matson, R. J. und A. W. Huggins, 1980: The direct measurement of the sizes, shapes and kinematics of falling hailstones. *J. Atmos. Sci.*, **37**, 1107–1125.

McKelvey, R. D. und W. Zavoina, 1975: A statistical model for the analysis of ordinal level dependent variables. *J. Math. Socio.*, **4**, 103–120.

Meissner, C., G. Schädler, H. J. Panitz, H. Feldmann, und C. Kottmeier, 2009: High–resolution sensitivity studies with the regional climate model COSMO–CLM. *Meteor. Z.*, **18**, 543–557.

Miller, R. C., 1972: Notes on analysis and severe storm forecasting procedures of the air force global weather central. Air Weather Service Tech. Rept 200 (Rev.), Air Weather Service, AWS/XTX, Scott Air Force Base, USA 62225–5438.

Miloshevich, L. M., H. Vömel, D. N. Whiteman, und T. Leblanc, 2009: Accuracy assessment and correction of Vaisala RS92 radiosonde water vapor measurements. *J. Geophys. Res.*, **114**.

Möhler, O., P. Field, P. Connolly, S. Benz, H. Saathoff, M. Schnaiter, R. Wagner, R. Cotton, M. Krämer, A. Mangold, et al., 2006: Efficiency of the deposition mode ice nucleation on mineral dust particles. *Atmos. Chem. Phys.*, **6**, 1539–1577.

Mohr, S., 2008: Änderungen der Häufigkeit und Intensität von Winterstürmen in Deutschland auf Grundlage regionaler Klimasimulationen. Diplomarbeit am Institut für Meteorologie und Klimaforschung (IMK), Universität Karlsruhe (TH), Karlsruhe, Deutschland, 99S.

Mohr, S. und M. Kunz, 2013: Recent trends and variabilities of convective parameters relevant for hail events in Germany and Europe. *Atmos. Res.*, **123**, 211–228.

Mohsin, T. und W. A. Gough, 2010: Trend analysis of long–term temperature time series in the Greater Toronto Area (GTA). *Theor. Appl. Climatol.*, **101**, 311–327.

Moncrieff, M. W. und M. J. Miller, 1976: The dynamics and simulation of tropical cumulonimbus and squall lines. *Quart. J. Roy. Meteor. Soc.*, **102**, 373–394.

Morgan, G. M., 1973: A general description of the hail problem in the Po Valley of northern Italy. *J. Appl. Meteorology*, **12**, 338–353.

Murphy, A. H. und H. Daan, 1985: Probability, statistics, and decision making in the atmospheric sciences, Kap. Forecast evaluation, Murphy, A. H. and Katz, R. W., Eds., Westview Press, Boulder, USA, 379–437.

Nakićenović, N., J. Alcamo, G. Davis, B. de Vries, J. Fenhann, S. Gaffin, K. Gregory, A. Grübler, T. Y. Jung, T. Kram, et al., 2000: IPCC Special Report on Emissions Scenarios. Cambridge, New York, USA, 27S.

Niall, S. und K. Walsh, 2005: The impact of climate change on hailstorms in southeastern Australia. *Int. J. Climatol.*, **25**, 1933–1952.

Niemand, M., O. Möhler, B. Vogel, H. Vogel, C. Hoose, P. Connolly, H. Klein, H. Bingemer, P. DeMott, J. Skrotzki, et al., 2012: A particle–surface–area–based parameterization of immersion freezing on desert dust particles. *J. Atmos. Sci.*, doi:10.1175/JAS-D-11-0249.1.

NOAA, 2010a: National Weather Service Weather Forecast Office, Record Setting Hail Event in Vivian, South Dakota on July 23, 2010. http://www.crh.noaa.gov/abr/?n=stormdamagetemplate.

———, 2010b: National Weather Service Weather Forecast Office, Thunderstorms – Introduction. http://www.srh.noaa.gov/jetstream/tstorms/tstorms_intro.htm.

Noppel, H., U. Blahak, A. Seifert, und K. D. Beheng, 2010: Simulations of a hailstorm and the impact of CCN using an advanced two–moment cloud microphysical scheme. *Atmos. Res.*, **96**, 286–301.

Normand, C. W. B., 1938: On instability from water vapour. *Quart. J. Roy. Meteor. Soc.*, **64**, 47–70.

Orlanski, I., 1975: A rational subdivision of scales for atmospheric processes. *Bull. Amer. Meteor. Soc.*, **56**, 527–534.

Peterson, T. C., K. M. Willett, und P. W. Thorne, 2011: Observed changes in surface atmospheric energy over land. *Geophys. Res. Lett.*, **38**, L16707.

Petrow, T. und B. Merz, 2009: Trends in flood magnitude, frequency and seasonality in Germany in the period 1951–2002. *J. Hydrol.*, **371**, 129–141.

Piani, F., A. Crisci, G. de Chiara, G. Maracchi, und F. Meneguzzo, 2005: Recent trends and climatic perspectives of hailstorms frequency and intensity in Tuscany and Central Italy. *Nat. Hazards Earth Syst. Sci.*, **5**, 217–224.

Pineda, N. und M. Aran, 2011: Convective instability indices as thunderstorm predictors for catalonia. 6th Eur. Conf. on Severe Storms, 3–7 Oktober 2011, Palma de Mallorca, Spanien.

Potapov, E. I., G. S. Burundukov, I. A. Garaba, und V. I. Petrov, 2007: Hail modification in the Republic of Moldova. *Russ. Meteorol. Hydrol.*, **32**, 360–365.

Prodi, F., 1970: Measurements of local density in artificial and natural hailstones. *J. Appl. Meteorology*, **9**, 903–910.

Pruppacher, H. R. und J. D. Klett, 1997: Microphysics of clouds and precipitation, Vol. 18. Kluwer Academic Publishers, Dordrecht, Niederlande, 954S.

Puskeiler, M., 2009: Analyse der Hagelgefährdung durch Kombination von Radardaten und Schadendaten für Süddwestdeutschland. Diplomarbeit am Institut für Meteorologie und Klimaforschung (IMK), Universität Karlsruhe (TH), Karlsruhe, Deutschland, 109S.

Ramis, C., J. M. López, und J. Arús, 1999: Two cases of severe weather in Catalonia (Spain). A diagnostic study. *Meteor. Appl.*, **6**, 11–27.

Rasmussen, E. N. und D. O. Blanchard, 1998: A baseline climatology of sounding–derived supercell and tornado forecast parameters. *Wea. Forecasting*, **13**, 1148–1164.

Rockel, B., A. Will, und A. Hense, 2008: The Regional Climate Model COSMO–CLM (CCLM). *Meteor. Z.*, **17**, 347–348.

Roeckner, E., G. Bäuml, L. Bonaventura, R. Brokopf, M. Esch, M. Giorgetta, S. Hagemann, I. Kirchner, L. Kornblueh, E. Manzini, A. Rhodin, U. Schlese, U. Schulzweida, und A. Tompkins, 2003: The atmospheric general circulation model ECHAM 5. PART I: Model description. MPI–Report, **249**, 127S.

Romero, R., M. Gaya, und C. A. Doswell III, 2007: European climatology of severe convective storm environmental parameters: A test for significant tornado events. *Atmos. Res.*, **83**, 389–404.

Rossby, C. G., 1932: Thermodynamics applied to air mass analysis, Vol. 1. Meteorological Papers, Massachusetts Institute of Technology (MIT), Cambridge, USA, 31–48.

Rotunno, R. und J. B. Klemp, 1985: On the rotation and propagation of simulated supercell thunderstorms. *J. Atmos. Sci.*, **42**, 271–292.

Rotunno, R., J. B. Klemp, und M. L. Weisman, 1988: A theory for strong, long–lived squall lines. *J. Atmos. Sci.*, **45**, 463–485.

Saa Requejo, A., R. Garcia Moreno, M. C. Diaz Alvarez, F. Burgaz, und M. Tarquis, 2011: Analysis of hail damages and temperature series for peninsular Spain. *Nat. Hazards Earth Syst. Sci.*, **11**, 3415–3422.

Sachs, L. und J. Hedderich, 2006: Angewandte Statistik: Methodensammlung mit R. Springer–Verlag Berlin Heidelberg, Berlin, Heidelberg, Deutschland, 704S.

Salby, M. L., 1996: Fundamentals of Atmospheric Physics, Vol. 61. Academic press, San Diego, USA, 639S.

Sánchez, J. L., M. V. Fernández, J. T. Fernández, E. Tuduri, und C. Ramis, 2003: Analysis of mesoscale convective systems with hail precipitation. *Atmos. Res.*, **67**, 573–588.

Sánchez, J. L., R. Fraile, M. T. De la Fuente, und J. L. Marcos, 1998a: Discriminant analysis applied to the forecasting of thunderstorms. *Meteorol. Atmos. Phys.*, **68**, 187–195.

Sánchez, J. L., L. López, C. Bustos, J. L. Marcos, und E. García-Ortega, 2008: Short–term forecast of thunderstorms in Argentina. *Atmos. Res.*, **88**, 36–45.

Sánchez, J. L., J. L. Marcos, M. T. De la Fuente, und A. Castro, 1998b: A logistic regression model applied to short term forecast of hail risk. *Phys. Chem. Earth*, **23**, 645–648.

Sánchez, J. L., J. L. Marcos, J. Dessens, L. López, C. Bustos, und E. García-Ortega, 2009: Assessing sounding–derived parameters as storm predictors in different latitudes. *Atmos. Res.*, **93**, 446–456.

Sander, J., 2011: Extremwetterereignisse im Klimawandel: Bewertung der derzeitigen und zukünftigen Gefährdung. Dissertation an der Fakultät für Physik der Ludwig–Maximilians–Universität München (LMU), München, Deutschland, 125S.

Sasse, R., 2011: Analyse des regionalen atmosphärischen Wasserhaushalts unter Verwendung von COSMO–Simulationen und GPS–Beobachtungen. Dissertation am Institut für Meteorologie und Klimaforschung (IMK), Karlsruher Institut für Technologie (KIT), Karlsruhe, Deutschland, 213S.

Schädler, G., D. D. Berg, P., H. Feldmann, J. Ihringer, H. Kunstmann, J. Liebert, B. Merz, I. Ott, und S. Wagner, 2012a: Flood Hazards in a Changing Climate – Project Report. Center for Disaster Management and Risk Reduction Technology (CEDIM), Karlsruhe, Deutschland, 83S.

Schädler, G., D. Düthmann, J. Liebert, I. Ott, und S. Wagner, 2012b: Wie beeinflusst der Klimawandel die Hochwassergefahr in kleineren und mittleren Flusseinzugsgebieten? 9. Deutsche Klimatagung 2012, 9.–12. Oktober 2012, Freiburg, Deutschland.

Schaefer, J. T., 1990: The critical success index as an indicator of warning skill. *Wea. Forecasting*, **5**, 570–575.

Schiesser, H. H., 2003: Hagel. In: Extremereignisse und Klimaänderung. Organe consultatif sur les changements climatiques (OcCC), Bern, Schweiz, 65–68.

Schmeits, M. J., K. J. Kok, und D. H. P. Vogelezang, 2005: Probabilistic forecasting of (severe) thunderstorms in the Netherlands using model output statistics. *Wea. Forecasting*, **20**, 134–148.

Schönwiese, C. D., 2006: Praktische Statistik für Meteorologen und Geowissenschaftler. 4. Edition, Gebrüder Borntraeger, Stuttgart, Deutschland, 302S.

Schultz, D. M., P. N. Schumacher, und C. A. Doswell III, 2000: The intricacies of instabilities. *Mon. Wea. Rev.*, **128**, 4143–4148.

Schulz, P., 1989: Relationships of several stability indices to convective weather events in northeast Colorado. *Wea. Forecasting*, **4**, 73–80.

Schumann, T. E. W., 1938: The theory of hailstone formation. *Quart. J. Roy. Meteor. Soc.*, **64**, 3–21.

Scinocca, J. F., N. A. McFarlane, M. Lazare, J. Li, und D. Plummer, 2008: The CCCma third generation AGCM and its extension into the middle atmosphere. *Atmos. Chem. and Phys.*, **8**, 7883–7930.

Seifert, A. und K. D. Beheng, 2006: A two–moment cloud microphysics parameterization for mixed–phase clouds. Part 1: Model description. *Meteorol. Atmos. Phys.*, **92**, 45–66.

Semmler, T. und T. Jung, 2012: Einfluss schwindenden arktischen Meereises auf das Klima der nördlichen mittleren Breiten. 9. Deutsche Klimatagung 2012, 9.–12. Oktober 2012, Freiburg, Deutschland.

Sen, P. K., 1968: Estimates of the regression coefficient based on Kendall's tau. *J. Am. Stat. Assoc.*, **63**, 1379–1389.

Showalter, A. K., 1953: A stability index for thunderstorm forecasting. *Bull. Amer. Meteor. Soc.*, **34**, 250–252.

Siedlecki, M., 2009: Selected instability indices in Europe. *Theor. Appl. Climatol.*, **96**, 85–94.

Sioutas, M., T. Meaden, und J. D. C. Webb, 2009: Hail frequency, distribution and intensity in Northern Greece. *Atmos. Res.*, **93**, 526–533.

Smull, B. F. und R. A. Houze, 1987: Rear inflow in squall lines with trailing stratiform precipitation. *Mon. Wea. Rev.*, **115**, 2869–2889.

Steinbrecht, W., H. Claude, F. Schönenborn, U. Leiterer, H. Dier, und E. Lanzinger, 2008: Pressure and temperature differences between Vaisala RS80 and RS92 radiosonde systems. *J. Atmos. Oceanic Technol.*, **25**, 909–927.

Stensrud, D., 1996: Importance of low–level jets to climate: A review. *J. Climate*, **9**, 1698–1711.

Stucki, M. und T. Egli, 2007: Elementarschutzregister Hagel: Untersuchungen zur Hagelgefahr und zum Widerstand der Gebäudehülle. Synthesebericht, Präventionsstiftung der kantonalen Gebäudeversicherungen, Bern, Schweiz, 35S.

von Storch, H., H. Langenberg, und F. Feser, 2000: A spectral nudging technique for dynamical downscaling purposes. *Mon. Wea. Rev.*, **128**, 3664–3673.

von Storch, H. und A. Narvarra, 1995: Analysis of Climate Variability: Applications and Statistical Techniques, Vol. 334. Springer–Verlag, New York, USA, 342S.

Taylor, K. E., 2001: Summarizing multiple aspects of model performance in a single diagram. *J. Geophys. Res.*, **106**, 7183–7192.

Tiedtke, M., 1989: A comprehensive mass flux scheme for cumulus parameterization in large–scale models. *Mon. Wea. Rev.*, **117**, 1779–1800.

Tous, M. und R. Romero, 2006: Towards a European climatology of meteorological parameters associated to the genesis of severe storms. *Tethys*, **3**, 9–17.

Trapp, R. J., N. S. Diffenbaugh, H. E. Brooks, M. E. Baldwin, E. D. Robinson, und J. S. Pal, 2007: Changes in severe thunderstorm environment frequency during the 21st century caused by anthropogenically enhanced global radiative forcing. *Proc. Nat. Acad. Sci.*, **104**, 19 719–19 723.

Trapp, R. J., N. S. Diffenbaugh, und A. Gluhovsky, 2009: Transient response of severe thunderstorm forcing to elevated greenhouse gas concentrations. *Geophys. Res. Lett.*, **36**, L01 703.

Tudurı, E., R. Romero, L. López, E. Garcıa, J. L. Sánchez, und C. Ramis, 2003: The 14 July 2001 hailstorm in northeastern Spain: diagnosis of the meteorological situation. *Atmos. Res.*, **67**, 541–558.

Tuovinen, J. P., A. J. Punkka, J. Rauhala, H. Hohti, und D. M. Schultz, 2009: Climatology of severe hail in Finland: 1930–2006. **137**, 2238–2249.

Twomey, S. und T. A. Wojciechowski, 1969: Observations of the geographical variation of cloud nuclei. *J. Atmos. Sci.*, **26**, 648–651.

Uppala, S. M., P. W. Kallberg, A. J. Simmons, U. Andrae, V. D. C. Bechtold, M. Fiorino, J. K. Gibson, J. Haseler, A. Hernandez, G. A. Kelly, et al., 2005: The ERA–40 re–analysis. *Quart. J. Roy. Meteor. Soc.*, **131**, 2961–3012.

Veall, M. R. und K. F. Zimmermann, 1992: Pseudo–r^2's in the ordinal probit model*. *J. Math. Socio.*, **16**, 333–342.

Vittori, O. und G. di Caporiacco, 1959: The density of hailstones. *Nubila*, **2**, 51–57.

Vogel, B., Vogel, H., Bäumer, D., Bangert, M., Lundgren, K., Rinke, R., and Stanelle, T.: The comprehensive model system COSMO–ART – Radiative impact of aerosol on the state of the atmosphere on the regional scale. *Atmos. Chem. Phys.*, **9**, 8661–8680.

van Vuuren, D. P., J. Edmonds, M. Kainuma, K. Riahi, A. Thomson, K. Hibbard, G. C. Hurtt, T. Kram, V. Krey, J. F. Lamarque, T. Masui, M. Meinshausen, N. Nakicenovic, S. J. Smith, und S. K. Rose, 2011: The representative concentration pathways: An overview. *Clim. Change*, **109**,1–27.

Vonnegut, B., 1947: The nucleation of ice formation by silver iodide. *J. Appl. Phys.*, **18**, 593–595.

Wagner, S., P. Berg, G. Schädler, und H. Kunstmann, 2012: High resolution RCM simulations for Germany: Part II – projected climate changes. *Clim.Dyn.*, doi: 10.1007/s00382-012-1510-1.

Waliser, D. E., J. L. F. Li, C. P. Woods, R. T. Austin, J. Bacmeister, J. Chern, A. Del Genio, J. H. Jiang, Z. Kuang, H. Meng, P. Minnis, S. Platnick, a. S. G. L. Rossow, W. B., W.-K. Tao, A. M. Tompkins, D. G. Vane, und C. Walker, 2009: Cloud ice: A climate model challenge with signs and expectations of progress. *J. Geophys. Res.*, **114**, D00A21.

Webb, J. D. C., D. M. Elsom, und G. T. Meaden, 2009: Severe hailstorms in Britain and Ireland, a climatological survey and hazard assessment. *Atmos. Res.*, **93**, 587–606.

Webb, J. D. C., D. M. Elsom, und D. J. Reynolds, 2001: Climatology of severe hailstorms in Great Britain. *Atmos. Res.*, **56**, 291–308.

Weisman, M. L., 1992: The role of convectively generated rear–inflow jets in the evolution of long–lived mesoconvective systems. *J. Atmos. Sci.*, **49**, 1826–1847.

Weisman, M. L. und J. B. Klemp, 1982: The dependence of numerically simulated convective storms on vertical wind shear and buoyancy. *Mon. Wea. Rev.*, **110**, 504–520.

————, 1984: The structure and classification of numerically simulated convective storms in directionally varying wind shears. *Mon. Wea. Rev.*, **112**, 2479–2498.

Weisman, M. L., J. B. Klemp, und R. Rotunno, 1988: Structure and evolution of numerically simulated squall lines. *J. Atmos. Sci.*, **45**, 1990–2013.

Weisman, M. L. und R. Rotunno, 2004: A theory for strong long–lived squall lines – revisited. *J. Atmos. Sci.*, **61**, 361–382.

Wilhelmson, R. B. und J. B. Klemp, 1978: A numerical study of storm splitting that leads to long–lived storms. *J. Atmos. Sci.*, **35**, 1974–1986.

Wilks, D. S., 1995: Statistical Methods in the Atmospheric Sciences: An Introduction. Academie Press, San Diego, USA, 486S.

Willemse, S., 1995: A statistical analysis and climatological interpretation of hailstorms in Switzerland. Doctor of Natural Science thesis dissertation No. 11137, Swiss Federal Institute of Technology, Zürich, Schweiz.

Willett, K. M., P. D. Jones, N. P. Gillett, und P. W. Thorne, 2008: Recent changes in surface humidity: Development of the HadCRUH dataset. *J. Climate*, **21**, 5364–5383.

Williams, E., B. Boldi, A. Matlin, M. Weber, S. Hodanish, D. Sharp, S. Goodman, R. Raghavan, und D. Buechler, 1999: The behavior of total lightning activity in severe florida thunderstorms. *Atmos. Res.*, **51**, 245–265.

Wisner, C., H. D. Orville, und C. Myers, 1972: A numerical model of a hail–bearing cloud. *J. Atmos. Sci*, **29**, 1160–1181.

WMO, 1975: International Cloud Atlas: Manual on the observation of clouds and other meteors., Vol. 1. WMO–No. 407. I. World Meteorological Organization (WMO), Genf, Schweiz, 155S.

Xie, B., Q. Zhang, und Y. Wang, 2008: Trends in hail in China during 1960–2005. *Geophys. Res. Lett.*, **35**, L13 801.

———, 2010: Observed characteristics of hail size in four regions in China during 1980–2005. *J. Climate*, **23**, 4973–4982.

Yankofsky, S. A., Z. Levin, T. Bertold, und N. Sandlerman, 1981: Some basic characteristics of bacterial freezing nuclei. *J. Appl. Meteorology*, **20**, 1013–1019.

Yue, S., P. Pilon, B. Phinney, und G. Cavadias, 2002: The influence of autocorrelation on the ability to detect trend in hydrological series. *Hydrol. Process.*, **16**, 1807–1829.

Yue, S. und C. Y. Wang, 2002a: Applicability of prewhitening to eliminate the influence of serial correlation on the Mann–Kendall test. *Water Resour. Res.*, **38**, 1068.

———, 2002b: The influence of serial correlation on the Mann–Whitney test for detecting a shift in median. *Adv. Water Resour.*, **25**, 325–333.

van Zomeren, J. und A. van Delden, 2007: Vertically integrated moisture flux convergence as a predictor of thunderstorms. *Atmos. Res.*, **83**, 435–445.

Danksagung

Die vorliegende Arbeit wurde am Institut für Meteorologie und Klimaforschung (IMK–TRO) des Karlsruher Instituts für Technologie (KIT) im Rahmen des Projekts Haris–CC durchgeführt und finanziell durch ein Stipendium der Stiftung Umwelt und Schadenvorsorge der SV SparkassenVersicherung unterstützt. Dafür möchte ich als erstes dem Kuratorium der Stiftung herzlich danken.

Des Weiteren gilt mein Dank Prof. Dr. Christoph Kottmeier, der mir diese Arbeit ermöglicht und damit die Chance gegeben hat, mich ausführlicher mit dem bisher in Deutschland nur wenig behandelten Thema „Hagel" zu beschäftigen.

Mein ganz besonderer Dank gilt PD Dr. Michael Kunz für die intensive Betreuung und Unterstützung während der Arbeit und für die Übernahme des Korreferats. Die motivierenden Anregungen und die konstruktiven Beiträge waren für das Gelingen der Arbeit unentbehrlich. Außerdem möchte ich mich auch für sein Vertrauen in meine Arbeitsweise und Fähigkeiten sowie für seine Zeit, die er sich immer wieder für mich nahm, bedanken.

Ebenso gilt mein Dank der gesamten Arbeitsgruppe für die sehr gute, produktive, unkomplizierte und fröhliche Arbeitsatmosphäre. Die meistens wöchentlich stattfindenden Arbeitsgruppensitzungen waren hilfreich bei fachlichen Problemen und für neue Deckansätze. Danke Bernhard, Hans, Manu, Marc und Heinz Jürgen, aber auch den Diplomanden Marie, Joris, Petra, Martin und Sandra.

Bei Peter Berg, Beate Geyer (HZG) und dem CLM–Konsortium bedanke ich mich für die Bereitstellung der Klimamodellsimulationen (CCLM–IMK, CoastDatII und Konsortialläufe). Bei Marie Kapsch möchte ich mich dafür bedanken, dass ich auf ihre bereits berechneten Wetterlagen aus Klimamodelldaten zurückgreifen durfte. Dem Deutschen Wetterdienst gilt mein Dank für die Bereitstellung der Radiosondendaten. Ebenfalls bedanke ich mich bei der SV Sparkassenversicherung und der Vereinigten Hagelversicherung für die zur Verfügung gestellten Schadendaten.

An dieser Stelle geht der Dank an all diejenigen, die mir im Laufe der Zeit immer wieder bei Software- und Verständnisproblemen geholfen haben und immer ein offenes Ohr für meine Fragen hatten: Peter Berg bei Problemen mit den IMK–Läufen, Hans–Jürgen Panitz für seine umfangreichen Kenntnisse mit CDO / NCO und Hendrik Feldmann und Romi Sasse bei allgemeinen Fragen zur Klimamodellierung. Bei Hans Schipper bedanke ich mich für das Entdecken von GMT, wodurch meine Abbildungen in einem neuen Glanz erstrahlen konnten.

Meinen Zimmerkollegen Meike Gillmann, Marc Puskeiler und Manuel Schmidberger danke ich für die angenehme sowie unterhaltsame Arbeitsatmosphäre und für die erste Hilfe bei kleineren und größeren Schwierigkeiten. Meike, ich vermisse die Teepartys mit dir ☺.

Natürlich möchte ich mich auch bei allen Mitarbeitern des IMK bedanken, besonders beim „13. Stock" für die Unterstützung, die fachlichen und anderweitigen Diskussionen und die angenehme Arbeitsatmosphäre. Auch den Administratoren und Sekretärinnen danke ich für ihre Unterstützung. Bei Herrn Brückel für die stets prompte und freundliche Hilfe bei Computerproblemen und bei Frau Birnmeier, Frau Schönbein und Frau Stenschke für hilfreiche Auskünfte und für die Hilfe bei der Koordination von Verwaltungsaufgaben. Auch Tina Kunz–Plapp danke ich, für die Unterstützung bei der administrativen Verwaltung durch das Stipendium und den damit aufkommenden Fragen.

Ein herzliches Dankeschön geht auch an Christina Endler für das akribische Korrekturlesen der gesamten Arbeit und an Hans Schipper für die hilfreichen inhaltlichen und strukturellen Kommentare.

Arthur, dir danke ich, für dein immer offenes Ohr, wenn ich mal gefrustet nach Hause kam, dafür, dass du ohne Murren eine Woche lang jeden Abend meinen ersten englischen Vortrag angehört hast, für deine Hilfe bei Linux– und insbesondere Shell–Problemen, die aber irgendwann zu selbständigen Erfolgen führten, und für die ruhigen Momente, die mir abends nach der Arbeit beim runterkommen geholfen haben.

Der abschließende Dank gilt insbesondere meinen Eltern, die mich in den letzten Jahren bedingungslos unterstützt und mir dabei immer meine Freiräume gelassen haben, so dass ich meinen eigenen Weg finden konnte.

Danke Ihnen / Euch allen!

Karlsruhe, Dezember 2012

Wissenschaftliche Berichte des Instituts für Meteorologie und Klimaforschung des Karlsruher Instituts für Technologie (0179-5619)

Bisher erschienen:

Nr. 1: *Fiedler, F. / Prenosil, T.*
Das MESOKLIP-Experiment. (Mesoskaliges Klimaprogramm im Oberrheintal).
August 1980

Nr. 2: *Tangermann-Dlugi, G.*
Numerische Simulationen atmosphärischer Grenzschichtströmungen über langgestreckten mesoskaligen Hügelketten bei neutraler thermischer Schichtung.
August 1982

Nr. 3: *Witte, N.*
Ein numerisches Modell des Wärmehaushalts fließender Gewässer unter Berücksichtigung thermischer Eingriffe.
Dezember 1982

Nr. 4: *Fiedler, F. / Höschele, K. (Hrsg.)*
Prof. Dr. Max Diem zum 70. Geburtstag.
Februar 1983 (vergriffen)

Nr. 5: *Adrian, G.*
Ein Initialisierungsverfahren für numerische mesoskalige Strömungsmodelle.
Juli 1985

Nr. 6: *Dorwarth, G.*
Numerische Berechnung des Druckwiderstandes typischer Geländeformen.
Januar 1986

Nr. 7: *Vogel, B.; Adrian, G. / Fiedler, F.*
MESOKLIP-Analysen der meteorologischen Beobachtungen von mesoskaligen Phänomenen im Oberrheingraben.
November 1987

Nr. 8: *Hugelmann, C.-P.*
Differenzenverfahren zur Behandlung der Advektion.
Februar 1988

Nr. 9:   *Hafner, T.*
Experimentelle Untersuchung zum Druckwiderstand der Alpen.
April 1988

Nr. 10:   *Corsmeier, U.*
Analyse turbulenter Bewegungsvorgänge in der maritimen
atmosphärischen Grenzschicht.
Mai 1988

Nr. 11:   *Walk, O. / Wieringa, J.(eds)*
Tsumeb Studies of the Tropical Boundary-Layer Climate.
Juli 1988

Nr. 12:   *Degrazia, G. A.*
Anwendung von Ähnlichkeitsverfahren auf die turbulente Diffusion
in der konvektiven und stabilen Grenzschicht.
Januar 1989

Nr. 13:   *Schädler, G.*
Numerische Simulationen zur Wechselwirkung zwischen Landober-
flächen und atmophärischer Grenzschicht.
November 1990

Nr. 14:   *Heldt, K.*
Untersuchungen zur Überströmung eines mikroskaligen Hindernisses
in der Atmosphäre.
Juli 1991

Nr. 15:   *Vogel, H.*
Verteilungen reaktiver Luftbeimengungen im Lee einer Stadt –
Numerische Untersuchungen der relevanten Prozesse.
Juli 1991

Nr. 16:   *Höschele, K.(ed.)*
Planning Applications of Urban and Building Climatology – Proceedings
of the IFHP / CIB-Symposium Berlin, October 14-15, 1991.
März 1992

Nr. 17:   *Frank, H. P.*
Grenzschichtstruktur in Fronten.
März 1992

Nr. 18:   *Müller, A.*
Parallelisierung numerischer Verfahren zur Beschreibung von
Ausbreitungs- und chemischen Umwandlungsprozessen in der
atmosphärischen Grenzschicht.
Februar 1996

Nr. 19: *Lenz, C.-J.*
Energieumsetzungen an der Erdoberfläche in gegliedertem Gelände.
Juni 1996

Nr. 20: *Schwartz, A.*
Numerische Simulationen zur Massenbilanz chemisch reaktiver
Substanzen im mesoskaligen Bereich.
November 1996

Nr. 21: *Beheng, K. D.*
Professor Dr. Franz Fiedler zum 60. Geburtstag.
Januar 1998

Nr. 22: *Niemann, V.*
Numerische Simulation turbulenter Scherströmungen mit einem
Kaskadenmodell.
April 1998

Nr. 23: *Koßmann, M.*
Einfluß orographisch induzierter Transportprozesse auf die Struktur
der atmosphärischen Grenzschicht und die Verteilung von
Spurengasen.
April 1998

Nr. 24: *Baldauf, M.*
Die effektive Rauhigkeit über komplexem Gelände – Ein Störungs-
theoretischer Ansatz.
Juni 1998

Nr. 25: *Noppel, H.*
Untersuchung des vertikalen Wärmetransports durch die Hangwind-
zirkulation auf regionaler Skala.
Dezember 1999

Nr. 26: *Kuntze, K.*
Vertikaler Austausch und chemische Umwandlung von Spurenstoffen
über topographisch gegliedertem Gelände.
Oktober 2001

Nr. 27: *Wilms-Grabe, W.*
Vierdimensionale Datenassimilation als Methode zur Kopplung zweier
verschiedenskaliger meteorologischer Modellsysteme.
Oktober 2001

Nr. 28: *Grabe, F.*
Simulation der Wechselwirkung zwischen Atmosphäre, Vegetation und Erdoberfläche bei Verwendung unterschiedlicher Parametrisierungsansätze.
Januar 2002

Nr. 29: *Riemer, N.*
Numerische Simulationen zur Wirkung des Aerosols auf die troposphärische Chemie und die Sichtweite.
Mai 2002

Nr. 30: *Braun, F. J.*
Mesoskalige Modellierung der Bodenhydrologie.
Dezember 2002

Nr. 31: *Kunz, M.*
Simulation von Starkniederschlägen mit langer Andauer über Mittelgebirgen.
März 2003

Nr. 32: *Bäumer, D.*
Transport und chemische Umwandlung von Luftschadstoffen im Nahbereich von Autobahnen – numerische Simulationen.
Juni 2003

Nr. 33: *Barthlott, C.*
Kohärente Wirbelstrukturen in der atmosphärischen Grenzschicht.
Juni 2003

Nr. 34: *Wieser, A.*
Messung turbulenter Spurengasflüsse vom Flugzeug aus.
Januar 2005

Nr. 35: *Blahak, U.*
Analyse des Extinktionseffektes bei Niederschlagsmessungen mit einem C-Band Radar anhand von Simulation und Messung.
Februar 2005

Nr. 36: *Bertram, I.*
Bestimmung der Wasser- und Eismasse hochreichender konvektiver Wolken anhand von Radardaten, Modellergebnissen und konzeptioneller Betrachtungen.
Mai 2005

Nr. 37: *Schmoeckel, J.*
Orographischer Einfluss auf die Strömung abgeleitet aus Sturmschäden im Schwarzwald während des Orkans „Lothar".
Mai 2006

Nr. 38: *Schmitt, C.*
Interannual Variability in Antarctic Sea Ice Motion: Interannuelle
Variabilität antarktischer Meereis-Drift.
Mai 2006

Nr. 39: *Hasel, M.*
Strukturmerkmale und Modelldarstellung der Konvektion über
Mittelgebirgen.
Juli 2006

Ab Band 40 erscheinen die Wissenschaftlichen Berichte des Instituts für Meteo-
rologie und Klimaforschung bei KIT Scientific Publishing (ISSN 0179-5619).
Die Bände sind unter www.ksp.kit.edu als PDF frei verfügbar oder als
Druckausgabe bestellbar.

Nr. 40: *Lux, R.*
Modellsimulationen zur Strömungsverstärkung von orographischen
Grundstrukturen bei Sturmsituationen. (2007)
ISBN 978-3-86644-140-8

Nr. 41: *Straub, W.*
Der Einfluss von Gebirgswellen auf die Initiierung und Entwicklung
konvektiver Wolken. (2008)
ISBN 978-3-86644-226-9

Nr. 42: *Meißner, C.*
High-resolution sensitivity studies with the regional climate model
COSMO-CLM. (2008)
ISBN 978-3-86644-228-3

Nr. 43: *Höpfner, M.*
Charakterisierung polarer stratosphärischer Wolken mittels hochauflö-
sender Infrarotspektroskopie. (2008)
ISBN 978-3-86644-294-8

Nr. 44: *Rings, J.*
Monitoring the water content evolution of dikes. (2009)
ISBN 978-3-86644-321-1

Nr. 45: *Riemer, M.*
Außertropische Umwandlung tropischer Wirbelstürme: Einfluss auf
das Strömungsmuster in den mittleren Breiten. (2012)
ISBN 978-3-86644-766-0

Nr. 46: *Anwender, D.*
Extratropical Transition in the Ensemble Prediction System of the ECMWF:
Case Studies and Experiments. (2012)
ISBN 978-3-86644-767-7

Nr. 47: *Rinke, R.*
Parametrisierung des Auswaschens von Aerosolpartikeln durch
Niederschlag. (2012)
ISBN 978-3-86644-768-4

Nr. 48: *Stanelle, T.*
Wechselwirkungen von Mineralstaubpartikeln mit thermodynamischen
und dynamischen Prozessen in der Atmosphäre über Westafrika. (2012)
ISBN 978-3-86644-769-1

Nr. 49: *Peters, T.*
Ableitung einer Beziehung zwischen der Radarreflektivität, der
Niederschlagsrate und weiteren aus Radardaten abgeleiteten
Parametern unter Verwendung von Methoden der multivariaten
Statistik. (2012)
ISBN 978-3-86644-323-5

Nr. 50: *Khodayar Pardo, S.*
High-resolution analysis of the initiation of deep convection forced
by boundary-layer processes. (2012)
ISBN 978-3-86644-770-7

Nr. 51: *Träumner, K.*
Einmischprozesse am Oberrand der konvektiven atmosphärischen
Grenzschicht. (2012)
ISBN 978-3-86644-771-4

Nr. 52: *Schwendike, J.*
Convection in an African Easterly Wave over West Africa and the
Eastern Atlantic: A Model Case Study of Hurricane Helene (2006)
and its Interaction with the Saharan Air Layer. (2012)
ISBN 978-3-86644-772-1

Nr. 53: *Lundgren, K.*
Direct Radiative Effects of Sea Salt on the Regional Scale. (2012)
ISBN 978-3-86644-773-8

Nr. 54: *Sasse, R.*
Analyse des regionalen atmosphärischen Wasserhaushalts unter
Verwendung von COSMO-Simulationen und GPS-Beobachtungen. (2012)
ISBN 978-3-86644-774-5

Nr. 55: *Grenzhäuser, J.*
Entwicklung neuartiger Mess- und Auswertungsstrategien für ein
scannendes Wolkenradar und deren Anwendungsbereiche. (2012)
ISBN 978-3-86644-775-2

Nr. 56: *Grams, C.*
Quantification of the downstream impact of extratropical transition
for Typhoon Jangmi and other case studies. (2013)
ISBN 978-3-86644-776-9

Nr. 57: *Keller, J.*
Diagnosing the Downstream Impact of Extratropical Transition
Using Multimodel Operational Ensemble Prediction Systems. (2013)
ISBN 978-3-86644-984-8

Nr. 58: *Mohr, S.*
Änderung des Gewitter- und Hagelpotentials im Klimawandel. (2013)
ISBN 978-3-86644-994-7